DE DIAGNOSTISCHE CYCLUS

EEN PRAKTIJKLEER

# De diagnostische cyclus

## Een praktijkleer

*E.E.J. De Bruyn*
*A.J.J.M. Ruijssenaars*
*N.K. Pameijer*
*E.J.M. van Aarle*

Acco Leuven / Voorburg

Dit boek verscheen eerder onder de titel *Diagnostische besluitvorming. Handleiding bij het doorlopen van de diagnostische cyclus* (1995, [6]2001).

*Herwerkte uitgave*: 2003
*Tweede druk*: 2004

*Gepubliceerd door*
Uitgeverij Acco, Brusselsestraat 153, 3000 Leuven (België)
E-mail: uitgeverij@acco.be – Website: www.uitgeverij.acco.be

*Voor Nederland*:
– *Uitlevering*: Centraal Boekhuis bv, Culemborg
– *Correspondentie*: Kemper Conseil, Dr. Beguinlaan 72, 2272 AL Voorburg

*Omslagontwerp*: Danny Juchtmans



D/2003/0543/7 NUR 848 ISBN 90-334-5298-7

# Inhoud

# Woord vooraf

In het woord vooraf van *Diagnostische besluitvorming. Handleiding bij het doorlopen van de diagnostische cyclus* (De Bruyn, Pameijer, Ruijssenaars & Van Aarle, 1995) stelden we onder meer het volgende (p. 11): "Het bouwwerk van de diagnostische cyclus is nog niet voltooid, vertimmeringen zijn niet uitgesloten. Toch menen de auteurs dat hun werk zowel voor de opleiding als voor de diagnosticus in de praktijk goede diensten kan bieden. Uiteraard oordele de lezer zelve."

Ten aanzien van het laatste kunnen we gerust stellen dat de reacties van lezers aangeven dat het boek inderdaad goede diensten bewijst aan opleiding en praktijk. Uiteraard zijn er ook opmerkingen en suggesties voor verbeteringen en zijn we zelf blijven nadenken over de ontwikkeling van onze diagnostische praktijkleer. Voldoende redenen dus om aan het vertimmeren te slaan en de verdere uitwerking van de diagnostische cyclus te publiceren. Dit ging echter verder dan een cosmetische restauratie, zodat een nagenoeg nieuw boek voorligt. Voor ons was dit aanleiding om dit boek de nieuwe titel *De diagnostische cyclus. Een praktijkleer* mee te geven. Maar ondanks alle wijzigingen is de basisfilosofie dezelfde gebleven, namelijk dat de academisch opgeleide diagnosticus[1] de positie inneemt van een praktijkwetenschapper (scientist-practitioner). De praktijkwetenschapper is een professional die op transparante en verantwoorde wijze cliëntbetrokkenheid en het gebruik van wetenschappelijke kennis moet kunnen combineren.

De veranderingen ten opzichte van de vorige handleiding betreffen zowel de opmaak van het boek, de interne structuur als inhoudelijke uitwerkingen. Het minst gewijzigd zijn hoofdstuk 1 (inleiding) en hoofdstuk 2 (uitgangspunten).

Voor de opmaak werd geopteerd voor een onderscheid tussen hoofdtekst en een uitleg in aparte boxen. De hoofdtekst kan zonder de boxen gelezen worden. De boxen presenteren, afhankelijk van het onderwerp, verschillende typen aanvullende informatie. Zo zijn er boxen die een uitgebreid voorbeeld van een werkwijze toelichten, terwijl we in andere boxen dieper ingaan op de achtergronden van gemaakte keuzen of beweringen.

Wat de interne structuur betreft, is een belangrijke aanvulling op het vorige boek dat een apart hoofdstuk wordt besteed aan de aanmelding die aan de opstart van het diagnostisch proces voorafgaat. Verder wordt de klachtanalyse consequenter als uitgangspunt voor het opsporen van de hulpvraag genomen. Overeenkomstig deze wijzigingen is de klacht- en daaraan gekoppelde hulpvraaganalyse gedetailleerd uitgewerkt en wordt de overgang van hulpvraag naar diagnostisch scenario in een apart hoofdstuk besproken. De stap van de probleemanalyse wordt gevolgd door de verklaringsanalyse (voorheen diagnosestelling) en de indicatieanalyse (voorheen indicatiestelling). Hiermee samenhangend wordt de term 'diagnose' nu als een generieke term gehanteerd en niet langer gereserveerd voor de uitkomst van de stap waarin verklarende hypothesen worden getoetst. We spreken derhalve van een verhelderende, onderkennende, verklarende en indicerende diagnose.

Ook wordt meer dan in het vorige boek de idee uitgewerkt dat het diagnostisch proces in alle fasen in overleg met de cliënt plaatsvindt. Bovendien wijden we een apart hoofdstuk aan het diagnostisch verslag, het middel bij uitstek waarmee de diagnosticus, zowel aan de cliënt als aan collega's, verantwoording aflegt over zijn werkwijze.

Voordat we met de herziening van het boek begonnen, hebben we aan een aantal collega's om kritische opmerkingen bij ons vorige boek gevraagd. In alfabetische volgorde zijn dit: Helen Bakker, Els Carlier, Helma Koomen, Pieter Kousemaker, Bert van der Linden en Elske Sigmond. Bij de uitwerking van het hoofdstuk over de aanmeldingsfase werd bovendien gebruikgemaakt van de opmerkingen van Cees de Wit, Henk Rost, Nicole Krol en Marianne Commandeur. We danken hen allen voor de vaak doeltreffende en inspirerende opmerkingen. We hebben geprobeerd om er zo optimaal mogelijk gebruik van te maken. Tot slot ook onze dank aan Monique Jansen voor haar hulp bij het maken van de registers.

NOOT

1. Het geslacht van het aan het Latijn ontleende 'diagnosticus' is mannelijk. In de tekst gebruiken we daarom 'hij/zijn' waar ook 'zij/haar' gelezen kan worden. Hetzelfde geldt voor 'cliënt'.

# Deel 1

# Referentiekader

# 1. Inleiding

"In het eerste deel van dit boek schetsen we in drie hoofdstukken het referentiekader dat als basis dient voor de handleiding die we in het tweede deel nader uitwerken. In dit hoofdstuk geven we onze doelstelling aan, gaan we in op de verschillende redenen voor een systematische opleiding in de diagnostische besluitvorming en eindigen we met de pretenties en beperkingen van deze handleiding. In het volgende hoofdstuk werken we de uitgangspunten inhoudelijk verder uit, waarna het eerste deel wordt afgesloten met de beschrijving van het model van de diagnostische cyclus.

## 1.1 Doelstelling van dit boek

Met dit boek bestrijken we het domein van de klinische psychodiagnostiek. In de klinische psychodiagnostiek wordt informatie verzameld over de cliënt en diens omgeving met het oog op het ontwerpen van de meest adequate aanpak van de problemen die door de cliënt zelf of door diens omgeving zijn gesignaleerd. De klinische psychodiagnostiek duiden we verder kortweg aan als diagnostiek, en naar analogie daarvan, de klinisch diagnosticus als diagnosticus.

Diagnostiek neemt een belangrijke plaats in binnen de hulpverlening, hetzij als duidelijk daarin te onderscheiden fase, hetzij als het ware 'ingebouwd' in het proces van interventie. Als professioneel handelen is de diagnostiek te beschrijven als een zoek- en beslissingsproces dat in dialoog met de cliënt en diens omgeving wordt uitgevoerd. Dat diagnostiek niet meer kan worden vereenzelvigd met 'testen', wordt zowel in de opleidingen als in de praktijk erkend. De aandacht is de laatste decennia terecht verschoven naar het diagnostisch proces en met name naar de wijze waarop daarbinnen de besluitvorming dient plaats te vinden.

Deze handleiding richt zich op de diagnostische besluitvorming binnen de jeugdhulpverlening in ruime zin (jeugdzorg en onderwijs). De term 'jeugd' hanteren we hier als verzamelterm voor kinderen en jongeren.

De doelstelling van de handleiding is drieledig. Het eerste doel is didactisch van aard: het bieden van een leidraad aan de hand waarvan academisch gevormde docenten hun studenten kunnen scholen in de diagnostische besluitvorming. Het tweede doel is de praktiserende diagnosticus voor te lichten over de wijze waarop momenteel aankomende collega's opgeleid worden. Het derde doel is de praktiserende diagnosticus een hulpmiddel te verschaffen dat ingezet kan worden om de kwaliteit van de diagnostische besluitvorming in de eigen werkkring door te lichten en eventueel aan te passen.

## 1.2 De noodzaak van opleiding

De traditionele kijk op diagnostiek wordt duidelijk verwoord in de definitie van De Zeeuw (1983) die psychodiagnostiek omschrijft als "het onderscheiden van personen naar hun individuele psychische kenmerken, zoals die zich manifesteren in hun typische gedrags- en uitingsvormen, en wel met behulp van tests" (p. 3). Aansluitend bij deze opvatting over diagnostiek is in het verleden de nadruk in de opleiding vooral gelegd op het aanbrengen van kennis over en vaardigheid in het afnemen van tests en op het interpreteren van testresultaten. Aan het scholen van studenten in de systematiek van het diagnostisch beslissingsproces werd weinig aandacht besteed. Hierdoor ontstond de situatie dat de diagnosticus in geval van complexe beslissingen veelal een beroep bleef doen op eigen ervaring en intuïtie. In de literatuur wordt het beslissen op basis van eigen ervaring en intuïtie doorgaans aangeduid als 'klinisch oordeel'. Om vereenzelviging met de klinische beroepsactiviteit van de diagnosticus te vermijden, spreken wij echter niet van klinisch maar van 'ongewapend oordeel'. Ongewapend betekent dat de diagnosticus oordelen uitspreekt zonder expliciet een beroep te doen op methodologische principes of systematische procedures die kunnen voorkomen dat er fouten en onterechte vertekeningen in het oordeel optreden.

De noodzaak van opleiding in de diagnostische besluitvorming dringt zich op vanuit de resultaten van ten minste drie ontwikkelingen in het gedragsonderzoek die uitermate belangrijk zijn voor de diagnostiek: het onderzoek naar de kwaliteit van het ongewapende oordeel, de ontwikkelingen in de besliskunde en het ontwikkelen van prescriptieve kaders ten behoeve van de professionele diagnostiek.

De resultaten van de eerste ontwikkeling zijn in feite al jaren bekend: het *ongewapende oordeel* leidt in tal van beslissingssituaties tot tekorten en vertekeningen. Het vaststellen van deze tekorten en vertekeningen leidt echter niet vanzelf tot een verbetering. In complexe beslissingssituaties (zoals de diagnostiek) gaat het niet louter om een enkelvoudig oordeel, maar om het exploreren van een probleem en om de afweging van verschillende soorten informatie (bijvoorbeeld: levensgebeurtenissen, rapportcijfers, gezinssamenstelling, testresultaten) afkomstig uit verschillende bronnen (bijvoorbeeld: kind, ouders, leerkracht, arts).

Voor dergelijke beslissingsprocessen zijn in de *besliskunde* gaandeweg procedures ontwikkeld die de gebruiker in staat stellen op rationeel verantwoorde wijze beslissingen te nemen. Om gelijke tred met deze ontwikkeling te houden is het noodzakelijk dat aankomende diagnostici met deze procedures kennismaken. Het is in iedere beroepsgerichte opleiding van belang dat opleiders laten zien hoe algemene principes en methoden in het specifieke beroepsveld ingepast kunnen worden.

De diagnosticus heeft behoefte aan een professioneel hanteerbaar kader of model voor diagnostische besluitvorming waarin de eigen identiteit van de beroepsactiviteit tot uitdrukking komt. Bovendien eist opleiding in de diagnostische besluitvorming dat er een duidelijke visie bestaat op wat wel en wat niet voldoet aan de eisen die aan een verantwoorde diagnostiek gesteld worden. Zo'n visie wordt geconcretiseerd in het opstellen van een *prescriptief kader* of model. Een dergelijk model laat toe heuristische procedures te ontwerpen die aan het diagnostisch proces in de praktijk sturing geven. Kennis en vaardigheden op het gebied van diagnostische instrumenten en beslissingsprocedures moeten in dit raamwerk worden ingepast. Ook hieromtrent zijn de laatste jaren ideeën ontwikkeld. Scholing in het hanteren van prescriptieve diagnostische denkkaders is dan ook een van de basisingrediënten in een opleiding tot diagnosticus.

Gezien het belang van de hier behandelde punten als grondslag voor de diagnostiek werken we ze inhoudelijk verder uit in hoofdstuk 2.

## 1.3 Pretenties en beperkingen

Uit het voorafgaande is reeds duidelijk dat het gebruik van deze handleiding in eerste instantie gericht is op de opleiding van diagnostici werkzaam op het terrein van de jeugdhulpverlening in ruime zin (jeugdzorg en onderwijs). Binnen dit terrein is de handleiding beperkt tot het besluitvormingsaspect van de diagnostiek. De pretentie van de handleiding is te laten zien dat diagnostische besluitvorming in de praktijk op een wetenschappelijk-professioneel verantwoorde wijze kan worden doorlopen.

Uiteraard speelt de diagnostische besluitvorming zich niet in het luchtledige af. De diagnosticus is afhankelijk van de kwaliteit van de hulpmiddelen die hem bij het beoefenen van zijn vak ten dienste staan. Deze hulpmiddelen zijn: inhoudelijke theorieën over het ontstaan en in stand blijven van probleemgedrag, kennis over normale en afwijkende ontwikkelingspatronen, instrumenten en technieken om gedragsverschijnselen in kaart te brengen en statistische en psychometrische technieken om gegevens te verwerken. Deze handleiding is nadrukkelijk niet bedoeld als een psychometrisch of inhoudelijk-theoretisch handboek, ook niet als een klinisch handboek bij de diagnostiek van specifieke stoornissen of disfuncties. Wel zal herhaaldelijk een beroep worden gedaan op kennis uit de vermelde gebieden om het diagnostisch proces in concreto toe te lichten. Waar nodig zullen we putten uit de eigen opleidings- en praktijkervaring. De gebruikte literatuur en de selectie van wat wel en wat niet wordt opgenomen, hangen samen met onze gemeenschappelijke visie op het model voor psychodiagnostiek dat in de volgende hoofdstukken aan de orde komt.

Zowel onze visie op diagnostiek als de kwaliteit van het beschikbare kennisbestand brengen onvermijdelijk een aantal beperkingen met zich mee. In haar wetenschappelijke dimensie maakt diagnostiek deel uit van de gedragswetenschap. Derhalve is haar wetenschappelijke basis niet steviger dan die van de zich nog volop ontwikkelende gedragswetenschap zelf. In vergelijking met de medische diagnostiek bijvoorbeeld, is de voorraad 'harde' cumulatieve kennis nog beperkt. Bovendien worden de verschijnselen vanuit zeer uiteenlopende zienswijzen bestudeerd. De problemen die hiermee samenhangen, worden – dat spreekt voor zich – uiteraard niet met deze handleiding opgelost. We trachten echter wel zo verantwoord mogelijk met deze basale spanning om te gaan door procedures en vuistregels aan te reiken die een gedisciplineerde vakbeoefening ten goede komen.

Gedisciplineerde vakbeoefening betekent dat het handelen van de diagnosticus verloopt volgens regels die door hem zelf geëxpliciteerd kunnen worden. Hierdoor wordt het handelen transparant en kan het in principe aan toetsing door hem of door anderen worden onderworpen. Een dergelijke aanpak is te bestempelen als empirisch-analytisch. Zij dwingt tot zorgvuldigheid zonder afbreuk te doen aan inventiviteit en creativiteit, eigenschappen die ook voor het verrichten van wetenschappelijk onderzoek onmisbaar zijn. In principe is iedere theorie die leidt tot controleerbare voorspellingen acceptabel en is elk instrument dat tot beslissingswinst leidt inzetbaar.

Aansluitend bij de empirisch-analytische traditie levert de handleiding geen pasklare antwoorden, maar voorbeelden van verantwoord geachte pogingen om een gesteld diagnostisch beslissingsprobleem op te lossen. Het is echter niet een handleiding in de empirisch-analytische methodologie, noch een handboek besliskunde. De pretentie is dat de basisprincipes van de prescriptieve diagnostiek op het niveau van het diagnostisch redeneren en beslissen duidelijk worden gemaakt.

Het prescriptieve model dat ten grondslag ligt aan deze handleiding, is dat van de diagnostische cyclus. Ook ten aanzien van dit model passen enige relativerende opmerkingen. De aanbevelingen en voorschriften die men voor het diagnostisch proces formuleert, zijn immers afhankelijk van de gekozen uitgangspunten. Bovendien kunnen dezelfde uitgangspunten verschillend worden uitgewerkt. De diagnostische cyclus is slechts een variant binnen een ruimere familie van prescriptieve modellen die aansluiten bij een empirisch-analytische aanpak. Verder blijft het prescriptieve model zelf aan een voortdurende revisie onderworpen. Deze betreft zowel de versterking van de interne logica van het model als de adequate vertaling in herkenbare professionele activiteiten. Ten slotte moet verder empirisch onderzoek worden verricht naar de waarde van diagnostische procedures en systemen die stoelen op de principes van het model (De Bruyn, 1992a).

Voordat het model van de diagnostische cyclus in hoofdstuk 3 uitgebreid aan bod komt, zullen we in hoofdstuk 2 de uitgangspunten van de wetenschappelijk gefundeerde diagnostiek aangeven.

# 2. Uitgangspunten

” We hebben bij het beargumenteren van de noodzaak van opleiding in de diagnostische besluitvorming reeds gewezen op de tekorten en vertekeningen in het menselijke (ongewapende) oordeel, evenals op de ontwikkelingen in de besliskunde en in de prescriptieve diagnostiek. Bij de beschrijving van de pretenties en beperkingen van deze handleiding is ook de algemene gedragswetenschappelijke pretentie ervan aangegeven.
Elk van deze punten heeft een belangrijke rol gespeeld bij de uitwerking van de praktijkleer in dit boek en bij de aanpassingen na de publicatie in 1995 van *Diagnostische besluitvorming. Handleiding bij het doorlopen van de diagnostische cyclus*.
In dit hoofdstuk komt eerst het algemene wetenschappelijke uitgangspunt aan bod, vervolgens gaan we in op verschillende vertekeningen en fouten, op de besliskunde en de prescriptieve diagnostiek. Deze punten worden weliswaar afzonderlijk behandeld, maar zijn – voor wat de laatste drie betreft – een logisch uitvloeisel van onze opvatting over wat wetenschappelijk gefundeerde diagnostiek is.

## 2.1 Wetenschappelijke diagnostiek

Het analyseren van persoonlijke of andermans problemen en het zoeken naar verklaringen en oplossingen behoren tot onze dagelijkse ervaringen.

Wanneer we echter deze algemene menselijke grondstructuur van het probleemoplossend omgaan met persoonlijkheids- en gedragsproblemen ondersteunen met wetenschappelijk-empirische kennis, spreken we van wetenschappelijke diagnostiek. Kennis dient in dit verband ruim te worden opgevat: het geheel van wetmatige verbanden, verklaringsschema's, theorieën, methoden en instrumenten dat in de gedragswetenschap wordt gehanteerd. Het specifieke van de empirische benadering is dat veronderstellingen over de werkelijkheid aan de feiten (resultaten van onderzoek) worden getoetst op een wijze die in principe ook door andere onderzoekers herhaalbaar is.

De bovenstaande relatie tussen diagnostiek en gedragswetenschap was enkele decennia geleden in Nederland onderwerp van een debat tussen De Groot (1950, 1952) en Snijders (1951a, 1951b). Zowel De Groot als Snijders (zie hiervoor De Bruyn, 1984) benadrukte in de diagnostiek de empirische toetsing van hypothesen die betrekking hadden op observeerbare gedragsaspecten van de persoon. Een radicalisering van dit standpunt is later uitgewerkt door Hofstee (1980) in het raamwerk van zijn onderzoekstheorie. De wetenschappelijkheid van een uitspraak ligt in de intentie ervan. De diagnosticus die bereid is op zijn uitspraak een weddenschap af te sluiten, bedrijft empirisch-wetenschappelijke diagnostiek (zie ook Hofstee, 1981).

Wat de systematiek van het diagnostisch proces betreft, sprak De Groot in 1950 al van een psychodiagnostische cyclus waarin de diagnosticus de algemene denkschema's van inductie, deductie en toetsing toepast. Deze denkschema's werden door De Groot in zijn boek *Methodologie. Grondslagen van onderzoek en denken in de gedragswetenschappen* (1961) als fasen in een empirische cyclus opgevat, zij het voorafgegaan door observatie en afgesloten met evaluatie (zie verder hoofdstuk 3).

Diagnostiek kan in de praktijk lang niet altijd voldoen aan alle eisen die aan het wetenschappelijk handelen worden gesteld. Bovendien vereist ze *als toepassingsgebied van de gedragswetenschap* enerzijds en *als onderdeel van hulpverlening* anderzijds een aantal denk- en doe-activiteiten die niet of zelden tot het gedragsrepertoire van de wetenschappelijke onderzoeker behoren. Een voorbeeld van het eerste is de toepassing van verklaringsschema's van verschillend inhoudelijk en formeel niveau op een individuele problematiek. Een voorbeeld van het tweede is de beslissing een bepaald instrument niet te gebruiken indien dit het vertrouwen van de cliënt in de diagnosticus als hulpverlener zou ondermijnen. Toch is in de professionele diagnostiek de algemene wetenschappelijke eis van transparantie van gevolgde argumentatie en procedure onverminderd van toepassing. Voor een systematische behandeling van dit standpunt wordt verwezen naar het werk van Van Strien (1975, 1984, 1986).

In het verlengde van het voorafgaande noemen we ook Van Striens notie van 'verwetenschappelijking van de diagnostische praktijk'. De diagnosticus is wetenschappelijker naarmate hij (naar Van Strien, 1984):

- explicieter werkt met theorieën en de verschillende theorieniveaus duidelijker met elkaar in verband brengt;
- er zich bewust rekenschap van geeft in welke gevallen hij wel en in welke gevallen hij niet voor een bepaalde theorie kiest;
- duidelijker de denkstappen vastlegt die geleid hebben tot het advies;
- onderzoek doet naar de waarde van theorieën voor de problemen waar ze betrekking op hebben en naar het effect van ingrepen;
- de resultaten van het eigen werk uitwisselt met collega's.

Deze handleiding sluit aan bij de bovenstaande opvattingen over wetenschappelijke diagnostiek. Het structurele stappenmodel dat we volgen, is geënt op de empirische cyclus van De Groot. Bij de inhoudelijke invulling van het proces dat zich in de verschillende stappen afspeelt, wordt getracht de verwetenschappelijking van Van Strien in praktijk te brengen. De handleiding weerspiegelt daarmee een procedureopvatting van wetenschap. De wetenschappelijke kwaliteit van de diagnostiek laat zich afmeten naar de doorzichtigheid en zorgvuldigheid van de empirische toetsing in elk van de te onderscheiden stappen. Op deze wijze houden we de foutenbronnen in het diagnostisch oordelen en redeneren zo goed mogelijk onder controle.

## 2.2 Verschillende foutenbronnen

Vanaf de eerste ontmoeting met de cliënt begint voor de diagnosticus een complex proces van verzamelen, interpreteren en afwegen van informatie met het oog op het nemen van de beslissing of er iets – en zo ja wat – gedaan kan worden ten aanzien van de klacht van de cliënt. Voor een groot aantal klachten is geen pasklare oplossing te formuleren. De theoretische, methodologische, instrumentele en ervaringskennis van de diagnosticus fungeren meestal als inspiratiebron voor diens denkproces, slechts zelden als leveranciers van een kant-en-klare oplossing. Formeler uitgedrukt: de alledaagse diagnostische situatie is doorgaans te typeren als een voorbeeld van een slecht gedefinieerd beslissingsprobleem (Vlek, 1981).

Oordelen en beslissen in onzekerheid zijn niet alleen typerend voor het werk van de professionele diagnosticus. Zowel in het dagelijkse leven als in de uitoefening van veel beroepen (arts, verzekeraar, jurist) is dit eerder regel dan uitzondering. Uitkomsten van onderzoek naar de kwaliteit van menselijk oordelen en beslissen in onzekerheid in het algemeen leveren dan ook waardevolle informatie op voor de diagnosticus. Kennis over hoe oordelen en beslissingen totstandkomen, kan benut worden om de eigen praktijk te optimaliseren.

Het onderzoek naar de kwaliteit van en de foutenbronnen in oordelen en beslissen is zo omvangrijk dat we hier volstaan met het noemen en kort toelichten van een drietal bronnen die het belang van dit onderzoek voor de diagnostische praktijk illustreren:

- onderzoek naar de wijze waarop mensen met *kansen en waarschijnlijkheden* omgaan;
- onderzoek naar *vuistregels en heuristieken* die mensen doorgaans geneigd zijn te volgen;
- onderzoek naar de *kwaliteit van professionele diagnostiek*.

Een substantieel deel van het werk van de diagnosticus bestaat uit *het schatten, afwegen en herzien van kansen*. Een voorbeeld. Bij de beschrijving van het probleemgedrag van de cliënt constateert de diagnosticus dat het beeld dat ontstaat, lijkt op het klinisch beeld van een kind met separatieangst, zoals beschreven in een handleiding voor de classificatie van gedragsproblemen. Gelet op de leeftijd van het kind is het echter ook mogelijk diens gedrag niet op te vatten als ontwikkelingsverstorend, maar juist als een (zij het intense) ontwikkelingsadequate protestreactie op een onderbreking van de opvoedingsrelatie. Het diagnostisch onderscheid is uitermate belangrijk, omdat de aanpak van het probleem in beide gevallen verschillend is.

Er bestaat helaas geen test die onomstotelijk kan aangeven tot welke van de twee mogelijkheden het gedrag van het kind behoort. Wel kan de diagnosticus - gesteund door de literatuur - bij het individuele kind op zoek gaan naar gegevens waarvan hij vermoedt dat ze vaker in het ene dan in het andere geval worden aangetroffen. Het opzoeken van dit soort gegevens, evenals het beoordelen of men bij verder onderzoek enigszins is opgeschoten, is niet een zaak van simpel testen en aflezen van kansen. Het complexe beoordelingsproces begint immers al met de keuze van het soort gegevens dat de diagnosticus wil verzamelen om onderscheid te kunnen maken tussen de mogelijkheid van een ontwikkelingsstoornis of van protestgedrag. Kennis die hierbij van nut kan zijn, komt in de literatuur niet voor in de opgeslagen vorm van een kant-en-klare tabel, maar is verspreid over verschillende en diverse soorten publicaties. In het beste geval kan de diagnosticus zijn subjectieve verwachtingen beargumenteren vanuit een noodzakelijk beperkte en incidentele steekproef uit de literatuur. Bovendien geven de meeste handleidingen van diagnostische instrumenten zelden of nooit informatie over de kans waarmee uitslagen op het instrument bij goed omschreven klinische groepen voorkomen. Kortom, het is niet uitzonderlijk dat de diagnosticus kansen subjectief moet inschatten.

Uit onderzoek blijkt echter dat mensen in het algemeen slecht zijn in het schatten, afwegen en herzien van kansen. In het dagelijkse oordelen en redeneren wordt niet strikt logisch-statistisch met kansen omgesprongen. Vaak is men niet in staat uit een reeks gegevens die informatie te halen die relevant is voor de kansschatting of wordt relevante informatie weggelaten en irrelevante informatie gebruikt. Ook is het zo dat het formuleren van een kansschatting op zich ongebruikelijk en moeilijk is en dat expliciet geschatte kansen vaak sterk afwijken van wat statistisch-logisch verwacht kan worden. Zelfs in gevallen dat de persoon over alle relevante informatie beschikt, verloopt het proces van het herzien van kansen in het licht van nieuwe informatie niet optimaal en hebben mensen doorgaans meer vertrouwen in hun schattingen dan logisch-statistisch te verantwoorden is.

De vaststelling dat mensen bij schatten en redeneren met kansen afwijken van wat logisch dan wel statistisch voorgeschreven wordt, leidde tot onderzoek naar de oorzaken van deze afwijkingen. Dit resulteerde vervolgens in het blootleggen van cognitieve *vuistregels en heuristieken* (zoekstrategieën die tot oplossingen kúnnen leiden) die in tal van probleemsituaties in het dagelijkse leven adequaat zijn, maar tot vertekening leiden bij kansschattingen in een gecontroleerde laboratoriumomgeving. Baanbrekend werk op dit gebied is geleverd door Tversky en Kahneman (1974). In Nederland werd het belang van dit soort onderzoek voor de diagnostiek bepleit door Schroots, Akkerman en De Groot (1978). Ter illustratie geven we twee voorbeelden van conclusies uit onderzoek.

Mensen hebben de neiging de kans op het optreden van een verschijnsel hoger in te schatten naarmate zij met minder moeite voorbeelden van het verschijnsel voor de geest kunnen halen (beschikbaarheidsheuristiek). Stel dat een diagnosticus wel voorbeelden van kinderen met een algemene ontwikkelingsproblematiek kan geven, maar niet beschikt over voorbeelden van kinderen met een gecombineerde motoriek-spraakproblematiek. Alleen al omwille van dit verschil in kennis zal deze diagnosticus bij twijfel de kans lopen de eerste mogelijkheid te overschatten en de tweede te onderschatten.

Mensen blijken bovendien de neiging te hebben vooral informatie op te zoeken die de eigen opvatting ondersteunt. Dit kan er in het gegeven voorbeeld toe leiden dat informatie wordt opgezocht ter ondersteuning van de eerste mogelijkheid die mede op grond van de beschikbaarheidsheuristiek als belangrijkste naar voren kwam.

Na het voorafgaande zal het niet verwonderen dat de *kwaliteit van het professionele oordeel* in klinische beslissingssituaties dikwijls te wensen overlaat. Voor een deel was dit reeds bekend uit onderzoek waarin de voorspellingskracht van het oordeel vergeleken werd met die van een statistische predictie (Meehl, 1954; Sawyer, 1966). Diagnostici blijken echter ook weinig van praktijkervaring te leren (Garb, 1989). Garb (1998) heeft de resultaten van het onderzoek naar de kwaliteit van het diagnostisch oordeel in de klinische praktijk samengevat. Fouten en vertekeningen blijken bij de professionele diagnosticus in elke fase van diagnostische besluitvorming voor te komen. Dit gegeven moet diagnostici ertoe aanzetten de kwaliteit van de eigen besluitvorming kritisch te evalueren en waar nodig te verbeteren. Garb (1998, p. 5): "Clinicians should be embarrased not if we learn we have shortcomings and limitations, but if we choose to ignore empirical research because it describes those shortcomings and limitations." Het leren van fouten is geen probleem, het negeren ervan wel. In hoofdstuk 3 (zie ook box 3.1) komen we nog uitgebreider terug op mogelijke foutenbronnen.

## 2.3 Besliskundige ondersteuning

Bij beslissingen in complexe en reële situaties wordt vaak vooruitgelopen op een toekomstige situatie waarin de beslisser zelf ook handelend optreedt. Bovendien maken diens acties doorgaans deel uit van een plan waarbij bewust doelen worden nagestreefd, die dan dikwijls nog op verschillende manieren kunnen worden bereikt. Het beslissingsprobleem is zo te beschrijven als een keuzeprobleem waarbij verschillende opties verschillende consequenties kunnen hebben met betrekking tot het doel. De kansen die de beslisser inschat, hebben niet zozeer te maken met toevalsberekening, maar met de mogelijkheid dat - gegeven een bepaalde optie - bepaalde positieve of negatieve gevolgen optreden. Daarbij kan de beslisser formeel gezien de logica van de kansberekening volgen om de verwachte uitkomst van de verschillende opties vast te stellen.

Het onderzoek naar fouten en vertekeningen bij oordelen en beslissen dat in paragraaf 2.2 werd besproken, is beschrijvend van aard. Er wordt daarin vooral nagegaan *hoe* het oordelen en beslissen feitelijk verloopt, niet hoe het *zou moeten* verlopen. Overigens moet 'beschrijvend' niet al te letterlijk worden opgevat. De descriptieve beslissingstheorie houdt zich immers ook bezig met het verklaren van het beslissingsgedrag. De normatieve beslissingstheorie, daarentegen, gaat verder dan beschrijven en verklaren, en schrijft ook voor hoe de beslisser formeel te werk moet gaan op basis van een aantal rationele axioma's. Hier gaan we, voorzover relevant voor de praktijk, slechts kort in op dit normatieve aspect.

De toepassing van de normatieve beslissingstheorie vindt plaats in de besliskunde: een verzameling van modellen en procedures die aangeven hoe de beslisser in de verschillende stappen van het beslissingsproces het best kan handelen met het oog op het te bereiken doel. Het vermijden van fouten en vertekeningen is daarbij een onderdeel van een omvangrijker proces waarin ook het formuleren van opties en consequenties zelf voorwerp van aandacht is. In de besliskunde is een aantal technieken en procedures ontworpen om het formele beslissingsproces te ondersteunen. Deze technieken gaan van het structureren van het proces met behulp van zogenaamde beslissingsbomen tot en met het hanteren van technieken om subjectieve kansschattingen op een redelijke manier in kaart te brengen. Voor een inleiding in de besliskunde verwijzen we naar Vlek (1981).

Het diagnostisch beslissingsproces is, zoals aangegeven, eveneens te analyseren als een proces waarin opties en consequenties geformuleerd en geëvalueerd worden. De technieken en procedures uit de besliskunde kunnen hierbij ter ondersteuning worden ingezet. Een illustratief boek over de mogelijkheden van de besliskunde is dat van Von Wintersfeldt en Edwards (1986). In Nederland is het beslissingskader in de klinische diagnostiek onder meer geïntroduceerd door Schroots, Akkerman en De Groot (1978) en Akkerman (1982). Een systematische toepassing van beslishulpen is, voorzover ons bekend, tot nu toe echter niet voorhanden.

## 2.4 Prescriptieve diagnostiek

De keuze voor de term 'prescriptief' behoeft allereerst enige toelichting. Uit de inleiding in dit boek bleek al dat de term 'prescriptief' hier in algemeen methodologisch-heuristische zin wordt opgevat. De formele status van de stel- en spelregels van de diagnostiek is vergelijkbaar met die van de voorschriften die men aantreft in algemene methodologische beschouwingen over het inrichten van empirisch onderzoek. Als schoolvoorbeeld werd in dit hoofdstuk al het boek *Methodologie. Grondslagen van onderzoek en denken in de gedragswetenschappen* van De Groot (1961) genoemd, dat in essentie betrekking heeft op de realisatie van wetenschappelijk verantwoord geachte procedures. De voorschriften op zich garanderen niet dat het onderzoek ook feitelijk tot de oplossing van het onderzoeksprobleem bijdraagt. Wel wordt aangenomen dat het volgen van de voorschriften op termijn de kans op het leveren van een bijdrage aan de oplossing verhoogt. De fundering van methodologische voorschriften is zelf niet empirisch maar logisch-theoretisch van aard. De regels fungeren als normen waarnaar de kwaliteit van het onderzoekshandelen wordt afgemeten.

De tak van de methodologie die zich bezighoudt met het funderen, formuleren en onderzoeken van diagnostische regels en procedures wordt door Westmeyer (1972; Westmeyer & Hageböck, 1992, p. 1-2) normatieve diagnostiek genoemd. De normatieve diagnostiek richt zich volgens Westmeyer en Hageböck op vragen als: wat is feitelijk een diagnose? Is het mogelijk en redelijk voorschriften voor de diagnosticus te formuleren? In hoeverre kan het diagnostisch proces door deze voorschriften gereguleerd worden?

Oorspronkelijk dachten ook wij voor deze handleiding aan de term 'normatieve' diagnostiek ter aanduiding van die activiteiten die gericht zijn op het funderen, ontwikkelen en evalueren van regels, voorschriften en procedures voor diagnostisch onderzoek. Om een drietal redenen kiezen we evenwel voor de term 'prescriptief' in plaats van 'normatief'.

Een principiële reden is dat de term 'normatief' bij Westmeyer een algoritmische en niet een heuristieke betekenis heeft. Westmeyer erkent overigens wel dat het implementeren van een strikt normatief (algoritmisch) model van het diagnostisch proces in de praktijk nagenoeg onmogelijk is. We moeten vooralsnog dus genoegen nemen met 'moderately normative models' (1992, p. 7). Dergelijke gematigd-normatieve modellen komen in feite neer op een set vuistregels en procedures die heuristisch zijn in de zin dat ze de kans op het nemen van juiste beslissingen verhogen. In die betekenis hebben ze dezelfde normatieve status als de algemene methodologische voorschriften zoals geformuleerd door De Groot. In reactie op Westmeyer is eerder al betoogd dat het diagnostisch proces in principe niet binnen het bereik van een strikt normatief model te brengen is (De Bruyn, 1992a) aangezien een dergelijk model niet adequaat is (zie ook Hofstee, 1990).

Een tweede reden om de term 'normatief' te vermijden, is het gegeven dat deze term in de besliskunde eveneens in algoritmische zin gebruikt wordt. De formele beslissingsregels worden gefundeerd vanuit de axioma's van het beslissingsmodel dat aan de regels ten grondslag ligt. Niet alleen zijn deze modellen algoritmisch, zij zijn in feite ook slechts bruikbaar in goedgedefinieerde beslissingssituaties die in de klinische diagnostiek zelden worden aangetroffen.

Een laatste, ditmaal positieve reden om voor de term 'prescriptief' te kiezen, is dat uitgerekend in het domein van de besliskunde stemmen opgaan om de term 'prescriptief' te gebruiken voor beslissingsondersteuning in complexe, naturalistische situaties (Bell, Raiffa & Tversky, 1988; Keeney, 1992). Deze situaties zijn niet te reduceren tot het ideaaltypische formele beslissingsprobleem dat met de traditioneel normatieve modellen kan worden aangepakt. Ook in deze context heeft de term 'prescriptief' een brede richtinggevende heuristische connotatie.

De benaming 'prescriptieve diagnostiek' is een internationaal bruikbare term voor wat in het Nederlands als 'leer van de diagnostiek' (De Bruyn, 1984) kan worden aangeduid. Het specifieke van de prescriptieve diagnostiek is dat de fundering van de spelregels gezocht wordt in het analyseren en blootleggen van de grondkenmerken van het professionele diagnostisch proces. Prescriptieve studies houden zich steeds bezig met de vraag hoe de diagnosticus – gegeven deze grondkenmerken – het best het diagnostisch proces vorm kan geven. Deze vraag is uiteraard op verschillende manieren te beantwoorden. In feite is er sprake van een familie van prescriptieve modellen. Gelet op de praktische gerichtheid van deze handleiding gaan we hier echter niet in op fundamentele (meta)theoretische afwegingen. Wel wijzen we op enkele ontwikkelingen in Nederland die door ons onder de noemer 'prescriptief' worden geplaatst. Uiteraard doet een dergelijke rubricering geen recht aan de specifieke inbreng van iedere vermelde publicatie afzonderlijk.

In Nederland heeft de empirische cyclus van De Groot (1961) de grondtoon gezet voor ontwikkelingen in de prescriptieve diagnostiek. De empirische cyclus kan gelden als de algemene methodologische grondstructuur van het wetenschappelijke handelen, zoals we in het volgende hoofdstuk zullen zien. In deze cyclus staat de activiteit van het genereren en toetsen van hypothesen centraal. Vandaar dat in Nederland modellen die op de empirische cyclus zijn georiënteerd (zoals Rispens, Carlier & Schoorl, 1990; Van Strien, 1984; De Bruyn, 1992b), vaak aangeduid worden als hypothesetoetsende diagnostische modellen (Pameijer, 1992). Het hypothesetoetsende karakter van de diagnostiek wordt ook benadrukt in de publicatie van de Nederlandse Vereniging voor Pedagogen, Onderwijskundigen en Andragologen (NVO, inmiddels omgedoopt tot Nederlandse Vereniging van Pedagogen en Onderwijskundigen) over het beroepsprofiel van de diagnosticus (1991). Voor verdere kennismaking met deze modellen en aansluitende relevante literatuur verwijzen we naar de literatuurlijst.

De in Nederland ontwikkelde modellen geven in algemene zin aan welke stappen in welke volgorde op welke wijze doorlopen moeten worden. Het zijn conceptuele ordeningskaders die niet uitgewerkt zijn tot op het niveau van concrete voorschriften en regels. De vraag is uiteraard of en, zo ja, hoe dit laatste mogelijk is. Professionele diagnostiek heeft immers veel meer het karakter van methodologisch gedisciplineerd wikken en wegen en het creatief inzetten van kennis en methoden in confrontatie met de cliënt dan van het toepassen van een kant-en-klaar beslissingsmodel. Diagnostiek is 'een open systeem' (Hofstee, 1990).

Zoals we in het volgende hoofdstuk zullen zien, nemen we in deze handleiding vooral de procedurekant van het diagnostisch proces als uitgangspunt ter ondersteuning van de professionele diagnostiek. We presenteren daarbij het diagnostisch proces in de vorm van een cyclus.

# 3. De diagnostische cyclus

„Nadat we in het voorgaande zijn ingegaan op de algemene doelstelling, de beperkingen en de uitgangspunten, vormt de beschrijving van de diagnostische cyclus de kern van het eerste deel van dit boek. De handleiding, zoals we die vanaf hoofdstuk 4 in het tweede deel uitwerken, zal expliciet voortbouwen op het hier geschetste referentiekader.

## 3.1 Van hulpvraag tot cyclus

### 3.1.1 Hulpvraag, vraagstelling, onderzoeksvraag en type diagnostisch onderzoek

In de klinische praktijk start het diagnostisch proces nadat de cliënt zich rechtstreeks of via een verwijzer heeft aangemeld met een of meer hulpvragen. De formulering daarvan is op dat moment in veel gevallen nog niet duidelijk en wellicht niet compleet. Bovendien hoeft niet elke hulpvraag tot verder diagnostisch handelen te leiden. Anders gezegd: niet elke hulpvraag is ook een diagnostische hulpvraag (zie hoofdstuk 6). De diagnosticus zal daarom samen met de cliënt na moeten gaan aan welk soort informatie behoefte is.

Een diagnostische hulpvraag van de cliënt wordt uiteindelijk gezamenlijk geherformuleerd tot een vraagstelling. Voor de diagnosticus is de diagnostische hulpvraag (en de daaraan gekoppelde vraagstelling) er een uit een aantal mogelijkheden of prototypen. Door vervolgens de vraagstelling op te vatten als onderzoeksvraag legt de diagnosticus een verbinding tussen type vraagstelling en type (diagnostisch) onderzoek. In hoofdstuk 6 zullen we de verschillende begrippen en daarbij horende stappen nader specificeren.

We kunnen het bovenstaande als volgt afbeelden, waarbij we de inbreng van de cliënt aanduiden met de afkorting *C* en die van de diagnosticus met *D*:

*Hulpvraag (C) → type diagnostische hulpvraag (D) → type vraagstelling (C en D) → type onderzoek (D)*

De onderlinge overeenstemming van diagnostische hulpvragen, vraagstellingen en typen onderzoek wordt gepresenteerd in tabel 3.1. De combinatie tussen deze drie representeert het diagnostisch scenario (zie hoofdstuk 6) dat in deze handleiding als de diagnostische cyclus is uitgewerkt. In paragraaf 3.2 gaan we uitgebreider in op deze cyclus. Uitgaande van het principe dat de diagnosticus de aanvankelijke hulpvragen als het ware 'uitfiltert' tot diagnostische hulpvragen (zie hoofdstuk 6) zullen we in het navolgende beide termen doorgaans als synoniemen gebruiken.

Het onderscheid tussen diagnostische hulpvraag en type vraagstelling benadrukt dat de diagnosticus de hulpvraag samen met de cliënt vertaalt op een abstracter niveau en dat hij het bijpassende prototype vraagstelling onderkent. De keuze van het onderzoekstype (met de bijbehorende onderzoeksvraag) is vervolgens als het ware het technische antwoord van de ene partij (de diagnosticus) op de hulpvraag van de andere partij (de cliënt). Een belangrijk voordeel van het gemaakte onderscheid is dat een controle mogelijk wordt op de mate waarin het diagnostisch onderzoek aansluit bij de hulpvraag. Bijvoorbeeld: bij een hulpvraag als 'Waarom...?' past een type onderzoek dat een verklaring geeft in termen van 'Omdat...'. In de praktijk blijkt deze afstemming van type onderzoek op type vraagstelling nogal eens te wensen over te laten.

**Tabel 3.1.** Taxonomie van hulpvragen, vraagstellingstypen en onderzoekstypen.

| Prototype diagnostische hulpvraag | Type vraagstelling | Type onderzoek | Code |
|---|---|---|---|
| Hoe moet ik verwoorden wat ik t.o.v. mij/dit kind ervaar? | Verheldering | Verhelderend | VHD |
| Wat is er met mij/dit kind aan de hand? | Onderkenning | Onderkennend | ODK |
| Waarom is dit met mij/dit kind aan de hand? | Verklaring | Verklarend | VKR |
| Hoe kan ik/dit kind het best geholpen worden? | Indicatie | Indicerend | IDC |

Opmerking: In de taxonomie wordt telkens gesproken van 'mezelf/dit kind'. In het vervolg zullen we spreken over 'cliënt', ook al is er principieel onderscheid te maken tussen de opvoeder-cliënt en de jeugdige-cliënt (zie ook hoofdstuk 4).

De in tabel 3.1 gebruikte formuleringen van de verschillende prototypen diagnostische hulpvragen zijn bedoeld als voorbeelden. De cliënt kan uiteraard ook andere bewoordingen kiezen. In de laatste kolom geven we de coderingen die ook in de overige hoofdstukken worden gebruikt (zie in het bijzonder hoofdstuk 6).

De verschillende onderzoekstypen mogen niet verward worden met de cognitieve operaties die de diagnosticus doorloopt. Immers, een analyse van de verschillende typen onderzoek zou laten zien dat vaak dezelfde operaties bij verschillende typen onderzoek betrokken zijn. We komen hier later op terug (zie onder andere paragraaf 3.4 en box 3.1).



### 3.1.2 Diagnostische hulpvraag en diagnostisch scenario

De diagnostische hulpvraag van de cliënt is vaak complex. In veel gevallen is er niet één hulpvraag, maar eerder een conglomeraat van vragen. In principe kan elke combinatie van twee of meer typen uit tabel 3.1 voorkomen. Als er sprake is van slechts één diagnostische hulpvraag, dan volgt een diagnostisch onderzoek van één bepaald type. Bij een combinatie van vragen volgt ook een combinatie van onderzoekstypen. Zo zal de diagnostische hulpvraag 'Hoe kan dit kind het best geholpen worden?' samen met 'Wat is er met dit kind aan de hand?' in ieder geval leiden tot een combinatie van indicerend en onderkennend onderzoek.

Bij een samengaan van diagnostische hulpvragen en daarop afgestemde typen onderzoek is de volgorde waarin het onderzoek wordt doorlopen niet willekeurig. Het doel van elk diagnostisch onderzoek door de diagnosticus is een optimaal antwoord geven op de vraag van de cliënt. Een optimaal antwoord op de ene hulpvraag is echter vaak afhankelijk van de beantwoording van een andere hulpvraag. In het hierboven gegeven voorbeeld was er sprake van de combinatie van indicerend en onderkennend onderzoek. Voor het kunnen onderkennen van het soort probleem (bijvoorbeeld: een gedragsstoornis) is het niet nodig een uitspraak te doen over de te kiezen aanpak ervan, maar omgekeerd geldt wel dat een verantwoorde vorm van hulp afhankelijk is van het type probleem (een gedragsstoornis vraagt bijvoorbeeld om een andere aanpak dan een leerstoornis). Onderkenning gaat derhalve aan indicatie vooraf.

Kortom, als er combinaties van hulpvragen voorkomen, dan is er nagenoeg nooit sprake van een willekeurige of neutrale volgorde van de diverse typen onderzoek, maar van een intrinsiek noodzakelijke volgorde. Deze geordende sequentie noemen we een diagnostisch scenario. Omdat wij ervan uitgaan dat de diagnostische hulpvraag van de cliënt het onderzoek stuurt, moet de diagnosticus steeds starten met de verheldering van de hulpvraag.

*Om die reden is het verhelderend onderzoek de gepaste aanvangsstap van elk diagnostisch scenario.*

In principe is het niet uitgesloten dat de diagnosticus na het verhelderend onderzoek samen met de cliënt tot de conclusie komt dat verder onderzoek niet nodig is. In dit geval spreken wij van een 0-scenario, omdat er geen overgang is naar een volgend type onderzoek. Wanneer er wel verder onderzoek plaatsvindt, dan benoemen we het scenario aan de hand van het aantal overgangen dat gemaakt wordt. Het geval waarbij het 0-scenario met slechts één type onderzoek wordt uitgebreid, noemen we een 1-scenario. In dit scenario wordt één keer de overgang gemaakt van het ene type onderzoek naar het andere. Een scenario dat bijvoorbeeld bestaat uit de sequentie verheldering-onderkenning-indicatie, kent na het verhelderend onderzoek twee overgangen en noemen we daarom een 2-scenario.

In het meest volledige geval is er sprake van een 3-scenario, dat volgt uit de geordende combinatie van de volgende hulpvragen (zie tabel 3.1): hoe moet ik verwoorden wat ik t.o.v. mij/dit kind ervaar? Wat is er met mij/dit kind aan de hand? Waarom is dit met mij/dit kind aan de hand? En: hoe kan ik/dit kind het best geholpen worden? Dit scenario stoelt op de logisch-intrinsieke gedachtegang dat *verheldering* van de klacht (hoe is het te verwoorden) kennis oplevert die bijdraagt tot een goede *onderkenning* van het probleem (wat is er aan de hand). Pas als het probleem onderkend is, kan een *verklaring* – of eventueel, zoals we in hoofdstuk 8 zullen zien, een combinatie van verklaringen – worden gegeven (waarom is er een probleem). Tot slot gaan we ervan uit dat we voor een *indicatie* van de interventie (hoe kan het best geholpen worden) moeten beschikken over de antwoorden bij de eerdere vraagstellingen uit de gevolgde sequentie. We zullen in paragraaf 3.4 overigens zien dat niet altijd een volledig diagnostisch 3-scenario nodig is om toch over te kunnen gaan naar de keuze van de best passende interventie in de indicatieanalyse. Maar voor elk scenario geldt hoe dan ook dat de diagnosticus het alleen maar kan toepassen als ook de cliënt alle stappen daaruit als noodzakelijk ervaart voor het adequaat beantwoorden van de diagnostische hulpvraag. In hoofdstuk 5 gaan we daar uitgebreider op in.

**Tabel 3.2.** Correspondentie van onderzoekstypen, stappen en onderzoekscomponenten in het diagnostisch scenario.

| Onderzoekstype | Stap | Component | Code |
|---|---|---|---|
| Verhelderend | 1 | Klachtanalyse | (KA) |
| Onderkennend | 2 | Probleemanalyse | (PA) |
| Verklarend | 3 | Verklaringsanalyse | (VA) |
| Indicerend | 4 | Indicatieanalyse | (IA) |

Tot dusver zijn de stappen in het diagnostisch scenario aangeduid in termen van elkaar opvolgende onderzoekstypen met elk een eigen intrinsiek doel. De activiteiten die de diagnosticus in ieder van deze stappen uitvoert, duiden we respectievelijk aan als klachtanalyse, probleemanalyse, verklaringsanalyse en indicatieanalyse (zie tabel 3.2). We geven daarbij ook de code die we in paragraaf 3.2 zullen gebruiken.

### 3.1.3 Verschillende typen diagnose en typen diagnostische hypothese

De term 'diagnose' wordt in de praktijk doorgaans in de volgende twee verschillende betekenissen gebruikt:

- als onderkenning van een stoornis (bijvoorbeeld: 'Hier is sprake van ADHD');
- als verklaring voor het probleem of de stoornis (bijvoorbeeld: 'Haar internaliserende gedragsstoornis is een gevolg van een onveilige hechting').

In deze handleiding kiezen we er bewust voor – in afwijking van voorgaande publicaties (zie De Bruyn e.a., 1995) – om de term 'diagnose' los te koppelen van één bepaald type diagnostiek. Met dit standpunt sluiten we logisch aan bij de door ons in tabel 3.1 gemaakte onderscheidingen in verschillende typen diagnostisch onderzoek en de verschillende scenario's. Het doet bovendien recht aan de professionele identiteit van de typen onderzoek in de klinische praktijk en het voorkomt onnodige discussie over de 'eigenlijke' betekenis van het begrip 'diagnose'. Analoog aan de typen onderzoek kan men derhalve spreken van een verhelderende, onderkennende, verklarende en indicerende diagnose als uitkomsten van respectievelijk verhelderend, onderkennend, verklarend en indicerend onderzoek.

In de context van de diagnostische besluitvorming hebben hypothesen de status van voorlopige uitspraken die nog aan (nieuw) feitenmateriaal getoetst moeten worden. Wederom in overeenstemming met de onderscheiden onderzoekstypen kan men in principe spreken van verhelderende, onderkennende, verklarende en indicerende hypothesen. Ook hierin nemen we een standpunt in dat afwijkt van wat gebruikelijk is. Met name als in de praktijk naar 'het hypothesetoetsend' model wordt verwezen, bedoelt men meestal een diagnostische werkwijze waarbij verklarende hypothesen getoetst worden. Dit is begrijpelijk, omdat er bij de verklarende diagnostiek – en in tegenstelling tot de andere onderzoekstypen – sprake is van gedragswetenschappelijke theorieën waaraan (in termen van de empirische cyclus: via deductie) hypothesen over het individuele geval ontleend kunnen worden (zie hoofdstuk 8). In deze zin is de verklarende diagnostiek het meest empirisch-wetenschappelijke onderdeel van de diagnostische besluitvorming. Ook in deze handleiding blijven in de stap van de verklaringsanalyse het genereren en het toetsen van hypothesen een dominante rol spelen, maar dat neemt niet weg dat dit ook bij de overige onderzoekstypen kan voorkomen.

## 3.2 De diagnostische cyclus

Tot dusver werd het diagnostisch proces beschreven als een scenario bestaande uit het doorlopen van een reeks van vier hoofdstappen. Zo'n scenario is van toepassing als een (complexe) diagnostische hulpvraag afdoende te beantwoorden is via het 'rechtlijnig' doorlopen van de volledige reeks. Dit is in de diagnostiek echter zéér zelden het geval. De aard van de problematiek vergt meestal het *herhaald* doorlopen van het volledige scenario of van onderdelen daaruit. Een optimaal diagnostisch beslissingsproces dwingt in de regel tot een *cyclisch* verloop. Ons uitgangspunt van empirisch wetenschappelijke diagnostiek vergt bovendien dat in elke stap van het proces de veronderstellingen en ideeën van de diagnosticus aan de feiten worden getoetst. De diagnostische cyclus pretendeert te beantwoorden aan de grondstructuur van de empirische cyclus (zie paragraaf 2.1: Wetenschappelijke diagnostiek). De cyclus is prescriptief: hij schrijft de stappen en substappen voor die de diagnosticus moet doorlopen (zie paragraaf 2.4: Prescriptieve diagnostiek).

Hierna gaan we eerst in op het cyclische aspect en bespreken we aansluitend de indeling in stappen en substappen.

In de diagnostische cyclus hangt de beslissing van de diagnosticus om door te gaan, stappen te herhalen of terug te gaan af van de mate van zekerheid van de informatie die de betreffende stap oplevert. Alleen als iedere stap na de eerste uitvoering tot voldoende zekerheid leidt, kan een eenmalig doorlopen van de sequentie volstaan. De lineaire diagnostische sequentie is in feite - door het ontbreken van terugkoppelingen - een speciaal geval van de diagnostische cyclus. Het cyclische aspect van het diagnostisch proces wordt afgebeeld in figuur 3.1.

Het onderzoek start bij de aanmelding (af te korten als: Anm) van de cliënt en eindigt bij het advies (Adv). De punten van de pijlen geven de richting aan waarin de stappen genomen kunnen worden. De ononderbroken pijlen geven de grondfiguur van de diagnostische cyclus weer. De gestippelde lijnen representeren de mogelijkheden die zich om geldige redenen in de diagnostische praktijk kunnen voordoen.

Bij het voorwaarts bewegen of teruggaan binnen de diagnostische cyclus dient het resultaat van iedere stap als uitgangspunt voor de daaropvolgende stap. Onder teruggaan verstaan we hier zowel het herhalen van de laatst uitgevoerde stap als het terugkeren naar een eerdere. Elke stap levert een conclusie op. Bij onvoldoende zekerheid wordt de bron van de onzekerheid achterhaald. Deze bron kan in de betrokken stap zelf liggen. In dat geval moet die herhaald worden. Ligt de bron in een of meerdere van de voorafgaande stappen, dan moet daar naar worden teruggegaan.

Bijvoorbeeld: bij de evaluatie van de uitkomst van de verklaringsanalyse (VA) komt de diagnosticus tot de slotsom dat er nog te weinig informatie is verzameld om met voldoende zekerheid een duidelijke conclusie te kunnen trekken. In zo'n geval zal hij de stap van de verklaringsanalyse moeten herhalen. In een ander geval kan hij tot de slotsom komen dat het probleem onvoldoende verklaard blijft als gevolg van een lacune in de eerder uitgevoerde probleemanalyse (PA). Hij zal dan eerst een correctie op de probleemanalyse (PA) moeten toepassen vooraleer hij een nieuwe poging tot verklaringsanalyse (VA) onderneemt. Schrijft de diagnosticus de lage opbrengst van de verklaringsanalyse (VA) toe aan een gebrekkige klachtanalyse (KA), dan dient hij eerst die stap over te doen. De uitkomst van de nieuwe klachtanalyse zal echter ook een nieuwe probleemanalyse (PA) nodig maken. Pas via de uitkomst daarvan komt de diagnosticus dan opnieuw bij de verklaringsanalyse (VA). Volledig gereconstrueerd is de opeenvolging van stappen binnen de drie gegeven voorbeelden als volgt: KA-PA-VA-VA; KA-PA-VA-PA-VA; KA-PA-VA-KA-PA-VA.

De indeling in hoofdstappen en substappen wordt hier voorlopig globaal beschreven. In het tweede deel van dit boek (in het bijzonder hoofdstukken 5, 7, 8 en 9) werken we elk van deze stappen en substappen inhoudelijk verder uit.

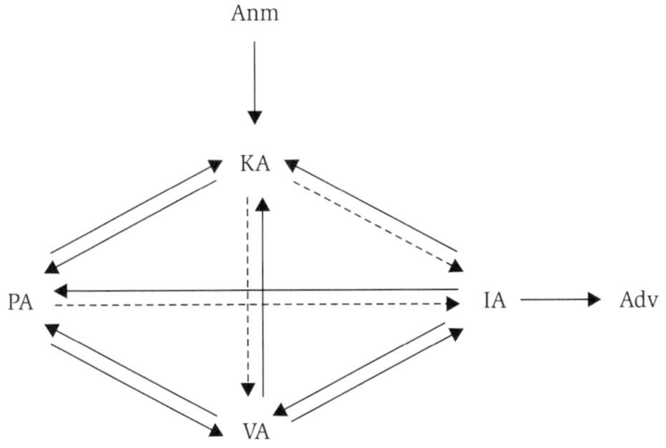


**Figuur 3.1.** De diagnostische cyclus: Klachtanalyse (KA), Probleemanalyse (PA), Verklaringsanalyse (VA) en Indicatieanalyse (IA). Aanmelding (Anm) en Advies (Adv) vormen de input en output van de cyclus. De ononderbroken lijnen geven de grondfiguur van de cyclus weer (zie de tekst).

### 3.2.1 **Klachtanalyse**

Klachten van de cliënt – waarmee we in voorkomende gevallen ook diens omgeving bedoelen – vormen de natuurlijke ingang tot het diagnostisch proces. Het zijn uitspraken die aangeven dat de situatie of het gedrag (gedachten, gevoelens, handelingen) van de cliënt, of de gevolgen daarvan, door de cliënt als negatief (bijvoorbeeld: ongewenst, storend, belemmerend) beleefd worden. Klachten weerspiegelen ervaringen en belevingen. In de klachtanalyse verzamelt de diagnosticus de klachten en gaat hij na of de verwoording ervan door de cliënt ook daadwerkelijk overeenkomt met wat deze bedoelt. Verder gaat de diagnosticus in samenspraak met de cliënt na welke diagnostische hulpvraag aan de klachten tegemoet zou kunnen komen. De uitkomst van de klachtanalyse is een ordening van de klachten die door de cliënt onderschreven en herkend worden en waarop diens hulpvragen betrekking hebben: *de verhelderende diagnose.*

### 3.2.2 **Probleemanalyse**

Problemen zijn situaties of gedragingen (gedachten, gevoelens, handelingen) van de cliënt waarover de diagnosticus op empirische of theoretische gronden kan aannemen dat er sprake is van een voor de cliënt ongunstige toestand. Ongunstig betekent hier dat de psychosociale aanpassing en ontwikkeling van de cliënt verstoord zijn of dreigen te worden. De uitspraak van de diagnosticus kan betrekking hebben op afzonderlijke situaties of gedragingen en groepen van gedragingen (clusters, stoornissen, syndromen). In de probleemanalyse legt de diagnosticus een verband tussen klachten en problemen, controleert hij deze correspondentie, groepeert en benoemt hij de problemen, en taxeert hij de ernst ervan. De uitkomst van de probleemanalyse is een benoeming van het probleem (of: de problemen) in een terminologie die door het forum van diagnostici onderschreven kan worden: *de onderkennende diagnose.*

### 3.2.3 **Verklaringsanalyse**

Verklaringen zijn (empirisch) getoetste uitspraken over condities, die afzonderlijk of in samenhang het probleem (of: de problemen) hebben doen ontstaan dan wel instandhouden. Verklarende uitspraken die nog niet getoetst zijn, hebben de status van hypothesen. In de verklaringsanalyse genereert de diagnosticus hypothesen, leidt hij er empirisch toetsbare voorspellingen uit af, formuleert en toetst deze, en stelt een integratief beeld op. De uitkomst van de verklaringsanalyse is een samenhangend beeld, waarin één of meerdere condities met een bepaalde mate van waarschijnlijkheid als verklaring voor het probleem gelden: *de verklarende diagnose.*

### 3.2.4 Indicatieanalyse

Indicaties zijn empirisch of theoretisch onderbouwde aanbevelingen voor één of meerdere interventies. Interventies hoeven in de diagnostische cyclus nog niet gedetailleerd te worden gespecificeerd en hebben het karakter van typen en vormen van (be)handelings- en begeleidingsvoorstellen. In de indicatieanalyse formuleert de diagnosticus in overleg met de cliënt (of diens omgeving) een globaal interventiedoel, inventariseert hij de in aanmerking komende typen interventie, bepaalt in onderling overleg het nut van de mogelijke alternatieven, onderzoekt of de indicatiecriteria voor de verschillende interventies van toepassing zijn, schat de kans van slagen in van de mogelijke keuzen en formuleert een uiteindelijke aanbeveling. De uitkomst van de indicatieanalyse is een lijst van indicaties in de zin van aanbevelingen voor mogelijke interventies: *de indicerende diagnose*.

## 3.3 De diagnostische cyclus als onderdeel van de klinische cyclus

De hoofdactiviteiten in de hulpverlening kunnen gegroepeerd worden onder diagnostiek en interventie (hier ook in de betekenis van: directe en indirecte begeleiding, behandeling, therapie). De diagnostische cyclus heeft weliswaar enkel betrekking op de stappen die aan de daadwerkelijke uitvoering van een interventie voorafgaan, maar staat er niet los van. Integendeel. De laatste stap uit de diagnostische cyclus, de indicatieanalyse, leidt tot het kiezen van een type interventie, inclusief het formuleren van een – zij het voorlopig – globaal doel. Vervolgens wordt een nieuwe empirische cyclus doorlopen die we kunnen aanmerken als interventie-, behandelings- of therapiecyclus. De koppeling van de diagnostische cyclus (DC) aan de therapiecyclus (TC) – met als stappen planning (PL), uitvoering (UV) en beoordeling van het effect (BE) – leidt tot een volledige klinische cyclus (KC), waarin de diagnostische en de therapeutische cyclus de status hebben van deelcycli. De indicatieanalyse vormt zo het structurele scharnierpunt tussen diagnose en interventie. Tot slot wordt vanuit normatief standpunt een evaluatie (EV) vereist van de opbrengst van de volledige cyclus, inclusief van de aansluiting tussen de deelcycli.

De structurele relatie tussen diagnostische, therapeutische en klinische cyclus geven we weer in figuur 3.2.

Het onderbrengen van de diagnostische cyclus en de therapeutische cyclus in één klinische cyclus betekent overigens niet dat afzonderlijke deelcycli aan identiteit of zelfstandigheid inboeten. De kwaliteit van de hulpverlening is immers juist gebaat bij het beschikken over aparte prescriptieve modellen voor diagnose en behandeling. Daar zijn in ieder geval twee argumenten voor aan te voeren.

Ten eerste zijn er problemen waarvoor geen interventie bekend, beschikbaar of nodig is, alsook gevallen waarbij diagnostische informatie ontbreekt of onbekend is. In dergelijke situaties is er slechts één deelcyclus. In de tweede plaats geldt dat – als er wél een volledige klinische cyclus mogelijk is – de ene deelcyclus een controle vormt op de andere. Op dit laatste gaan we kort in.

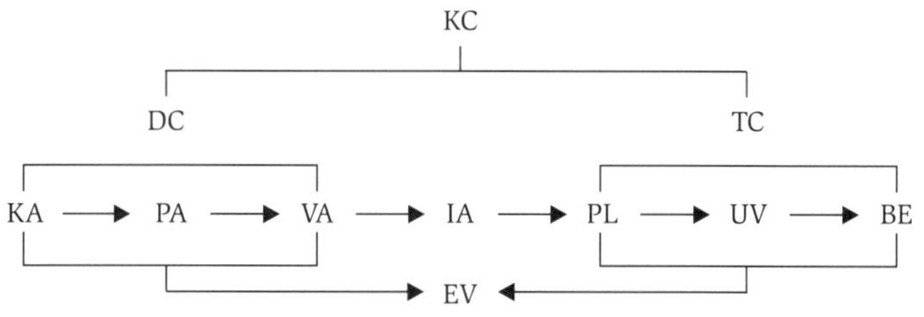


**Figuur 3.2.** Structurele relatie tussen klinische cyclus (KC), diagnostische cyclus (DC) en therapeutische cyclus (TC) met inbegrip van evaluatie (EV).

In de klinische cyclus wordt de keuze voor de interventie bepaald door informatie die is ingewonnen op het niveau van de klachtanalyse (KA), probleemanalyse (PA), verklaringsanalyse (VA) en indicatieanalyse (IA). Dit betekent dat de kans van slagen van een interventie mede afhankelijk is van de juistheid van de diagnostische informatie. Hieruit volgt dat een evaluatie van het interventie- of behandelingseffect eveneens een evaluatie van de diagnostiek inhoudt. Dit argument werkt overigens ook in de andere richting: zelfs als de diagnostische informatie juist is, kan een interventie verkeerd toegepast zijn of kan er een foutieve keuze gemaakt zijn. De diagnosticus moet de behandelaar een beargumenteerd advies voorleggen, op zijn beurt moet de behandelaar de diagnosticus kunnen aantonen dat de interventie op de diagnostische informatie afgestemd is en volgens de regels van de kunst uitgevoerd is. Anders gezegd: het advies, oftewel de uitkomst van de diagnostische cyclus, heeft de vorm van een voorwaardelijke voorspelling (De Bruyn, 1984; Van Strien, 1986) die middels een correct uitgevoerde interventie op zijn geldigheid getoetst kan worden. In absolute termen geformuleerd: pas als de verklarende diagnose en de indicerende diagnose correct gesteld zijn, kan beoordeeld worden of de interventie effectief is; pas als de interventie correct uitgevoerd is, kan beoordeeld worden of de voorafgaande diagnosen correct gesteld waren. Dergelijke beoordelingen behoren binnen de klinische cyclus tot het domein van de evaluatie.

Het voorgaande impliceert dat de klinische cyclus fungeert als een overkoepelende structuur waarin de diagnostische cyclus en de therapeutische cyclus als *in principe* zelfstandige subcycli verankerd liggen. Het uitwerken van een dergelijke structuur ligt in het verlengde van het opstellen van een diagnostische cyclus en zal van meet af aan rekening moeten houden met de basisstructuur van de therapeutische cyclus. De koppeling van de diagnostische aan de therapeutische cyclus heeft niet alleen implicaties in empirisch-analytische zin, maar is ook noodzakelijk om op langere termijn winst te boeken in de systematisering en uitbreiding van het klinisch-inhoudelijke kennisbestand. Hierop zullen we binnen dit kader echter niet uitgebreider ingaan.

Sinds de uitwerking van de diagnostische cyclus (De Bruyn e.a., 1995) zijn overigens ook voor de invulling van de behandelingscyclus voorstellen gedaan (Ruijssenaars, 1995a, 1997, 2001). De behandelingscylus wordt daarin uiteengelegd in de stappen: verkennende behandelingsanalyse (VBA), voorspellen van reacties (VR), toetsende behandeling (TB) en evaluatie ten opzichte van het globale doel (EGD). Net zoals dat in de diagnostische cyclus het geval is, bestaat er voor de stappen in de behandelingscyclus een voorkeursvolgorde en kan voortdurend worden teruggegaan naar eerdere stappen.

Met het onderbrengen van de diagnostische en therapeutische cyclus in de klinische cyclus wordt een domein bestreken dat ook gedekt wordt door de regulatieve cyclus van Van Strien (1984). De term 'regulatieve cyclus' verwijst, evenals de term 'empirische cyclus' van De Groot (1961), naar de algemene methodologische grondfiguur van het wetenschappelijke handelen. Van Strien ziet in de empirische cyclus een beknotte vorm van het probleemoplossend omgaan met de werkelijkheid in het algemeen. Hij verkiest de term 'regulatief' om aan te geven dat de hulpverlener, in casu de diagnosticus, van meet af aan gericht is op het bewerkstelligen van een verandering in een ongewenste situatie. Daardoor wordt, aldus Van Strien (1975, p. 610), het denkproces in al zijn fasen begeleid door een normatief moment.

In reactie op het voorstel van Van Strien is eerder opgemerkt (De Bruyn, 1984) dat het van belang is twee soorten normen te onderscheiden. Er zijn normen die bepalen of het zoekproces als empirisch-analytische onderneming correct verloopt en normen die bepalen wat als afwijkend en dientengevolge als behandelingswaardig beschouwd kan worden. De diagnostische cyclus is een normatief model in de eerste van de hier gegeven betekenissen. Het normatief waarderende moment waar Van Strien op doelt, heeft betrekking op het tweede type normen. Uiteraard wordt in het diagnostisch proces ook met waarderingsnormen gewerkt (zie voor een inleidende analyse De Bruyn, 1985, p. 32-35), wat echter net als het verwerken van empirisch-analytische informatie gebonden is aan procesregels. Vanuit het kader dat ten grondslag ligt aan de diagnostische cyclus, zou het evenwel onjuist zijn de regulatieve opvatting zo te interpreteren, dat de diagnosticus van meet af aan verandering *moet* nastreven. Dat hoeft immers niet. Diagnostisch onderzoek kan bijvoorbeeld tot de conclusie leiden dat ondanks een indicerende hulpvraag toch geen interventie aangewezen is, zoals in situaties waarin het klachtgedrag binnen het gangbare ontwikkelingspatroon valt. Voor de goede orde moet hier overigens worden opgemerkt dat ook voor Van Strien zelf (1975, 1984) de regulatieve cyclus niet automatisch tot een ingreep leidt. In de regulatieve cyclus is er namelijk ruimte om op de stappen terug te keren en desnoods de klacht zelf ter discussie te stellen.

## 3.4 Model en praktijk

Zoals we gezien hebben, biedt de diagnostische cyclus een prescriptief kader op conceptueel niveau. De diagnostische procedure die in de praktijk gevolgd wordt bij het doorlopen van het diagnostisch beslissingsproces, is hiervan de concretisering. De omzetting van het model in de vorm van een procedure kan verschillende vormen en gradaties van 'strakheid' aannemen. De meest informele en losse vorm is die waarbij de diagnosticus het model in het achterhoofd houdt als een referentiekader van waaruit de diagnostische activiteiten intern gecoördineerd worden. De toepassing van het model wordt voor de buitenstaander pas achteraf zichtbaar in het diagnostisch verslag waarin de gedachtegang van de besluitvorming in termen van het model wordt gepresenteerd. In de meest formele en strakke vorm wordt de cyclus strikt volgens een vooraf vastgelegd stappenplan doorlopen aan de hand van vooraf geformuleerde regels.

Bij het schrijven van deze handleiding stond de toepassing van de diagnostische cyclus in het praktijkveld van de hulpverlening aan kinderen voorop. Een gevolg daarvan is dat in de gegeven voorbeelden het kind meestal de focus van het onderzoek uitmaakt. Dit zou ten onrechte de indruk kunnen wekken dat het model niet toepasbaar is in het praktijkveld van de hulpverlening aan jongeren en volwassenen, of dat het niet bruikbaar is als men met gezinnen werkt. Met opzet is bij de taxonomie van vraagstellingen gekozen voor een 'ik/dit kind'-formulering. De ik-formulering is van toepassing op een jongere of volwassene. In dat geval start de klachtanalyse met deze persoon als gesprekspartner. De werkwijze die we in deze handleiding in elk van de stappen volgen, blijft echter onverkort van toepassing, zij het uiteraard dat de geraadpleegde kennis en de gekozen onderzoeksinstrumenten afgestemd moeten zijn op de leeftijd van de betrokkene.

Voor het werken met gezinnen ligt de zaak iets gecompliceerder. Als men zich op het standpunt stelt dat niet één individu maar het gezin als systeem cliënt is, dan volgt daaruit dat alle stappen uit de diagnostische cyclus in dialoog met het hele gezin moeten worden doorlopen. Wij sluiten de principiële mogelijkheid hiervan niet uit, maar zien dit vooralsnog om tal van redenen nog niet uitvoerbaar. Slechts vanaf een bepaalde leeftijd en met een voldoende ontwikkelingsniveau kunnen kinderen volwaardig als lid van het gezinssysteem in alle stappen van de diagnostische besluitvorming worden betrokken. Daarnaast is in veel praktijksituaties het doorlopen van de diagnostische cyclus met steeds het hele gezin omwille van organisatorische, materiële dan wel professioneel-ethische redenen niet mogelijk. Bovendien is het vereiste kennisbestand (bijvoorbeeld: redelijk algemeen geaccepteerde en betrouwbare classificatiesystemen van gezinsproblemen en betrouwbare en valide gezinsinstrumenten) nog niet aanwezig. Maar ook al sluiten wij een gezinsdiagnostiek volgens de werkwijze van de diagnostische cyclus niet uit, het van meet af aan kiezen voor een dergelijk perspectief druist wel in tegen de gedachtegang van de diagnostische cyclus. Immers, de vraag of de aangemelde problematiek als individuele of als systeemproblematiek moet worden beschreven, dient uitkomst te zijn van onderzoek en is niet een vooropgesteld gegeven. Ten slotte willen we erop wijzen dat het gezin als referentiekader ook bij het onderzoek van de individuele problematiek van kinderen een cruciale rol speelt. De ouder blijft als verantwoordelijke opvoeder gesprekspartner in alle fasen van de diagnostiek en het aandeel van de gezinscondities zal bij de verheldering, verklaring en aanpak van de individuele kindproblematiek altijd onderzocht moeten worden.

Een misvatting die bij diagnostici nogal eens voorkomt, is dat *elk* diagnostisch onderzoek moet beantwoorden aan de structuur van de volledige diagnostische cyclus. Bij de bespreking van de overgang van hulpvraag naar diagnostisch scenario (zie 3.1) is al betoogd dat een compleet diagnostisch scenario alleen dan van toepassing is als er sprake is van de *noodzaak* van klachtanalyse, probleemanalyse, verklaringsanalyse en indicatieanalyse. Maar er is meer. Zelfs áls al deze componenten van de diagnostische cyclus vanuit de hulpvraaganalyse als logisch-noodzakelijk naar voren komen, dan betekent dit nog niet dát een volledig scenario kan of moet worden afgewerkt. Hiervoor zijn meerdere redenen te noemen. Soms ontbreekt het de diagnosticus aan tijd en middelen om het volledige scenario in een concrete procedure om te zetten. In een ander geval kan hij van oordeel zijn dat het gedeeltelijk doorlopen van de cyclus al voldoende informatie heeft opgeleverd om een bruikbaar advies voor de cliënt te formuleren. Ook is het mogelijk dat de diagnosticus erachter komt dat de kennis in zijn vakgebied eenvoudigweg ontoereikend is om een volledige cyclus te doorlopen. In hoofdstuk 6 – over het uitwerken van het diagnostisch scenario – geven we een aantal argumenten voor en voorbeelden van scenario's waarin een of meer stappen niet expliciet in de diagnostische cyclus zijn opgenomen.

Er zijn echter ook redenen aan te geven waarom in het bijzonder de stap van de verklaringsanalyse juist wél belangrijk is. Bijvoorbeeld: naarmate een onderkend probleem hardnekkiger is en er al een weinig succesvolle hulpverleningsgeschiedenis bestaat, neemt de behoefte toe aan verklarende gegevens die een meer gerichte indicatieanalyse mogelijk maken. Maar ook in het geval dat voor de aanpak van een probleem duidelijk onderscheiden alternatieven bekend zijn, kan de verklaring doorslaggevend zijn voor een juiste keuze in de indicatieanalyse. Een ander voorbeeld is wanneer een cliënt graag de verklaring voor zijn probleem wil kennen, ook al heeft dat voor de verdere hulpverlening geen consequenties.

Kortom, bij de afwikkeling van de cyclus bestaat steeds de mogelijkheid dat de diagnosticus ervoor kiest, of gedwongen wordt, de cyclus voortijdig af te breken dan wel gefragmenteerd uit te voeren. Iedere volledig of gedeeltelijk uitgevoerde stap levert informatie op die als zodanig reeds bruikbaar kan zijn bij het formuleren van een advies. Vanuit de optiek van de diagnostische cyclus zijn onvolledige of gefragmenteerde scenario's niet zozeer onbruikbaar dan wel minder optimaal. De uitkomst is doorgaans beperkter dan wat het volledige scenario had kunnen opleveren.

Vanuit de optiek van de praktiserende diagnosticus is het scenario een *leidraad* bij het uitvoeren van een onderzoek. Bij een sequentiële afwikkeling van stappen kan hij zich steeds de vraag stellen of het wel nodig is om met de volgende stap verder te gaan. Deze beslissingsmomenten hebben we eerder afgebeeld in figuur 3.2 (zie paragraaf 3.3). Overigens, wanneer een volledige cyclus kan worden doorlopen, betekent dit *niet* dat er sprake is van het moeten volgen van een rigide procedure. Er zijn alternatieve procedures denkbaar die toch compatibel zijn met de interne logica van de diagnostische cyclus. We geven twee voorbeelden ter verduidelijking.

Een eerste voorbeeld. In de stap van de klachtanalyse gaat het om het in kaart brengen van de beleving van de situatie door de cliënt. In de dialoog met de cliënt komt uiteraard diens persoonlijke situatie ter sprake. Gelet op het dialoogkarakter van de klachtanalyse is het ongewenst de vrijheid van de cliënt in te perken tot alleen maar die uitspraken die rechtstreeks betrekking hebben op de klacht. Bovendien is het zo dat klachten verwijzen naar concrete situaties en gedragingen. Het is juist een van de professionele vaardigheden van de diagnosticus dat hij gedragingen en situaties kan hanteren als uitlokkers voor klachtbeschrijvingen. De diagnostische cyclus schrijft slechts voor dat de diagnosticus bij het formuleren van klachten erop toeziet dat de klachtformulering overeenkomt met de intentie van de cliënt. Informatie die in strikte zin geen klachtinformatie is – maar die wél relevant kan zijn voor de probleem-, verklarings- of indicatieanalyse – wordt opgeslagen om eventueel in een volgende fase te gebruiken.

Een tweede voorbeeld. Het model schrijft voor dat de probleemanalyse aan het toetsen van verklaringen voor het probleem vooraf dient te gaan. Dit is een logisch-intrinsieke eis. Men kan A (het probleem) niet verklaren als men niet weet wat A is. Deze eis impliceert evenwel niet dat de diagnosticus pas bruikbare toetsgegevens kan verzamelen als de precieze aard en omvang van het probleem bepaald zijn. In de praktijk is het zo dat de diagnosticus uit ervaring weet dat bepaalde problemen dikwijls bij zijn individuele cliënten te onderkennen zijn. Bovendien wil men vaak bepaalde verklaringen (bijvoorbeeld: van medische aard) liefst bij voorbaat uitsluiten. Dit kunnen redenen zijn om bij een cliënt een standaardpakket aan instrumenten af te nemen. De afname ervan levert gegevens op die hoogstwaarschijnlijk toch moeten worden verzameld ter toetsing van verklaringen in het individuele geval. Vanuit de optiek van de diagnostische cyclus verzamelt men dan geen toetsgegevens in de strikte zin, maar kandidaat-toetsgegevens. De mogelijkheid blijft immers uitdrukkelijk open dat de diagnosticus na de probleemanalyse moet besluiten dat het standaardonderzoek te weinig of zelfs geen relevante gegevens heeft opgeleverd. Standaardonderzoek is dus niet per definitie ook efficiënt onderzoek.

Tot dusver hebben we de nadruk gelegd op de noodzakelijke flexibiliteit bij de omzetting van het model in concrete diagnostische procedures in de alledaagse praktijk. Maar de cyclus kan ook een rol spelen bij de ontwikkeling van technische hulpmiddelen die ter ondersteuning van het diagnostisch proces of als ordeningskader voor een diagnostisch systeem kunnen worden ingezet. Zo'n systeem bestaat uit een set regels die aangeven hoe iedere stap binnen de cyclus uitgevoerd moet worden en hoe van iedere stap naar een andere moet worden overgegaan. Gezien de aard van het diagnostisch proces en de kwaliteit van het kennisbestand vatten we de term 'regel' hier in een heuristische betekenis op (De Bruyn, 1992a, 1992b).

Met deze handleiding geven we een aanzet tot het opstellen van heuristieken (vuistregels) om de kwaliteit van de diagnostische besluitvorming in opleiding en praktijk te optimaliseren. Zulke regels en de daaraan gekoppelde procedures moeten bijdragen tot het terugdringen van de vertekeningen in de klinische oordeelsvorming, die het resultaat zijn van het ongewild toepassen van cognitieve heuristieken. In hoofdstuk 2 hebben we er al op gewezen dat in elke fase van de diagnostische besluitvorming meerdere heuristieken worden aangesproken. Aan de hand van relevante overzichtsliteratuur over cognitieve heuristieken en vertekeningen in de klinische besluit- en oordeelsvorming (Baron, 1988; Garb, 1998; Plous, 1993; Turk & Salovey, 1988) geven we in box 3.1 weer welke vuistregels in welke fase van de diagnostische cyclus vooral van invloed lijken te zijn.

**Box 3.1** **Enkele belangrijke cognitieve vuistregels (heuristieken) en de fasen in de diagnostische cyclus waarin zij vooral geacht worden een rol te spelen bij de toepassing van klinische oordeelsvorming.**

| | Fase in de DC | | | |
|---|---|---|---|---|
| Heuristiek | KA | PA | VA | IA |
| 1. Causale (actor-observator) attributie | * | | * | * |
| 2. Gedragsconfirmatie | * | * | * | |
| 3. Beschikbaarheid | | * | * | * |
| 4. Representativiteit | | * | * | * |
| 5. Verankering | * | * | * | * |
| 6. Confirmatorische teststrategie | | * | * | * |

**Toelichting**

Met de term 'klinisch oordeel' wordt in de literatuur het oordeel aangeduid zoals dit op grond van eigen overwegingen en niet ondersteund door methodologische beslishulpen totstandkomt. Gebleken is dat bij deze oordeelsvormingen een aantal cognitieve vuistregels of heuristieken werkzaam zijn die tot fouten of vertekeningen in het oordeel kunnen leiden. Deze cognitieve heuristieken zijn algemeen voorkomende vuistregels voor het verwerken van complexe informatie. In het alledaagse leven, waar terugkoppeling en correctie mogelijk zijn, zijn deze vuistregels van groot nut. In bijzondere omstandigheden – en dat geldt zeker voor de klinische praktijk – is de kans echter groot dat zij het oordeel vertekenen. Met een vertekend oordeel bedoelen we hier dat het afwijkt van het oordeel dat op grond van empirische evidentie of als een statistisch-methodologische interpretatie gegeven zou worden.

Hieronder volgt een korte beschrijving van enkele belangrijke heuristieken, alsook een voorbeeld en de aanduiding van de fase waar het voorbeeld betrekking op heeft. De literatuur die op het eind van deze box vermeld staat, bevelen we aan voor verdere lezing.

**Voorbeelden**

1. *Causale (actor-observator) attributie* (actor-observer differences in attribution): de persoon die handelt (actor), verklaart zijn gedrag doorgaans vanuit externe, situationele omstandigheden. De observator, daarentegen, verklaart het handelen van de actor over het algemeen vanuit interne, stabiele disposities.

   Voorbeeld uit de KA: de klacht van de moeder (actor) dat zij moeilijk contact kan leggen met de leerkracht, wordt door de diagnosticus (observer) geïnterpreteerd als een kenmerk van haar persoonlijkheid.

2. *Gedragsconfirmatie* (behavioral confirmation): het door eigen gedrag uitlokken van informatie die de eigen denkbeelden ondersteunt.

   Voorbeeld uit de PA: de diagnosticus knikt instemmend en bemoedigt de cliënt telkens als deze iets vertelt dat past bij de indruk van de diagnosticus dat het gaat om een cliënt met een angststoornis.

3. *Beschikbaarheid* (availability): het oordeel over de mate waarin een verschijnsel voorkomt, wordt geleid door het gemak waarmee men voorbeelden kan bedenken.

   Voorbeeld uit de VA: de diagnosticus is theoretisch georiënteerd op de gezinssysteemtheorie en kan zich daardoor levendig voorstellen dat kindproblemen het gevolg zijn van gezinsfactoren. De hypothese 'gezinsfactoren' wordt als de meest waarschijnlijke verklaring naar voren geschoven.

4. *Representativiteit* (representativeness): het oordeel over de kans waarmee een verschijnsel optreedt, wordt geleid door de mate waarin het te beoordelen verschijnsel overeenkomt met wat als daarvoor typerend wordt opgevat.

   Voorbeeld uit de IA: de diagnosticus adviseert een behandeling omdat de cliënt goed beantwoordt aan het beeld van cliënten die doorgaans bij die behandeling baat vinden. Hij denkt daarom dat de kans van slagen van deze behandeling bij deze cliënt hoog zal zijn.

5. *Verankering* (anchoring): oordelen over de frequentie of omvang van verschijnselen blijven sterk verankerd in de aanvangswaarden die de beoordelaar hanteert.

   Voorbeeld uit de PA: een diagnosticus die tot voor kort met verstandelijk gehandicapte kinderen heeft gewerkt, maakt nu deel uit van een eerstelijnspraktijk. De diagnosticus vindt dat het met de cognitieve problematiek van de kinderen uit de nieuwe praktijk wel meevalt.

6. *Confirmatorische teststrategie* (confirmatory test strategy): het opzoeken van informatie die bij de eigen mening aansluit.

   Voorbeeld uit de VA: de diagnosticus formuleert de hypothese dat het gedragsprobleem van het kind mede veroorzaakt wordt door een permissieve opvoedingsstijl van de ouders. Om dit te toetsen wordt de ouders gevraagd een vragenlijst over opvoedingsstijl in te vullen. De ouders blijken hoog te scoren op permissieve opvoedingsstijl en de diagnosticus ziet dit als een ondersteuning van zijn hypothese. De diagnosticus gaat echter niet na hoe vaak een dergelijk hoge score ook voorkomt bij ouders van kinderen zonder gedragsproblemen (zie ook hoofdstuk 8).

**Aanbevolen literatuur**

Baron, J. (1988). *Thinking and deciding* (2nd ed.). Cambridge: Cambridge University Press.

Garb, H.D. (1998). *Studying the clinicians: Judgment research and psychological assessment*. Washington D.C.: American Psychological Association.

Plous, S. (1993). *The psychology of judgment and decision making*. New York: Mcgraw-Hill.

Turk, D.C., & Salovey, P. (Eds.) (1988). *Reasoning, inference & judgment in clinical psychology*. New York: Free Press.

Voor wat het terugdringen van vertekeningen en fouten betreft, vermelden we ook de implementatie van regels in computerprogramma's en expertsystemen die de afwikkeling van het diagnostisch proces ondersteunen (Ruijssenaars & De Bruyn, 1987). Voorlopige producten van dergelijke implementaties die binnen het raamwerk van de diagnostische cyclus zijn ontwikkeld, zijn computerprogramma's ter ondersteuning van het toetsen van diagnostische hypothesen (Wouters, 1989; Retera, 1992; Haags Centrum voor Onderwijsbegeleiding, 1999), een beslissingsondersteunend kennissysteem voor de diagnostiek van lees- en spellingproblemen (Van Aarle & Van den Bercken, 1992), het programma Dyslexpert waarin kennis over kenmerken van lees- en spellingproblemen en mogelijke verklaringen met elkaar in verband worden gebracht (Blonk, 1997; De Baar, Blonk & Verhoeven, 1999) en een module voor probleemanalyse ter onderkenning van emotionele en gedragsproblemen (Krol, De Bruyn, Van Aarle & Van den Bercken, 2001). Het diagnostisch besluitvormingsmodel zoals we dat eerder presenteerden (De Bruyn e.a., 1995), is eveneens toegepast in een gecomputeriseerd didactisch programma voor doctoraalstudenten (zie hiervoor Adema, Edens, Hommes & Kuntze, 2001).

Uiteraard gaan we er in het kader van deze handleiding van uit dat de gebruiker instemt met de basisprincipes van het diagnostisch model. Dat voor gelijksoortige principes een breed draagvlak bij diagnostici te vinden is, kan afgeleid worden uit de NVO-beschrijving van het beroepsprofiel van de diagnosticus (NVO, 1991). Ten slotte hebben de principes die ten grondslag liggen aan de diagnostische cyclus, ook hun uitwerking gevonden binnen de taakgroep van de Europese associatie voor psychologische diagnostiek (European Association of Psychological Assessment). Deze taakgroep heeft inmiddels richtlijnen voor diagnostische besluitvorming gepubliceerd om de verdere ontwikkeling van dergelijke richtlijnen te bevorderen (Rocío-Ballesteros e.a., 2001).

Directe ondersteuning voor het draagvlak van het model in het raam van de jeugdhulpverlening is te vinden in het rapport van De Groot en Snel (1992). Met het model is bovendien ervaring opgedaan in uiteenlopende praktijksituaties – zoals in de residentiële en ambulante hulpverlening – en het heeft een rol gespeeld bij het opzetten en aanpassen van diagnostische procedures van het Gemeentelijk Pedologisch Instituut te Amsterdam (Pameijer, 1992), het Pedologisch Instituut te Nijmegen, het Pedologisch Instituut te Rotterdam, het Regionaal Instituut voor Ambulante Geestelijke Gezondheidszorg (afdeling Hulpverlening) en het Ambulatorium voor Ontwikkelingsproblemen, beide te Heerlen. Met uitzondering van het Ambulatorium voor Ontwikkelingsproblemen hebben al deze instellingen ook geparticipeerd in evaluatieonderzoek van diagnostische procedures vanuit het model. Een dergelijk onderzoek is eveneens uitgevoerd in het Pedologisch Instituut te Amsterdam en in het Orthopedagogisch Centrum te Wijchen.

Nu we het model van de diagnostische cyclus hebben beschreven en verantwoord, kunnen we in het tweede deel van dit boek de handleiding als leidraad voor het diagnostisch proces uitwerken. We volgen daarbij de stappen die in figuur 3.1 weergegeven staan: aanmelding, klachtanalyse, probleemanalyse, verklaringsanalyse, indicatieanalyse en advisering. In aansluiting op de klachtanalyse bespreken we in hoofdstuk 6 als tussenstap het uitwerken van het diagnostisch scenario.

# Deel 2

## Handleiding

# 4. De aanmelding

> De aanmelding is als startpunt van de diagnostische besluitvorming belangrijk voor een goede en zorgvuldige start. Hierbij beantwoordt de diagnosticus twee vragen: is de aanmelding ontvankelijk? Zo ja: wat is het vervolgtraject?
> Een aanmelding is pas ontvankelijk als de formele posities van alle betrokkenen duidelijk zijn, als er geen juridische beletselen zijn en als er voldoende aanwijzingen zijn voor een constructieve samenwerking tussen diagnosticus en cliënt.
> Het resultaat van de aanmelding is de beslissing om het diagnostisch proces al dan niet voort te zetten. Wanneer het wordt voortgezet, moeten afspraken gemaakt zijn over het vervolgtraject en de posities van alle betrokkenen: welke speelruimte hebben diagnosticus en cliënt?
> Dit hoofdstuk bespreekt de wijze waarop een diagnosticus kan bepalen of een aanmelding ontvankelijk is – aan welke criteria de cliënt en de diagnosticus moeten voldoen – en hoe hij tot afspraken over het vervolgtraject kan komen.

## 4.1 Verantwoording

In hoofdstuk 2 begonnen we paragraaf 2.1 als volgt: "In de klinische praktijk start het diagnostisch proces nadat de cliënt zich rechtstreeks of via een verwijzer heeft aangemeld." Het resultaat van de aanmeldingsfase is de beslissing het diagnostisch proces met de cliënt al dan niet voort te zetten. De aanmelding valt strikt genomen niet onder de diagnostische cyclus. In hoofdstuk 2 is daarom de aanmelding niet verder uitgewerkt. Bij de bespreking van hoe de diagnostische cyclus in de diagnostische praktijk eruit kan of zou moeten zien, kan een toelichting op de aanmelding echter niet ontbreken. We gaan daarom in op de aanmeldingsfase als startpunt van de diagnostische besluitvorming. Is de aanmelding het initiatief van de cliënt of verwijzer, dan eindigt de aanmeldingsfase met de beslissing de cliënt al dan niet voor onderzoek uit te nodigen. Dit is vanzelfsprekend niet het geval als het diagnostisch onderzoek in opdracht wordt uitgevoerd. Dan is die beslissing al eerder genomen in overleg met de opdrachtgever.

Het is uiteraard altijd van groot belang een goede start te maken. Een slechte start kan de samenwerking met de cliënt bemoeilijken, met als gevolg een moeizaam verlopend vervolgtraject. Een slechte samenwerkingsrelatie kan ook een negatief effect hebben op de kwaliteit van de door de cliënt geleverde informatie (de cliënt dekt zich bijvoorbeeld in tegen de diagnosticus). Maar er is meer aan de hand. De diagnosticus voert zijn taak uit in de context van een aantal wettelijke en beroepsvoorschriften omtrent de bescherming van de cliënt en het handelen van de professional, in dit geval de diagnosticus. Ook de beslissing tot vervolgonderzoek zal de toets der zorgvuldigheid moeten doorstaan. Zorgvuldigheid vereist dat de diagnosticus eerst dient na te gaan of de aanmelding ontvankelijk is, met andere woorden: of er geen formeel-juridische beletselen zijn om een vervolgtraject in te gaan. Zijn dergelijke beletselen niet aanwezig, dan kan de diagnosticus op inhoudelijke en andere gronden in overleg met de betrokkenen beslissen of een vervolgtraject gewenst is. Zowel voor het beoordelen van de ontvankelijkheid van de aanmelding als voor het beslissen over de voortgang van het onderzoek, is het noodzakelijk dat de diagnosticus het aanmeldingstraject in kaart brengt. In dit traject specificeert hij onder meer de reden van aanmelding en de formele positie van alle betrokkenen. Hoe een en ander concreet in zijn werk kan gaan, bespreken we in de volgende paragrafen. Allereerst lichten we de belangrijkste begrippen toe.

## 4.2 Begrippen

verwijzer • aanmelder • opdrachtgever • cliënt • cliëntsysteem • betrokkenen • professionele relatie en samenwerkingsrelatie • aanmeldingstraject • vervolgtraject • hulpverlenings- en dienstverleningstraject • procedurele en inhoudelijke vrijheid (beslisruimte) • verslag van de aanmelding • startcontract

### 4.2.1 Verwijzer, aanmelder, opdrachtgever, cliënt, cliëntsysteem, betrokkenen

Ook al gebeurt de aanmelding door één persoon, er zijn – zeker als het om kinderen gaat – meestal meerdere personen in het spel. Het is niet eenvoudig de positie en de rol van alle bij het proces betrokken personen te definiëren. Dit kunnen we verduidelijken aan de hand van de vergelijking tussen wat de beroepscodes van psychologen en pedagogen hierover vermelden. Na deze vergelijking zullen we constateren dat niet alles is opgelost en geven we zelf een suggestie.

De beroepscode voor psychologen van het Nederlands Instituut van Psychologen (verder B-NIP genoemd) maakt onderscheid tussen cliënt, cliëntsysteem, de (direct of indirect) betrokkene en de externe opdrachtgever (1998, p. 12). Ook de term 'verwijzer' wordt gehanteerd, zij het zonder verdere definiëring. De beroepscode voor pedagogen van de Nederlandse Vereniging van Pedagogen en Onderwijskundigen (verder B-NVO genoemd) spreekt van cliënt, opdrachtgever en overige betrokkenen (1995, p. 35). In een toelichting wordt het begrip 'cliëntsysteem' toegelicht. In box 4.1 vatten we de informatie uit de twee beroepscodes samen.

**Box 4.1** **Vergelijking van de beroepscodes voor psychologen en pedagogen wat betreft de mogelijke betrokkenen in het aanmeldingstraject.**

| | |
|---|---|
| 1. Beroepscode voor Psychologen (artikel 1.1.2) | 2. Beroepscode voor Pedagogen (artikel 5) |
| 1a. Cliënt | 2a. Cliënt |
| 1b. Cliëntsysteem | 2b. Cliëntsysteem |
| 1c. Externe opdrachtgever | 2c. Opdrachtgever |
| 1d. Betrokkene | 2d. Overige betrokkenen |

1. NIP: Beroepscode voor Psychologen (artikel 1.1.2)

1a. *Cliënt*: de persoon met wie de psycholoog een professionele relatie aangaat, onderhoudt of onderhouden heeft.

1b. *Cliëntsysteem*: de groep van meer personen in hun onderling functioneren met wie de psycholoog een professionele relatie aangaat, onderhoudt of onderhouden heeft.

1c. *Externe opdrachtgever*: de persoon of rechtspersoon die de opdracht tot beroepsmatig handelen heeft gegeven, niet zijnde de cliënt, het cliëntsysteem of de verwijzer.

1d. *Betrokkene*: elke persoon die direct of indirect betrokken is bij het beroepsmatig handelen van de psycholoog, of die daardoor in zijn belangen wordt geraakt.

2. NVO: Beroepscode voor Pedagogen (artikel 5)

2a. *Cliënt*: de persoon of instelling met wie de pedagoog een professionele relatie aangaat.
2b. *Cliëntsysteem*: wanneer de pedagoog meer personen tegelijk als cliënt heeft in het kader van een opdracht (bijvoorbeeld een kind met ouders), wordt dit vaak een cliëntsysteem genoemd.
2c. *Opdrachtgever*: de persoon en/of rechtspersoon die opdracht geeft tot het aangaan van een professionele relatie.
2d. *Overige betrokkenen*: personen die noch opdrachtgever, noch cliënt zijn van de pedagoog, maar wel een betrekking hebben met de cliënt die voor de professionele relatie van belang is.

Mede op grond van de voorgaande vergelijking hanteren wij in dit boek de volgende termen:

- De *verwijzer* is de persoon die de cliënt vanuit een professionele relatie met die cliënt heeft gewezen op het belang van psychopedagogische hulpverlening (bijvoorbeeld: huisarts, leerkracht, raadsman of pastor).
- De *aanmelder* is de persoon die daadwerkelijk met de hulpverlener contact heeft opgenomen met het verzoek aandacht te besteden aan de problematiek van de cliënt.
- De *opdrachtgever* is de persoon die krachtens een wettelijk-professionele bevoegdheid de opdracht heeft gegeven tot het uitvoeren van een diagnostisch onderzoek. Dit onderzoek moet een antwoord geven op een door de opdrachtgever geformuleerde hulpvraag. Het kan hierbij gaan om de cliënt zelf, maar ook om een ander dan de cliënt (een ten opzichte van de cliënt externe opdrachtgever).
- De *cliënt* is de persoon op wie het diagnostisch onderzoek betrekking heeft.
- Het *cliëntsysteem* bestaat uit de groep van personen waarop het diagnostisch onderzoek betrekking heeft. Aangezien het bij kinderen en jeugdigen natuurlijk ook om een cliëntsysteem kan gaan, verwijzen we in dit hoofdstuk met de term 'client' zowel naar de individuele cliënt als naar het cliëntsysteem waartoe het kind behoort. Hierbinnen maken we onderscheid tussen de cliënt-opvoedeling (het kind) en de cliënt-opvoeder (de ouders of professionele opvoeders).
- De *betrokkenen* zijn alle overige personen of instanties die zodanig aan de aanmelding en het vervolgtraject zijn gerelateerd dat zij – binnen de vigerende regels en rekening houdend met de wensen van de cliënt – op enigerlei wijze over de uitkomsten van het onderzoek op de hoogte moeten worden gesteld. Direct betrokken zijn bijvoorbeeld ouders/opvoeders; indirect betrokken zijn bijvoorbeeld een leerkracht of arts.

Een cliënt kan meerdere posities innemen (zie box 4.2). In de hulpverlening aan kinderen zijn er bij de aanmelding meestal ook opvoeders (bijvoorbeeld:

ouders en leerkrachten) betrokken. Ingeval de opvoeder het initiatief tot aanmelding heeft genomen, fungeert de opvoeder formeel als opdrachtgever. Feitelijk kan de opvoeder ook de status van cliënt innemen: degene op wie het onderzoek (mede) betrekking heeft. Dit kan tijdens de aanmelding al blijken, dan wel in het verdere verloop van het proces duidelijk worden. Het bespreken van de mogelijke cliëntstatus van de opvoeder is ons inziens een verplicht onderdeel van de aanmeldingsprocedure.



**Box 4.2** **Verschillende posities van ouders in het diagnostisch proces (Ruijssenaars, 1995b; Harinck & Van der Ploeg, 1995).**

- Ouders als opdrachtgever
- Ouders als aanmelder
- Ouders als cliënt die het kind als problematisch ervaren
- Ouders als bron van informatie
- Ouders die toestemming moeten geven voor diagnostisch onderzoek van hun kind
- Ouders die recht op informatie hebben over het verloop en de resultaten van het diagnostisch proces
- Ouders als 'doelwit van het onderzoek'; ouders als mogelijke factor in het ontstaan of instandhouden van het probleemgedrag van het kind (cliëntstatus)
- Ouders als 'doelwit van beïnvloeding'; ouders als deel van de situatie waarin verandering wordt nagestreefd
- Ouders als protectieve factor
- Ouders als extern criterium waaraan de diagnosticus zijn klinisch oordeel kan valideren
- Ouders als 'lastpost' of tegenpartij
- Ouders als betrokkene bij de diagnostische besluitvorming, als overlegpartner en medebeslisser bij de voorbereiding van het onderzoek en bij de keuze van hulpverlening
- Ouders als uitvoerder van het advies of de interventie
- Ouders als betaler van het diagnostisch onderzoek

### 4.2.2 Professionele relatie en samenwerkingsrelatie

De aanmeldingsfase kan pas worden afgesloten nadat de grenzen van de professionele relatie en de daarbij horende rechten en plichten, zoals beschreven in de beroepscodes, zijn afgebakend. Een diagnosticus dient een professionele relatie met de cliënt alleen aan te gaan, of voort te zetten, als dit professioneel-ethisch verantwoord is. Uitsluitend onder deze voorwaarde kan een opdracht geaccepteerd worden (Algemene Standaard Testgebruik, 2000, p. 7). Voordat het diagnostisch traject ingezet wordt, moet duidelijk zijn wie de opdrachtgever is: een externe opdrachtgever of de cliënt zelf. De diagnosticus beoordeelt – in overleg met de opdrachtgever – of de hulpvraag van de opdrachtgever door de diagnosticus beantwoord kan worden of dat herformulering tot een diagnostische hulpvraag noodzakelijk is. Als er hierover overeenstemming is en er zijn geen professionele of ethische beletselen, dan kan de diagnosticus de opdracht accepteren en een professionele relatie aangaan.

De term *professionele relatie* verwijst naar de formele positie die de betrokkenen ten opzichte van elkaar innemen. De term *samenwerkingsrelatie* daarentegen verwijst naar de kwaliteit van het contact zoals dat tussen diagnosticus en betrokkenen feitelijk (mondeling dan wel schriftelijk) plaatsvindt. In de aanmeldingsfase zullen deze contacten vooral betrekking hebben op de relaties met de opdrachtgever, de verwijzer, de aanmelder en/of de cliënt/het cliëntsysteem.

De B-NIP definieert de professionele relatie als: "de behandelings-, onderzoeks-, adviserings-, of begeleidingsrelatie tussen psycholoog en cliënt of cliëntsysteem" (p. 12). De B-NVO definieert de professionele relatie als "een relatie die beroepshalve is aangegaan met een cliënt gericht op onderzoek, behandeling, advisering of begeleiding" (p. 35).

Voor de B-NIP gaat de psycholoog een professionele relatie aan met een persoon (de cliënt) dan wel met een cliëntsysteem, zijnde "een groep van meer personen in hun onderling functioneren" (p. 12). De B-NVO-formulering gaat in eenzelfde richting, in die zin dat met cliënt niet alleen een persoon, maar ook een instelling wordt bedoeld (p. 35). Hoewel iets anders geformuleerd, wordt in beide beroepscodes aangegeven dat met een minderjarige vanaf 16 jaar een volwaardige professionele relatie kan worden aangegaan. Is de cliënt tussen 12 en 16 jaar oud, dan wordt de cliënt volgens de B-NIP "ongeacht de aanspraken van zijn wettelijk vertegenwoordiger(s), zoveel mogelijk bij de uitoefening van zijn rechten betrokken" (p. 15). De B-NVO stelt in dit geval dat "voor het aangaan van een professionele relatie toestemming nodig is van de wettelijke vertegenwoordigers" (p. 36).

In beide codes wordt gesteld dat bij minderjarigheid onder de 12 jaar de rechten en plichten van het kind uigeoefend worden door de wettelijke vertegenwoordigers.

### 4.2.3 **Aanmeldingstraject, vervolgtraject, hulpverlenings- en dienstverleningstraject, procedurele en inhoudelijke vrijheid (beslisruimte), verslag van de aanmelding, startcontract**

De term *aanmeldingstraject* verwijst naar de gang van zaken zoals die tot de feitelijke aanmelding heeft geleid. Dit heeft niet alleen betrekking op wat zich wanneer heeft afgespeeld, maar ook wie daarbij betrokken was. Wie heeft bijvoorbeeld het aanmeldingstraject in gang gezet, wie heeft verwezen, wanneer was dat, wat was de aanleiding, hebben er al eerdere aanmeldingen voor hetzelfde probleem plaatsgevonden, en hoe kan desgewenst informatie hierover worden opgevraagd? Let wel: voor het opvragen van informatie is altijd schriftelijk toestemming nodig van de cliënt (of diens ouders).

De aanmeldingsfase is afgerond als afspraken zijn gemaakt over de posities in het *vervolgtraject.* Het vervolgtraject verwijst naar de gang van zaken bij voortzetting van het contact. De grote lijnen van het vervolgtraject worden in eerste instantie bepaald door de speelruimte die de feitelijke aanmeldingssituatie aan de betrokkenen laat. We bespreken eerst het onderscheid tussen een hulpverlenings- en een dienstverleningstraject. Dan bespreken we het onderscheid tussen procedurele en inhoudelijke vrijheid in de beslisruimte. We bespreken de typen vervolgtrajecten vrij uitvoerig, omdat zij van invloed zijn op de diagnostische besluitvorming in de praktijk. De praktijkcontext waarbinnen de diagnostiek plaatsvindt, bepaalt dus ook de aard van de afspraken over het vervolgtraject.

We spreken van een *hulpverleningstraject* als de opdrachtgever samenvalt met de cliënt of diens wettelijke vertegenwoordiger. In dit geval is de aanmelding op initiatief of minstens met vrije instemming van de cliënt totstandgekomen. We spreken van een *dienstverleningstraject* als de opdrachtgever extern is, dus iemand anders is dan de cliënt of diens wettelijke vertegenwoordiger. In dit geval schikt de cliënt zich – al dan niet verplicht – in het meewerken aan het onderzoek ten behoeve van de opdrachtgever.

De speelruimte die deze trajecten toestaan, kan beschreven worden aan de hand van de vrijheid (of beslisruimte) waarmee het diagnostisch traject uitgevoerd kan worden. Deze vrijheid betreft zowel de procedures als de inhoud van het traject. Diagnosticus en/of cliënt kunnen beslissen op welke wijze (procedures) wat (inhoud) onderzocht zal worden.

Er is *procedurele vrijheid* als bij voorbaat geen stappen uit de diagnostische cyclus worden uitgesloten: hoe het traject eruit zal zien, varieert per aanmelding. Welke stappen gezet worden, is – afgezien van de kosten – uitsluitend afhankelijk van de uitkomsten van de klachtanalyse. Als bij voorbaat vaststaat welke stappen van de diagnostische cyclus doorlopen zullen worden, dan is er procedureel geen beslisruimte voor de diagnosticus, noch voor de cliënt.

*Inhoudelijke vrijheid* heeft betrekking op de mate van beslisvrijheid wat de inhoud betreft van wat wordt onderzocht. Wanneer gelijkwaardig overleg tussen diagnosticus en cliënt bepaalt waarop het onderzoek zich zal richten, dan hebben zowel diagnosticus als cliënt beslisvrijheid. Ingeval slechts één van de partijen bepaalt wat er onderzocht wordt, dan is er voor de andere partij geen beslisruimte.

Trajecten waarbij de beslisvrijheid zowel de procedures als de inhoud betreffen, en waarbij zowel diagnosticus als cliënt keuzen kunnen maken, worden alleen binnen een vrijwillige hulpverleningscontext aangetroffen. Deze trajecten doen zich feitelijk alleen voor als een cliënt zich vrijwillig wendt tot een vrijgevestigde hulpverlener en – niet gehinderd door de kosten – de hulpverlener als het ware de vrije hand geeft om uit te zoeken wat maar uitgezocht moet worden. In veruit de meeste gevallen doen cliënten echter een beroep op institutionele instellingen, zoals een Bureau Jeugdzorg of een Onderwijsbegeleidingsdienst. De speelruimte van zowel de cliënt als de diagnosticus wordt hier begrensd door de randvoorwaarden van deze instellingen (zie box 4.3 en box 4.4). Er is dan meestal sprake van mengvormen, waarbij diagnosticus en cliënt een beperkte beslisruimte hebben.

In dienstverleningscontexten wordt de diagnosticus vanuit zijn expertise gevraagd een onderzoek bij de cliënt uit te voeren om een bepaalde vraag van de opdrachtgever te beantwoorden. Hierdoor is er in een dienstverleningstraject meestal weinig speelruimte, waarbij de beslisruimte over het algemeen aan de kant van de cliënt is ingeperkt. Dit geldt zeker als de diagnosticus aan een instelling is verbonden die de opdracht krijgt. In principe geldt dit echter ook als een zelfstandig gevestigd diagnosticus door een opdrachtgever wordt gevraagd een onderzoek uit te voeren. De enige vrijheid die de diagnosticus heeft, is dan om niet op de opdracht in te gaan. Maar 'ja' zeggen betekent automatisch het volgen van een procedure die antwoord geeft op de vraag van de (formele) opdrachtgever.

Uit het voorafgaande zal duidelijk zijn dat het verloop van de aanmeldingsfase in sterke mate bepaald wordt door de speelruimte van diagnosticus en cliënt. In de paragraaf over de werkwijze (4.4) werken we dit verder uit.

Het *verslag van de aanmeldingsfase* vat de relevante informatie die tijdens de aanmelding is verzameld, samen. Dit verslag kan men weergeven in de vorm van een *startcontract*. Hierin expliciteert de diagnosticus de verwachtingen over en weer: het geeft de cliënt zicht op wat hij kan verwachten van de diagnosticus en op wat de diagnosticus van hem verwacht. Dit contract heeft in principe geen formeel-juridische status, maar wordt opgesteld in het kader van hulpverlening en samenwerking.

## 4.3 Voorwaarden in de aanmeldingsfase: professionele voorwaarden

In de aanmeldingsfase gelden vooral professionele voorwaarden. In deze fase wordt het eerste contact gelegd met de cliënt. Bij de aanvang van de professionele relatie moet enerzijds voorkomen worden dat de relatie afspringt, anderzijds dat de cliënt met onterechte verwachtingen wordt opgezadeld. We maken dan ook onderscheid tussen relationele en zakelijke voorwaarden.

*Professionele voorwaarden*:
- Relationeel: in staat zijn tot een luisterende, empathische, ondersteunende en integere houding
- Zakelijk: verschaffen van correcte informatie, afgestemd op de cliënt

□ *Relationele voorwaarden*. Op relationeel vlak moet de diagnosticus in staat zijn tot een luisterende, empathische, ondersteunende en integere houding. Wij gaan ervan uit dat deze relationele kwaliteit ook een methodologisch profijt oplevert. We veronderstellen dat cliënten die het gevoel hebben dat naar hen wordt geluisterd, dat ze worden begrepen en serieus genomen, ook meer bereid zullen zijn aan het onderzoek mee te werken en minder defensief zullen reageren bij het verstrekken van informatie. Bovendien is de kans dan groter dat ze vertrouwen zullen hebben in de diagnosticus, de diagnose(n) en aanbevelingen voor hulpverlening.

□ *Zakelijke voorwaarden*. Zakelijk gezien moet de diagnosticus in staat zijn om correcte informatie te verstrekken over wat de cliënt en/of de opdrachtgever wel en niet kunnen verwachten en wat de mogelijke alternatieven zijn wanneer er geen vervolgtraject zal plaatsvinden. Deze informatie moet goed afgestemd zijn op het referentiekader van de cliënt. Heldere en onpartijdige informatieverstrekking voorkomt onterechte verwachtingen. De diagnosticus moet eveneens op de hoogte zijn van de wettelijke bepalingen en beroepsvoorschriften waaraan hij dient te voldoen.

## 4.4 **Werkwijze**

De werkwijze in de aanmelding omvat vier stappen:
- Bepalen van het verloop van het aanmeldingstraject (wie, wat en wanneer).
- Vaststellen van de formele posities van betrokkenen.
- Beslissen of het aanmeldingstraject voortgezet kan worden, door:
  - na te gaan of de posities niet in strijd zijn met wettelijke bepalingen en beroepsvoorschriften,
  - na te gaan of de betrokkenen bereid zijn om afspraken te maken over hun inbreng,
  - vast te stellen of diagnostisch onderzoek nodig is,
  - vast te stellen of dit onderzoek door de diagnosticus uit te voeren is.
- Het vervolgtraject bepalen, overdragen aan de betrokkenen en het maken van afspraken (indien gewenst in de vorm van een samenwerkingscontract).

In deze handleiding gaat het om richtlijnen die ondersteuning bieden bij het doorlopen van de diagnostische cyclus. Toepassing van de cyclus, inclusief de beslissing wanneer wel/niet door te gaan en wanneer wel/niet bepaalde stappen te nemen, vergt een vrije beslisruimte voor diagnosticus en cliënt, zowel qua procedures als qua inhoud. De onderstaande werkwijze is dan ook afgestemd op een context met beslisruimte voor beide partijen. Voor de helderheid beperken we ons hier tot de hulpverleningscontext. Uit ervaring weten we evenwel dat het voor diagnostici in de institutionele hulpverlening of in de dienstverlenende praktijk niet altijd eenvoudig is binnen de randvoorwaarden van de instantie te werken. Daarom gaan we in de afsluitende paragraaf (paragraaf 4.5) in op enkele problemen die zich in minder vrije beslissingscontexten kunnen voordoen.

In een aanmeldingsfase met vrije beslisruimte zijn er geen dwingende redenen om een bepaalde volgorde van informatieverzameling voor te schrijven. Anders ligt dit ten aanzien van de te nemen beslissingen. Zoals eerder opgemerkt, moet men eerst nagaan of de aanmelding ontvankelijk is vooraleer over een vervolgtraject beslist kan worden. Voor beide beslissingen is informatie nodig uit het aanmeldingstraject. De beschrijving van het aanmeldingstraject is pas afgerond als ook de formele posities van de betrokkenen duidelijk aangegeven zijn. Daarom ligt het voor de hand om achtereenvolgens de volgende vragen te beantwoorden, aansluitend bij de aan het begin van deze paragraaf genoemde vier stappen:

- Wat is het verloop van het aanmeldingstraject?
- Wie zijn de betrokkenen en wat zijn hun formele posities?
- Kan het aanmeldingstraject voortgezet worden?
- Wat is het vervolgtraject? Welke afspraken zijn gemaakt?

### 4.4.1 Wat is het verloop van het aanmeldingstraject?

Bij een telefonische aanmelding beperkt men zich tot het maken van een afspraak. Inhoudelijk kan men geen goed beeld van de problematiek krijgen als de sociale context van de aanmelding onbekend is. Zo maakt het heel wat uit of een adolescent zelf om hulp vraagt, zonder dat de ouders hiervan op de hoogte zijn, of dat een adolescent vertelt dat hij hulp vraagt na lang aandringen van de ouders. Het maakt eveneens veel uit of ouders een kind aanmelden omdat zij zelf problemen ervaren, dan wel omdat de school er bij hen op heeft aangedrongen. Deze kwesties zijn niet met goed fatsoen bij een telefonische aanmelding te bespreken.

Om het verloop van het aanmeldingstraject te beschrijven dient de diagnosticus antwoord te geven op de vragen: wie, wat en wanneer? De meest natuurlijke wijze om deze vragen te beantwoorden is de cliënt uit te nodigen om te vertellen waarom hij een beroep doet op de diagnosticus of de instelling. Tijdens dit gesprek kunnen dan gerichte vragen worden gesteld om zicht te krijgen op het wie, wat en wanneer. De structuur van het verhaal van de cliënt bepaalt de volgorde waarin deze vragen aan bod komen.

Door het stellen van gerichte vragen krijgt de diagnosticus zicht op de motieven en verwachtingen van de cliënt. Bij de aanmelding wil of vraagt de cliënt immers iets van de diagnosticus. Motieven en verwachtingen van de cliënt kunnen zijn informatieverstrekking beïnvloeden. Afhankelijk van wat hij probeert te bereiken met de aanmelding, kan een cliënt (bewust of onbewust) over- of onderrapporteren. Wil hij wel hulp voor zijn kind (bijvoorbeeld: een sociale-vaardigheidstraining), dan zal hij bepaalde problemen mogelijk 'aandikken' (meer sociale problemen rapporteren). Wil de cliënt geen hulp (of bijvoorbeeld geen plaatsing in het speciaal onderwijs), dan zal hij zo min mogelijk problemen rapporteren ('Het valt allemaal reuze mee'). Door het stellen van gerichte vragen is het ook mogelijk om irreële verwachtingen van de cliënt nu al af te zwakken. Wil of kan een cliënt zijn irreële verwachtingen niet bijstellen, dan is de aanmelding wellicht niet ontvankelijk. De kans op een constructieve samenwerking is in dit geval immers gering.

De onderstaande lijst is bedoeld als een concretisering van vragen die bij deze stap van het aanmeldingstraject aan bod kunnen komen.

*Wie?*

- Wie heeft de cliënt op deze diagnosticus of instelling geattendeerd?
- Wie heeft de cliënt aangeraden of aangemoedigd om hulp te zoeken?
- Wie heeft met de cliënt over de aanmelding gesproken?
- Wie was betrokken bij het besluit om aan te melden?
- Wie is de verwijzer?
- Wie is de aanmelder?
- Wie is de opdrachtgever?
- Wie is de cliënt?
- Wie behoort tot het cliëntsysteem?
- Wie zijn de overige betrokkenen, direct en indirect?

*Wat?*

- Wat is de reden van de aanmelding?
- Wat is de aanleiding om hulp te zoeken?
- Wat is de voorgeschiedenis; zijn er in het verleden andere aanmeldingen voor hetzelfde probleem geweest?
- Wat is de aard van de problematiek?
- Wat wil de cliënt weten en waarom wil hij dat weten?
- Wat zijn de verwachtingen van de cliënt wat het diagnostisch traject betreft?
- Wat is het motief van de cliënt, wat beoogt hij met deze aanmelding te bereiken of te voorkomen?

- Wat is de reden dat de cliënt zich hier aanmeldt en niet bij een andere instantie?
- Wat heeft de persoon die de cliënt op de diagnosticus of instelling attendeerde, hem hierover verteld?

*Wanneer?*

- Wanneer heeft de cliënt besloten tot aanmelding?
- Wanneer heeft de cliënt van deze instelling gehoord?
- Wanneer verwacht de cliënt een reactie van de diagnosticus?

### 4.4.2 Wie zijn de betrokkenen en wat zijn hun formele posities?

In de hulpverleningscontext is de leeftijd van het aangemelde kind hét criterium om de formele positie van de direct betrokkenen te bepalen (Wet Bescherming Persoonsgegevens, 2000). Wanneer het *kind jonger is dan 12 jaar*, zijn de ouders/opvoeders in ieder geval de opdrachtgevers. Als de ouders gescheiden zijn, zijn beiden in principe opdrachtgever. Bij een ondertoezichtstelling (OTS) is de gezinsvoogd ook een direct betrokkene. Ook indien de aanmelding betrekking heeft op adolescenten in de leeftijd van *12 tot 16 jaar* is de ouder/opvoeder de opdrachtgever. In tegenstelling tot situaties waarin het kind jonger is dan 12 jaar, zal de diagnosticus nu het kind toestemming moeten vragen om aan het aanmeldingstraject mee te werken. Dit kan uiteraard alleen maar als de adolescent op de hoogte is van het initiatief van de ouder/opvoeder. Dit is na te gaan in een gezamenlijk overleg met ouder/opvoeder en adolescent, waarbij, in het geval van twee ouders, in principe beide ouders aanwezig dienen te zijn of geraadpleegd moeten worden. Uiteraard zal de diagnosticus de ouder/opvoeder vragen dit ook al voorafgaand aan dit overleg met de adolescent te bespreken. In dit gezamenlijke overleg zal de diagnosticus eerst nagaan of dit overleg door de betrokkenen voorbereid is en zowel opvoeders als adolescent vragen te vertellen wat zij besproken hebben. De diagnosticus zal vervolgens de gegevens uit het aanmeldingstraject kort samenvatten en de mogelijke verdere afwikkeling van de aanmelding toelichten.

Wanneer de adolescent tussen *16 en 18 jaar* is, spreken we van een jongvolwassene. Een jongvolwassene heeft dezelfde status als een volwassene. Hij is zowel cliënt als opdrachtgever. Dit is dus ook het geval als de jongvolwassene door de ouder/opvoeder wordt aangemeld. In dat laatste geval dient de diagnosticus eerst een afspraak met de jongvolwassene te organiseren om diens positie als cliënt en opdrachtgever duidelijk te maken. Neemt de jongvolwassene zelf het initiatief, dan zal ook hier de diagnosticus de mogelijke betrokkenheid van de ouders/opvoeders in het onderzoek moeten bespreken. Ditmaal niet omdat het wettelijk verplicht is, maar wel om inhoudelijke redenen. Stemt de jongvolwassene toe, dan volgt een gezamenlijk overleg. Na dit gesprek zal de diagnosticus eerst de ouder/opvoeder en vervolgens nogmaals de jongvolwassene om instemming met de verdere afwikkeling vragen.



Afhankelijk van de aard van de aangekaarte problematiek (het 'wat'), heeft de diagnosticus de verplichting om de ouders/opvoeders erop te wijzen dat zij zelf ook de positie van cliënt kunnen gaan innemen: het onderzoek kan zich niet alleen op het kind maar ook op hen als opvoeders richten. Dit wordt het best besproken nadat het aanmeldingstraject is verkend. De diagnosticus zal de ouders/opvoeders dan uitleggen waarom het noodzakelijk is ook informatie over hun omgang met het kind, of eventueel over hun persoonlijkheid, in te winnen.

De onderstaande lijst is bedoeld als een concretisering van punten die bij deze stap van het aanmeldingstraject aan bod kunnen komen.

Wie zijn er bij de aanmelding betrokken?
- De personen die tot het cliëntsysteem behoren (en hun formele positie).
- De personen die direct bij het cliëntsysteem zijn betrokken (en hun formele positie).
- De personen die indirect bij het cliëntsysteem zijn betrokken (bijvoorbeeld: een andere hulpverlener of leerkracht).
- Degenen die van de aanmelding op de hoogte moeten zijn (en waarom).
- Welke betrokkenen er van het resultaat van het onderzoek op de hoogte moeten zijn (en waarom).
- Personen bij wie (na schriftelijke toestemming van de ouders) nog informatie ingewonnen moet worden.

En: zijn er eventuele betrokkenen waarvan de cliënt niet wil dat zij op de hoogte zijn van de aanmelding?

### 4.4.3 Kan het aanmeldingstraject voortgezet worden?

Op grond van het aanmeldingstraject en de formele posities van de direct betrokkenen moet nu worden beoordeeld of de aanmelding voortgezet kan worden. In een hulpverleningstraject waarbij diagnosticus én cliënt beslisruimte hebben, kunnen er zowel vanuit het perspectief van de cliënt als van de kant van de diagnosticus redenen zijn om nu al het contact te beëindigen. We bespreken hier alleen redenen die voor de diagnosticus van belang zijn. De overwegingen om de aanmelding al dan niet voort te zetten, zijn verschillend van aard. Men kan een aanmelding voortzetten als:
- de posities van de betrokkenen niet in strijd zijn met wettelijke bepalingen en beroepsvoorschriften;
- de betrokkenen bereid en in staat zijn om afspraken te maken over hun inbreng;

- diagnostisch onderzoek nodig is;
- de diagnosticus de competentie bezit om het onderzoek goed uit te voeren.

Het eerste criterium om met de aanmelding verder te gaan is dat de posities van de betrokkenen niet in strijd zijn met de wettelijke bepalingen en beroepsvoorschriften. Als bijvoorbeeld bij aanmelding van een adolescent door de ouders/opvoeders geen instemming van de adolescent zelf wordt verkregen, dan dient de diagnosticus het contact te beëindigen. Wanneer een school een kind aanmeldt bij een onderwijsbegeleidingsdienst zonder toestemming van de ouders, dan kan de diagnosticus nog geen vervolgtraject inzetten: hij zal eerst schriftelijke toestemming van de ouders moeten krijgen. Wanneer één van de gescheiden ouders van een kind onder de 12 jaar geen toestemming geeft voor onderzoek van het kind, dan kan de diagnosticus het aanmeldingstraject niet voortzetten. Pas als beide ouders formeel instemmen, kan hij een vervolgtraject inzetten.

Het tweede criterium is of de betrokkenen in het kader van mogelijk verder onderzoek bereid zijn om afspraken te maken over hun inbreng. Dan pas zullen diagnosticus en cliënt constructief kunnen samenwerken. De diagnosticus schetst hiertoe de stappen die zouden kunnen volgen als onderzoek plaats zou vinden, de implicaties hiervan voor de betrokkenen en de afspraken die hiervoor gemaakt dienen te worden. Vervolgens stelt hij zich de vraag: bieden de afspraken voldoende grond om het onderzoek met succes uit te voeren? Stel: een kind wordt door de ouder aangemeld, maar de ouder is al bij voorbaat niet bereid om als cliënt in het onderzoek te worden betrokken. De ouder wil bijvoorbeeld niet dat de eigen opvoedingsstijl wordt onderzocht. Als de diagnosticus oordeelt dat, gegeven de problematiek, een onderzoek in dat geval onvoldoende relevante informatie oplevert, dan moet hij het contact beëindigen. Er kan zich dus een probleem voordoen wanneer de diagnosticus in deze fase al vermoedt dat het noodzakelijk zal zijn dat de ouders als cliënt aan het onderzoek deelnemen. Als de ouders deze rol blijven weigeren, ook na heldere uitleg hierover, dan heeft het uitvoeren van het onderzoek weinig zin. Een belangrijke factor in het ontstaan of instandhouden van de problemen van het kind – de ouders/opvoeders (zie ook box 4.2) – kan dan immers niet in het onderzoek aan bod komen. De kans is bovendien klein dat deze ouders in staat of bereid zullen zijn goed te rapporteren over hun eigen gedrag ten opzichte van het kind.

Een andere mogelijkheid is dat de diagnosticus een vermoeden heeft van kindermishandeling en dat de ouders weigeren om zelf in het onderzoek te worden betrokken. Wanneer de diagnosticus van mening is dat het belang van het kind in gevaar is, dan zal hij zich moeten beraden op zijn positie: in wiens belang treedt hij op? Een consult bij het Algemeen Meldpunt Kindermishandeling of de Raad voor Kinderbescherming kan hiervan het gevolg zijn.

Het derde genoemde criterium betreft de vraag of diagnostisch onderzoek nodig is. De informatie die de wat-vragen (zie paragraaf 4.4.1) opleverden, is hierbij van belang. Op grond van onder andere de reden van aanmelding, de aard van de problematiek en wat de cliënt wil weten, kan men in overleg bepalen of onderzoek nodig is.

Een vierde criterium betreft de competentie van de diagnosticus. De diagnosticus kan van mening zijn dat hij niet competent (genoeg) is om de aangemelde problematiek goed te onderzoeken. In dit geval is hij verplicht een duidelijk en gericht verwijzingsadvies te geven. Hij zal de cliënt dan doorverwijzen naar een andere instelling of een professional met de vereiste competentie.

In elk van de vier gevallen deelt de diagnosticus het besluit en de reden voor het beëindigen van het contact mee aan de cliënt. Dit gebeurt zowel mondeling als schriftelijk. Ook de doorverwijzing deelt hij zowel mondeling als schriftelijk mee. Is de uitkomst van de overwegingen dat de aanmelding wel gecontinueerd kan worden, dan bespreekt de diagnosticus het vervolgtraject.

Samenvattend en schematisch zien de mogelijkheden er als volgt uit:

- De posities van de betrokkenen zijn in strijd met wettelijke bepalingen en beroepsvoorschriften:
  → contact beëindigen en het besluit en de reden meedelen.
- De betrokkenen zijn niet bereid of in staat om afspraken te maken over hun inbreng:
  → contact beëindigen en het besluit en de reden meedelen.
- Diagnostisch onderzoek is niet nodig:
  → contact beëindigen en het besluit en de reden meedelen.
- Het onderzoek kan niet door de diagnosticus worden uitgevoerd:
  → meedelen en gericht doorverwijzen naar een andere diagnosticus of instelling.
- Het vervolgtraject kan worden voortgezet:
  → afspraken maken over dit vervolgtraject (zie paragraaf 4.4.4).

### 4.4.4 Wat is het vervolgtraject? Welke afspraken zijn er gemaakt?

De diagnosticus bespreekt het verdere verloop van de aanmelding met de cliënt. Dit kan het best door de concrete stappen te beschrijven die nog kunnen gebeuren en door aan te geven wat dit van alle betrokkenen kan vragen. Dit is mogelijk zonder gebruik van technische termen. Ongeacht de aangemelde problematiek zal de diagnosticus meedelen dat de verdere diagnostische activiteiten afhankelijk zijn van de uitkomsten van de klachtanalyse. Tevens zal de diagnosticus uitleggen dat de verdere stappen na de klachtanalyse wederom in onderling overleg bepaald zullen worden. De diagnosticus kan bijvoorbeeld vertellen dat hij zal nagaan wat precies het probleem is, hoe het zou kunnen komen (inclusief de mogelijke rol van de ouder als opvoeder hierin) en of er iets aan gedaan kan worden (inclusief de mogelijke rol van de ouder als opvoeder hierin); dat er hierbij niet alleen gesprekken zullen zijn, maar dat ook vragenlijsten of opdrachten kunnen worden gebruikt, en hoeveel tijd dit alles ongeveer in beslag zal nemen. Hij vertelt ook dat van alles een verslag wordt gemaakt dat met de ouders/opvoeders (en adolescent/jongvolwassene) zal worden besproken. Na deze informatie zal de diagnosticus nogmaals om instemming met het verdere verloop vragen.

De aanmelding wordt afgerond met het op schrift stellen van de tot dusver gemaakte vaststellingen en afspraken in verband met het vervolgtraject. Uiteraard wordt dit ook mondeling meegedeeld aan de betrokkenen. De informatie die in het verslag aan bod komt, geven we weer in het onderstaande overzicht (zie ook hoofdstuk 11).

Het *verslag van de aanmeldingsfase* bevat de volgende informatie:

- De betrokkenen en hun wettelijke positionering.
- Informatie uit het aanmeldingstraject (wie, wat, wanneer).
- De reden van aanmelding.
- De klachten (zorgen, ervaren problemen) en wie van de betrokkenen ze ervaart.
- De verwachtingen van de cliënt(en) en van de diagnosticus.
- De bereidheid van de ouders/opvoeders de rol van cliënt te accepteren (hun mogelijke rol als opvoeder kan zowel in het onderzoek als bij de advisering aan bod komen).
- Afspraken over het vervolg van het diagnostisch traject (klachtanalyse, probleemanalyse, verklaringsanalyse, indicatieanalyse en advisering).
- De termijn waarbinnen dit traject zal plaatsvinden.
- Wie er wordt geïnformeerd door de diagnosticus en hoe dit gebeurt.
- Wie bij het overleg met de diagnosticus wordt betrokken en wat hun positie is.
- Bij wie zo nodig – met toestemming van de cliënt/ouders – externe informatie kan worden opgevraagd.
- De wijze waarop de diagnostische gegevens worden overgedragen aan de betrokkenen (schriftelijk en mondeling).
- Financiële aspecten betreffende de vergoeding (via verzekering en/of eigen bijdrage).

Het schriftelijke verslag krijgt bij voorkeur de vorm van een *startcontract*. Doel van dit contract is het expliciteren van de verwachtingen over en weer: het geeft zowel zicht op wat de cliënt kan verwachten van de diagnosticus, als op wat de diagnosticus van de cliënt verwacht. Een startcontract kan een constructieve samenwerkingsrelatie bevorderen. Bovendien kunnen zowel diagnosticus als cliënt in een volgende fase teruggrijpen op afspraken die eerder zijn gemaakt. De termen uit dit contract dienen duidelijk te zijn en de cliënt moet ze goed kunnen begrijpen.

Vooraleer dit contract op te stellen zal de diagnosticus de betrokkenen informeren over welke stappen gevolgd zullen worden. Het startcontract wordt afgesloten tussen de diagnosticus en de opdrachtgever en/of cliënt en, als de wettelijke voorschriften dit vereisen, voor akkoord ondertekend door de opvoeders dan wel de adolescent.

Het startcontract kan beginnen met een inleidende zinsnede als: 'Ondergetekenden zijn overeengekomen dat...'. Dan volgt een opsomming van de punten die in de overeenstemming zijn vastgelegd en eventueel ruimte voor de handtekeningen. De diagnosticus kan het startcontract aan de cliënt meegeven, zodat die er rustig over kan nadenken en er eventueel nog vragen over kan stellen.

Ook al staan de afspraken op papier en zijn ze misschien ondertekend – waardoor het contract een quasi-juridische indruk maakt – toch heeft het contract geen juridisch doel. Het contract is opgesteld in de context van hulpverlening; het is niet in een juridische context opgesteld. Wanneer de diagnosticus of de cliënt zich niet aan een afspraak houdt, kan dit de samenwerkingsrelatie en de hulpverlening schaden. Het is echter niet uit te sluiten dat zo'n contract in een beroepszaak wel een juridische status krijgt.

## 4.5 Valkuilen en aandachtspunten

### 4.5.1 Een valkuil: de diagnosticus of cliënt veronderstelt dat er beslisruimte is qua procedures en/of inhoud, maar deze ruimte is er, gezien de werkwijze van de instelling, niet

Bij de werkwijze zoals in paragraaf 4.4 beschreven, gingen we uit van de situatie waarbij diagnosticus én cliënt keuzemogelijkheden en beslisruimte hebben ten aanzien van zowel procedures als inhoud. In de praktijk is er echter lang niet altijd sprake van zo'n vrije beslisruimte voor de diagnosticus, noch voor de cliënt. Randvoorwaarden in de professionele context bepalen hun speelruimte. Wanneer diagnostiek bijvoorbeeld deel uitmaakt van een institutioneel aanbod, dan is er doorgaans weinig beslisruimte over het vervolgtraject. De bestaande werkwijze, waarbij de procedures van aanmelding tot en met advisering vastliggen, laat weinig ruimte voor flexibele trajecten. De werkwijze van de diagnosticus is in dergelijke gevallen ondergeschikt aan de voorgeschreven procedures. Soms ervaart men dit als inperkend. Dergelijke inperkingen kunnen per context verschillen.

Zicht op deze inperkingen kan men verkrijgen door de werkwijze voor de situatie waarin 'beide partijen alle beslisruimte hebben' naast de werkwijze van de betreffende instelling te leggen: waar liggen de overeenkomsten (dus keuzemogelijkheden) en verschillen (mogelijke inperkingen)?

Er kunnen zich in de praktijk problemen voordoen wanneer bijvoorbeeld:

- een diagnosticus vraaggestuurd wil werken of wanneer hij volgens de beroepscode van het NIP/NVO wenst te werken;
- wanneer een cliënt antwoord wil op vragen die met de gangbare werkwijze en middelen niet te beantwoorden zijn.

Van deze situaties geven we een illustratie: in een instelling voor jeugdzorg (box 4.3) en in een onderwijsbegeleidingsdienst (box 4.4).

**Box 4.3** **Diagnostiek als vast aanbod vanuit een instelling voor jeugdzorg.**

Bij sommige instellingen voor jeugdzorg staat het aanbod voor diagnostisch onderzoek vast. Bij ieder aangemeld kind wordt hetzelfde traject doorlopen in de vorm van een standaardonderzoek, bijvoorbeeld: intake, ontwikkelingsanamnese van kind en ouders, intelligentie- en persoonlijkheidsonderzoek van het kind, teambespreking, adviesgesprek met de ouders. Al deze activiteiten vinden plaats binnen de instelling. Dit betekent dat zowel de diagnosticus als de cliënt hieraan gebonden zijn en geen keuzen kunnen maken in het uit te voeren onderzoek. Het betekent ook dat een diagnosticus per casus een vaste hoeveelheid tijd en middelen tot zijn beschikking heeft voor het verzamelen van onderzoeksgegevens, de uitwerking ervan, verslaggeving en advisering.
Soms gaat dit in tegen een vraaggestuurde diagnostiek op maat, waarbij diagnostische trajecten variëren, afhankelijk van de hulpvragen van de cliënt en van de hypothesen die de diagnosticus formuleert. Wil een diagnosticus bijvoorbeeld een observatie in de school verrichten om na te gaan of zich daar ook kenmerken van ADHD voordoen, dan past dit niet binnen het diagnostisch aanbod van de instelling: het kind wordt immers alleen op de instelling onderzocht. In dit voorbeeld is het niet mogelijk om een observatie op school uit te voeren, hoe zinvol het ook zou zijn voor de diagnostiek en hulpverlening (en de afstemming tussen de aanpak thuis en op school).
Een standaardwerkwijze kan ook ingaan tegen de hulpvragen en wensen van een cliënt. De diagnosticus kan terechte onderzoeksvragen van een ouder dan niet beantwoorden omdat hij er de tijd of de middelen niet voor heeft. Stel dat een ouder de diagnosticus verzoekt om bij hem thuis een maaltijd te komen observeren, omdat de eetproblemen van het kind zich dán voordoen, dan zal de diagnosticus niet op deze hulpvraag in kunnen gaan. Overleg met de cliënt hierover heeft geen zin, want er zijn geen keuzemogelijkheden. Het diagnostisch traject staat immers bij voorbaat vast, ongeacht de wensen van de cliënt of de visie van de diagnosticus.

**Box 4.4 Diagnostiek in een onderwijsbegeleidingsdienst.**

Bij sommige onderwijsbegeleidingsdiensten zijn ouders als cliënt onvoldoende in beeld, omdat de school opdrachtgever is. De werkwijze van zo'n onderwijsbegeleidingsdienst is doorgaans als volgt: schriftelijke aanmelding door de school, een intakegesprek met de school, een observatie en intelligentieonderzoek van het kind en een adviesgesprek met de school en daarna met de ouders.

Voorafgaand aan het onderzoek geven de ouders schriftelijke toestemming voor het onderzoek van hun kind en voor het bespreken van het verslag met de school. De ouders zijn in die fase echter nog niet op de hoogte van de inhoud van het verslag; zij geven dus toestemming voor een verslag waarvan ze de inhoud niet kennen. Er wordt niet gevraagd naar hun beleving van de problemen, hun visie op de onderwijsleerproblemen van hun kind en er wordt ook niet geïnformeerd naar hun vragen voor het onderzoek. De ouders komen pas bij het adviesgesprek in beeld. Zij krijgen dan de onderzoeksgegevens en het advies van de diagnosticus te horen. Vaak is dit de eerste kennismaking met de diagnosticus.

Een dergelijke werkwijze doet geen recht aan de formele positie van de ouders als cliënt. Zo krijgen zij bijvoorbeeld niet de gelegenheid om samen met de diagnosticus onderzoeksvragen te formuleren en kunnen zij geen toestemming geven (of weigeren) om de onderzoeksgegevens met de school te bespreken. Deze werkwijze gaat voorbij aan een belangrijk artikel uit de Beroepscode voor Psychologen (artikel III.2.7.5): "De cliënt, in dit geval de ouder, heeft het recht op inzage in de rapportage voorafgaand aan toezending daarvan aan de opdrachtgever (in dit geval de school)."

Ook gelijktijdige toezending aan ouders en school is niet in overeenstemming met de beroepscode. De ouders moeten immers eerst de rapportage lezen, alvorens zij toestemming kunnen geven tot verzending ervan naar derden. De psycholoog mag de cliënt niet van tevoren van dat recht laten afzien. Wanneer de ouders een klacht bij het NIP zouden indienen, omdat de psycholoog hun het recht van inzage vooraf heeft onthouden, dan is de kans groot dat de klacht gegrond wordt verklaard.

De bovenstaande beschrijvingen leren dat binnen instituten vaak een groot aantal zaken voorgeschreven zijn. Ze vormen geen onderwerp van overleg of keuze. De diagnosticus hoeft er samen met de cliënt niet over te beslissen, maar moet de cliënt wel informeren over de 'rechten en plichten' van beide partijen. In het geval van institutionele hulp- en dienstverlening dient het aanmeldingsprotocol volkomen helder te zijn over de rollen en posities voor alle betrokkenen, zowel bij de aanmelding als bij het vervolgtraject (waaronder eventueel het verklarend onderzoek, de indicatieanalyse en de advisering). Per fase zal duidelijk moeten zijn welke beslisruimte de diagnosticus en de cliënt hebben: waarover kunnen zij beslissen en welke keuzen zijn al door de instelling gemaakt?

Gezien de genoemde valkuil formuleren we het volgende aandachtspunt in box 4.5.

**Box 4.5** **Bepaal in de aanmeldingsfase de beslisruimte van diagnosticus en cliënt aan de hand van de volgende vragen.**

1. *Is het een hulpverlenings- of een dienstverleningstraject?*
   Met andere woorden: is de opdrachtgever ook cliënt?
   1a. Zo ja: dan heeft de cliënt beslisruimte (hulpverlening).
   1b. Zo nee, dan heeft de cliënt nauwelijks beslisruimte (dienstverlening).
2. *Is er speelruimte wat de procedures betreft?*
   2a. Als al van tevoren vaststaat welke stappen van de diagnostische cyclus doorlopen zullen worden, dan is er geen beslisruimte.
   2b. Als verschillende stappen uit de diagnostische cyclus mogelijk zijn, dan is er beslisruimte.
3. *Is er beslisruimte wat de inhoud van het onderzoek betreft?*
   3a. Als de inhoud van het onderzoek van tevoren vaststaat, dan is er geen beslisruimte.
   3b. Als de inhoud van het onderzoek kan variëren, dan is er beslisruimte.
4. *Wie heeft beslisruimte wat de procedures en/of inhoud van het traject betreft?*
   4a. Diagnosticus *of* cliënt hebben beslisruimte:
   - alleen de diagnosticus kan kiezen;
   - alleen de cliënt kan kiezen.
   
   4b. Diagnosticus *en* cliënt hebben beslisruimte.
   4c. Diagnosticus noch cliënt hebben beslisruimte.

Ter afsluiting presenteren we hier nog enkele aandachtspunten bij de aanmelding.

### 4.5.2 Aandachtspunten bij het vaststellen van de formele posities van de betrokkenen

*Overloop systematisch de wie-vragen* (zie paragraaf 4.4.1). Geef hierbij duidelijk aan waarom u deze vragen stelt (een vorm van metacommunicatie): niet uit nieuwsgierigheid of bemoeizucht, maar om de formele posities van de direct betrokkenen goed te kunnen bepalen. Geef aan waarom deze informatie relevant is: voor het beantwoorden van de vraag of de aanmelding ontvankelijk is.

*Combineer eventueel de wie-vragen met de mogelijke posities van ouders* (zie box 4.2). Besteed met de ouders aandacht aan deze verschillende mogelijkheden en attendeer hen op eventuele dubbelrollen en de concrete gevolgen daarvan voor het verdere traject. Wanneer u – bijvoorbeeld gezien de problemen van het kind – vermoedt dat de ouders mogelijk ook 'doelwit van onderzoek' kunnen worden, meld dit dan nu al: 'Het kan zijn dat het onderzoek zich niet alleen op uw kind richt, maar ook op kenmerken van uw opvoeding. Op dat moment bent u dus ook cliënt.'

Als ouders gescheiden zijn, *maak dan een afspraak met beide ouders*, bij voorkeur gezamenlijk. Is een gezamenlijk overleg niet mogelijk, spreek dan met beide ouders apart af. Zij zijn immers allebei formeel direct betrokken. Zo moeten ze bijvoorbeeld allebei akkoord gaan met het diagnostisch onderzoek van hun kind. De diagnosticus zal met beiden werkafspraken moeten maken.

*Na scheiding* behouden – sinds 1998 – in principe beide ouders het ouderlijk gezag, tenzij er een bijzondere situatie is (zoals kindermishandeling door een van de ouders). Als ouders gescheiden zijn, en beide hebben het ouderlijk gezag, dan dienen ze beide toestemming voor onderzoek te geven (De Kleer, 2000). Wanneer slechts één ouder het ouderlijk gezag heeft, dan is de toestemming van de ander niet nodig, maar – en de diagnosticus dient de ouder met het gezag hierop te attenderen – deze moet wel op de hoogte gehouden worden van 'gewichtige aangelegenheden' met betrekking tot het kind. Indien de ouder die niet met het gezag belast is, om informatie vraagt, dan verschaft de diagnosticus deze informatie, tenzij dit in strijd zou zijn met de belangen van het kind. De ouder die wel het gezag heeft, hoeft hiervoor geen toestemming te geven; het is de diagnosticus die beslist. Als 'advocaat van het kind' zal een diagnosticus de rechten van het kind zoveel mogelijk beschermen. Dit neemt vanzelfspekend niet weg dat ook de rechten van de ouders gerespecteerd dienen te worden.

Als een kind *onder toezicht* (OTS) staat door een maatregel van de Raad voor Kinderbescherming (RvK), dan zal de gezinsvoogd van het kind eveneens formeel een direct betrokkene zijn. Hij zal akkoord moeten gaan met het onderzoek en de diagnosticus dient ook met hem werkafspraken te maken.

*Houd rekening met de leeftijd van het kind* (vraag altijd naar de geboortedatum van het kind): dit bepaalt immers zijn formele positie. Wanneer een kind gedurende de periode van het diagnostisch traject jarig is en dan 12 of 16 jaar wordt, dan heeft dit implicaties voor zijn beslissingsbevoegdheid ten aanzien van het vervolgtraject. Het kind kan vanaf die datum bijvoorbeeld inspraak hebben bij het vaststellen van de onderzoeksvragen of bij het overleg in het kader van de indicatiestelling voor hulpverlening.

*Vraag altijd schriftelijke toestemming aan de ouders voor het opvragen van informatie* van andere diagnostici of hulpverleners. Vermeld hierbij om welke verslagen het gaat (type verslag, datum, naam van de onderzoeker/hulpverlener en instelling), zodat de ouders weten waarvoor zij toestemming verlenen.

In box 4.6 bespreken we een uitspraak van het College van Beroep van de NVO (NVO-Bulletin, mei 2000) in een zaak waarbij niet beide ouders toestemming gaven.

**Box 4.6 Uitspraak van het College van Beroep van de NVO.**

In een zaak tussen gescheiden ouders is de vraag van mijnheer X: waar is mijn zoon het best op zijn plaats? De kinderrechter vindt dat de partijen deze vraag aan een gedragsdeskundige moeten voorleggen. De ex-echtgenote van de heer X benadert een pedagoge met het verzoek een persoonlijkheidsonderzoek bij haar zoon af te nemen. De pedagoge voert een intakegesprek, maar op dezelfde dag laat de heer X schriftelijk weten dat hij bezwaren heeft tegen de werkwijze die de pedagoge voorstelt. Hij maakt, onder andere, bezwaar tegen het persoonlijkheidsonderzoek. Toch verricht de pedagoge enkele dagen later dit onderzoek bij de zoon. Zij maakt hiervan een verslag.
De heer X dient een klacht in bij het College van Toezicht (CvT) van de NVO wegens schending van de beroepscode vanwege de pedagoge. Het CvT beslist in zijn uitspraak dat de klacht van de heer X over onzorgvuldig handelen gegrond is en het College geeft de pedagoge een waarschuwing. De pedagoge gaat in beroep tegen deze uitspraak bij het College van Beroep (CvB). Het CvB oordeelt dat de opgelegde regel van het CvT terecht is. De overwegingen van het CvB hebben onder meer betrekking op de volgende zaken.

De pedagoge geeft aan telefonisch overleg gehad te hebben met de heer X, maar de heer X ontkent dit. Omdat de pedagoge geen logboek bijhield, is het voor het CvB onmogelijk na te gaan wat er feitelijk is gebeurd. In de beroepscode (B-NVO, artikel 11) staat dat pedagogen zodanige aantekeningen van hun professionele werkzaamheden moeten maken dat zij rekenschap van hun handelwijze kunnen afleggen.
Ingeval een van de ouders schriftelijk medewerking aan het onderzoek heeft geweigerd, dient de pedagoge uiterst zorgvuldig te werk te gaan. Een schriftelijk bewijs van de eventueel alsnog gegeven toestemming van de heer X is noodzakelijk. Een overeenstemming tussen de pedagoge en de heer X is niet bereikt, en toch heeft de pedagoge het onderzoek uitgevoerd. Het CvB is van mening dat de pedagoge laakbaar heeft gehandeld. De heer X is niet in staat geweest om "de beslissing tot het aangaan van een professionele relatie verantwoord en in vrijheid te nemen" (B-NVO, artikel 17).

### 4.5.3 Aandachtspunten bij het startcontract

*Maak het startcontract niet te zakelijk.* Hanteer het als een hulpverleningsinstrument en niet (dreigend) als een quasi-juridisch document. Voorkom dat het contract de cliënt afschrikt. Geef duidelijk aan dat het contract ook in het belang van de cliënt is. De cliënt kan bijvoorbeeld nagaan of de diagnosticus zich aan de gemaakte afspraken (bijvoorbeeld qua termijn) houdt. Bovendien verheldert het contract de verwachtingen over en weer.

*Stem de inhoud van het startcontract af op het referentiekader van de cliënt.* Belast de cliënt niet met vaktermen. Houd hierbij rekening met relevante achtergronden van de cliënt. Licht het startcontract mondeling altijd goed toe.

*Overweeg in sommige gevallen een voorlopig contract*, waarbij bijstelling nog mogelijk is.

### 4.5.4 Aandachtspunten bij het bepalen of een vervolgtraject mogelijk is

Een aanmeldingstraject kan niet voortgezet worden als:
- de posities van de direct betrokkenen niet conform de wettelijke en beroepsvoorschriften zijn;
- de vereiste in- en toestemming van de direct betrokkenen uit het cliëntsysteem ontbreken;
- de belangen van de direct betrokkenen tegenstrijdig zijn;
- de direct betrokkenen de rol van opdrachtgever en/of cliënt niet goed kunnen of willen vervullen;
- de mogelijkheid en bereidheid van de opdrachtgever en/of de cliënt om goed te rapporteren ontbreken;
- het onwaarschijnlijk is dat de samenwerking diagnosticus-cliënt constructief zal verlopen;
- de diagnosticus inschat dat het onderzoek niet met succes kan worden uitgevoerd;
- de diagnosticus van mening is dat het onderzoek niet nodig is;
- de competentie van de diagnosticus onvoldoende is gezien de aard van de problematiek.

# 5. Klachtanalyse

” In de stap van de aanmelding lag de nadruk op het goed informeren van de cliënt en het vastleggen van de posities van alle betrokkenen. De aanmeldingsfase heeft noodzakelijkerwijs een zeker administratief en daarmee ook formeel karakter. Wel dient deze zakelijkheid hand in hand te gaan met een persoonlijke benadering van de cliënt, die bevorderlijk is voor een goede samenwerkingsrelatie. In de volgende fase van de klachtanalyse staat het verhaal van de cliënt centraal. De diagnosticus ondersteunt de cliënt bij het brengen van dit verhaal zodat deze zich begrepen voelt en inzicht verwerft in de hulpvragen die hem bewegen. De bouwstenen van het verhaal zijn de klachten van de cliënt. Het eindproduct van de klachtanalyse bestaat uit de hulpvragen die – in samenspraak met de diagnosticus – uit deze klachten zijn afgeleid. Voor de cliënt leidt dit tot ordening en verheldering. We spreken daarom van een verhelderende diagnose. De hulpvragen bepalen voor een groot deel het verdere onderzoekstraject en geven aan welk diagnostisch scenario (zie hoofdstuk 6) van toepassing is.

## 5.1 Verantwoording

Klachten zijn per definitie subjectief. Ze weerspiegelen de belevingswereld van de cliënt. Waarom is er in de diagnostische cyclus zoveel aandacht voor deze subjectieve beleving? Waarom niet meteen het onderzoek richten op de objectieve onderkenning van de problematiek of stoornis? In onze opvatting is de analyse van hoe de cliënt de problematiek ervaart, onmisbaar. Hiervoor zijn op zijn minst drie redenen te geven, die respectievelijk ethisch, professioneel en klinisch-methodisch van aard zijn:

- De cliënt is een medemens, een verantwoordelijk *persoon* en niet slechts een onderzoeksobject.
- De ervaring van de cliënt dat de diagnosticus in staat is in zijn belevingswereld te treden en onduidelijkheden daarin te verhelderen, bevordert het totstandkomen van een goede samenwerkingsrelatie.
- De diagnostische hulpverlening dient in te gaan op de hulpvragen van de cliënt en deze hulpvragen kunnen het best via het verhelderen van de klachten worden opgespoord.

Hierna gaan we kort in op elk van deze redenen.

□ *Persoonsgerichte benadering: de cliënt is een persoon, geen onderzoeksobject.* Deze reden is principieel ethisch van aard en is op zich voldoende grond om de noodzaak van een klachtanalyse te onderbouwen. Dit ethisch principe is terug te vinden als het basisprincipe *respect* in de Beroepsethiek voor Psychologen van het Nederlands Instituut voor Psychologen (NIP, 1998, p. 16). Het is ook het eerste en meest fundamentele uitgangspunt in de preambule van de Beroepscode van de Nederlandse Vereniging van Opvoedkundigen en Onderwijskundigen (NVO, 1995, p. 33). In de uitwerking wordt onder meer gesteld dat de professional respect toont voor de fundamentele rechten en waardigheid van de betrokkenen en diens zelfbeschikking en autonomie bevordert. Voor de diagnostische hulpverlening heeft dit tot gevolg dat de cliënt niet als onderzoeksobject tegemoet wordt getreden, maar als persoon. Dit betekent: zich openstellen voor de ander, voor diens ervaring en beleving van de eigen (nood)situatie. De ander als persoon tegemoettreden, houdt ook in dat de ander als volwaardige partner wordt gezien. Binnen een humanistische psychologie heeft Hermans (1975) dit verwoord door de persoon te zien als een medeonderzoeker. Zijn confrontatiemethodiek (1981) is daarop afgestemd. De ander als volwaardige persoon tegemoettreden kan ook vanuit een hermeneutische context worden begrepen (Van Strien, 1986). Baartman (1986) bespreekt hoe deze visie in een klinische context – met een hulpvragende cliënt als ander – toegepast kan worden (zie ook Kwakkel-Scheffer & Van Berckelaer-Onnes, 1995).

□ *Luisteren naar en begrijpen van de cliënt bevordert de samenwerkingsrelatie.* Deze reden is professioneel van aard. Wij denken dat de ervaring dat naar de klacht geluisterd wordt – en dat de klacht ook begrepen wordt – het fundament legt voor een goede samenwerkingsrelatie. We denken ook dat een goede samenwerkingsrelatie voor het diagnostisch onderzoek om twee redenen van belang is: het motiveert de cliënt om tijd en energie te investeren in een onderzoek waarbij hij met zichzelf en zijn situatie geconfronteerd wordt én het bevordert de kwaliteit van de cliënt als informant. De cliënt haakt daardoor niet zo snel af en schermt zich minder af bij het verstrekken van informatie. Uit onderzoek (zie Vervaeke & Emmelkamp, 1998) is gebleken dat de kwaliteit van de therapeutische relatie therapeutische trouw bevordert en daardoor een belangrijke bijdrage levert aan het slagen van de behandeling. Wij veronderstellen dat de kwaliteit van de diagnostische relatie de betrokkenheid bij het diagnostisch proces bevordert en daardoor een belangrijke bijdrage levert aan de opbrengst van het onderzoek.

□ *Klachten leiden naar hulpvragen.* Deze reden is klinisch-methodisch van aard. De hulpverlening dient aan te sluiten bij de diagnostische hulpvraag van de cliënt. We gaan ervan uit dat cliënten die zich aanmelden (of aangemeld zijn) op een of andere manier hun problemen niet in de eigen levenssituatie kunnen oplossen. Ze hebben hulp nodig. Maar welke hulp? Dát een cliënt zich aanmeldt of is doorverwezen, betekent nog niet dat voor de cliënt duidelijk is aan welk soort hulp hij behoefte heeft.

De werkelijkheid voor de cliënt bestaat allereerst uit de ervaring dat zaken niet lopen zoals ze moeten lopen. Er is meestal een negatieve beleving, maar die leidt doorgaans niet direct tot duidelijk geformuleerde hulpvragen, zeker niet als het kinderen betreft. Hart de Ruyter (1975, p. 404) stelt dat "de hulpvraag als cryptogram aan de hulpverlener wordt voorgelegd". Dit cryptogram bevat in onze terminologie de klachten die directe uitingen zijn van de belevingswereld van de cliënt. Op basis van dit uitgangspunt moet de formulering van de hulpvraag uit het 'labyrint' van klachten gedistilleerd worden.

Pas nadat de klachten verhelderd zijn, kan de diagnosticus met recht zeggen: 'Als ik u goed begrijp, heeft u vooral behoefte aan...'. Dit geldt ook in de situatie dat de cliënt met een op het eerste gezicht duidelijke hulpvraag binnenkomt. In dat geval zal de diagnosticus moeten nagaan hoe en óf die hulpvraag bij de klachtbeleving aansluit. In de praktijk blijkt dat achter een hulpvraag tal van andere vragen schuil kunnen gaan. Een risico bij het simpelweg overnemen van een hulpvraag zonder klachtanalyse is dat essentiële diagnostische hulpvragen verborgen blijven.

Na een omschrijving van de belangrijkste begrippen bespreken we hierna de voorwaarden, werkwijze en aandachtspunten met betrekking tot de klachtanalyse.

## 5.2 Begrippen

klacht • klachtanalyse • hulpvraag • interpretatie • verhelderende diagnose

### 5.2.1 Klacht

In een klacht wordt tot uitdrukking gebracht dat men 'iets' (zoals een gedachte, een gedrag, een gevoel, een gebeurtenis, het opvoeden) als negatief beleeft: ongewenst, storend, afwijkend, belemmerend, niet meer beheersbaar, zorgelijk, enzovoort. De cliënt of diens omgeving spreekt in eerste instantie uit onmacht of vanuit de zorg over een problematische situatie of de gevolgen daarvan. Een precieze omschrijving van gedragingen of verschijnselen geeft men zelden. Voorbeelden van uitspraken van een cliënt zijn:

- 'We dreigen bij de pakken neer te gaan zitten. Hij luistert absoluut niet meer naar ons.'
- 'We weten niet meer wat we met hem moeten.'
- 'Ik ben bang dat hij het dit jaar op school weer niet redt.'
- 'Dat hij zo opstandig is, raakt ons diep. We hadden verwacht inmiddels te kunnen rekenen op een jongen die ook wat voor zijn ouders over heeft.'

In deze voorbeelden is het nog niet van belang hoe de verschillende situaties er precies uitzien, wel dat ze als een probleem beleefd worden, zoals: de zorg om het verliezen van de greep op de opvoeding; het voelen van onmacht om als ouder je eigen kind te helpen; de zorgen rond het zien mislukken van een belangrijke fase in de ontwikkeling en de mogelijke gevolgen daarvan.

In algemene zin vatten we klachten dus op als uitspraken van de cliënt – waarmee we ook diens omgeving kunnen bedoelen – die aangeven dat het gedrag/de situatie van de cliënt, of de gevolgen daarvan, als negatief worden beleefd. Indien we dit toespitsen op opvoedkundige relaties of op de opvoedingssituatie, dan zijn klachten uitspraken van de hulpvragende opvoeder(s)/betrokkene(n), waaruit blijkt dat het gedrag/de situatie van de jeugdige of de gevolgen daarvan voor de jeugdige zelf (of diens omgeving) als negatief worden beleefd.

### 5.2.2 Klachtanalyse

Klachtanalyse is het proces van het verhelderen van klachten, met het oog op het formuleren van expliciete hulpvragen die het aanknopingspunt vormen voor verder onderzoek. De uitkomst van de klachtanalyse is de verhelderende diagnose. In de klachtanalyse werken diagnosticus en cliënt samen binnen een persoonsgerichte relatie.

### 5.2.3 Hulpvraag

De hulpvraag is de vraag naar het soort hulp waar de cliënt of diens omgeving – in de context van de klachtervaring – behoefte aan heeft. Wij maken onderscheid tussen het begrip 'hulpvraag' als funderend beginsel van hulpverlening en de hulpvraag zoals die bij een bepaalde cliënt voorkomt. In dit laatste geval maken we bovendien onderscheid tussen impliciete en expliciete hulpvraag.

Het begrip *hulpvraag als funderend beginsel* verwijst naar de veronderstelde relatie tussen de ervaring van een discrepantie enerzijds en de behoefte van de persoon of diens omgeving om hierin een positieve verandering te brengen anderzijds. Het is deze veronderstelling die ten grondslag ligt aan het principe dat hulpverlening hoe dan ook in een persoonsgerichte context wordt aangeboden.

We gaan ervan uit dat wij de hulpvraag niet uitvinden of opleggen, maar dat de cliënt of diens omgeving werkelijk behoefte aan hulp heeft. Om wat voor soort hulp het gaat, zal blijken uit de explicitering van de klachten. De term *impliciete hulpvraag* verwijst naar de onuitgesproken, maar latent aanwezig veronderstelde hulpvraag. De *expliciete hulpvraag* verwijst naar de duidelijk geformuleerde vraag om bepaalde hulp die op grond van de klachtanalyse totstandkomt.

Een hulpvraag is altijd in de bewoordingen van de cliënt geformuleerd en kan op verschillende manier verwoord zijn. Bijvoorbeeld: in de vorm van een bewering (Ik wil graag geholpen worden bij/met...; Ik heb behoefte aan hulp bij...; Ik wil begrijpen waarom...) of in de vorm van een vraag (Wat is er met mijn dochter aan de hand? Waarom is hij zo lastig? Hoe kan ik hem het beste aanpakken?).

### 5.2.4 **Interpretatie**

Het begrip 'interpretatie' verwijst in de klachtanalyse naar het toekennen van een inhoudelijke en emotionele betekenis aan de klacht van de cliënt of diens omgeving en aan de daarbij aansluitende hulpvraag.

### 5.2.5 **Verhelderende diagnose**

De klachtanalyse leidt tot een verhelderende diagnose: een voor de cliënt overzichtelijke ordening in diens klachten en hulpvragen, die door de cliënt als dekkend wordt ervaren voor de beleefde zorgen en onmacht.

## 5.3 **Voorwaarden**

De klachten worden verhelderd in de context van een persoonsgerichte benadering. In een samenwerkingsrelatie met de cliënt onderzoekt men gezamenlijk de omvang en intensiteit van de klachten. De *professionele voorwaarden* die hierbij cruciaal zijn, betreffen in het bijzonder de attitude van de diagnosticus: een onbevangen, luisterende houding en een inlevend vermogen. De *methodologische voorwaarden* hebben betrekking op een verhelderende gespreksmethodiek, op kennis van vertekeningen in de besluitvorming van deze fase en op de manier waarop deze voorkomen kunnen worden. Alvorens de belangrijkste voorwaarden te bespreken, geven we ze weer in het volgende overzicht.

---

*Professionele voorwaarden:*
- Een onbevangen en luisterende houding hebben in een open dialoog
- Een inlevend vermogen hebben en kunnen meevoelen met de cliënt

*Methodologische voorwaarden:*
- Kunnen hanteren van een verhelderende of reflectieve gespreksmethodiek (met onder andere een controle van betekenis, volledigheid en interne consistentie; zie ook paragraaf 5.4: Werkwijze)
- Kennis hebben van vertekeningen en van de manier waarop deze voorkomen kunnen worden

---

### 5.3.1 **Professionele voorwaarden**

De hieronder vermelde professionele voorwaarden staan ook centraal in de client-centered benadering van Rogers (1961; Dijkhuis, 1964). Het betreft in beide gevallen de attitude van de diagnosticus.

□ *Een onbevangen en luisterende houding.* Klachten weerspiegelen een subjectieve beleving, in dit geval van de cliënt. Bij de analyse van de klachten en hulpvragen is het motto dus als het ware 'de klant is koning'. De cliënt hoeft zijn ervaring van de vastgelopen situatie niet te verantwoorden of te objectiveren. De diagnosticus tracht een zo volledig mogelijk beeld van de (verschillende) klachten en van de bijbehorende beleving op te stellen. Dit vraagt om een open dialoog waarin de cliënt vertrouwen heeft in de diagnosticus. Dit vertrouwen ontstaat als de cliënt ervaart dat de diagnosticus zó luistert dat ook de impliciete en nog niet helemaal doordachte of doorvoelde problematische ervaringen aan bod kunnen komen.

□ *Een inlevend vermogen.* Open en accepterend luisteren in de context van interpersoonlijk contact moet door de cliënt ook als zodanig worden ervaren. De diagnosticus moet zich niet alleen rationeel of uit principe open en luisterend opstellen, maar de cliënt moet ervaren dat de diagnosticus ook de beleving zelf 'begrijpt', in de zin van meevoelt. Dit is ook één van de kenmerken van hermeneutische diagnostiek (Lubbers, 1982; Lubbers & De Vries, 1987; vgl. Schoorl, van den Bergh & Ruijssenaars, 2000, p. 185 e.v.). De hermeneutiek vestigt een bijzondere aandacht op het zo scherp mogelijk verbaal vertolken van de veronderstelde bedoeling van de cliënt (zonder dat de diagnosticus daarin zijn eigen inzichten verwerkt), en op het gebruiken van het begrip van de ander als toets voor het eigen begrijpen.



### 5.3.2 Methodologische voorwaarden

De fase van de klachtanalyse moet uitmonden in expliciet geformuleerde hulpvragen die aansluiten bij de problematiek zoals ervaren door de cliënt. De explicitering van impliciete hulpvragen vereist naast de juiste attitude ook een methodiek die het verhelderen bevordert. Een dergelijke methodiek is 'reflectief met de cliënt als waarheidscriterium'. Uiteindelijk moeten de hulpvragen immers aansluiten bij de ervaring van de cliënt, niet bij die van de diagnosticus.

□ *Verhelderende of reflectieve gespreksmethodiek.* In een verhelderende - of reflectieve - gespreksmethodiek wordt de cliënt gestimuleerd om zijn klachtervaring zo open mogelijk te onderzoeken en deze onder woorden te brengen. De cliënt reflecteert op zichzelf. Ook de diagnosticus reflecteert, maar dan op de uitspraken van de cliënt. Dit betekent concreet dat de diagnosticus regelmatig moet nagaan of de klacht, zoals hij die begrijpt, ook overeenkomt met de beleving van de cliënt. Het begrijpen betreft zowel het vatten van de inhoudelijke betekenis (interpretatie) als het kunnen meevoelen met de ervaring. Eenzelfde reflectieproces moet plaatsvinden ter controle van de aansluiting van hulpvragen bij klachten.

De diagnosticus 'vertaalt' en 'vertolkt', hij wil begrijpen wat de cliënt bedoelt met de klacht(en). Hij zoekt naar de inhoudelijke betekenis en naar de belevingsdimensie die de uitspraken voor de betrokkene hebben. De diagnosticus kan hierbij niet zonder interpretatie. Het gaat echter om de interpretatie van uitspraken tegen een scala van mogelijke bedoelingen van de cliënt, en (nog) niet om een interpretatie door de diagnosticus in het licht van een mogelijke verklaring of een theoretisch uitgangspunt.

Bij het toetsen van interpretaties is in deze stap (in tegenstelling tot de latere stappen van het formuleren en toetsen van verklaringen) de beleving van de cliënt het criterium, niet de mening of kennis van de diagnosticus. Hetzelfde geldt voor de hulpvragen van de cliënt: de diagnosticus expliciteert deze, maar hij categoriseert ze nog niet in typen vraagstellingen. Dat gebeurt pas in de volgende fase: het uitwerken van het diagnostisch scenario (zie hoofdstuk 6). Nu gaat het om een onbevooroordeelde registratie van klachten van hulpvragen in termen van de cliënt.

□ *Kennis van vertekeningen en de manier waarop deze voorkomen kunnen worden.* Uit onderzoek (zie bijvoorbeeld Garb, 1998) blijkt dat de eerste gesprekscontacten met een cliënt bijzonder gevoelig zijn voor een aantal processen die het reflecteren en onbevooroordeeld registreren van klachten en hulpvragen in de weg staan. Deels hebben deze processen te maken met de neiging die alle mensen hebben om hun ervaringen in eigen denkschema's te plaatsen en om situaties spontaan in de context van die denkschema's te evalueren. Als academisch opgeleide hulpverlener is de diagnosticus ook getraind in het toepassen van classificatiesystemen en theoretische modellen. Toch moet hij de toepassing van deze kennis in deze fase van besluitvorming onderdrukken. Het gevaar is anders groot dat de klacht niet als een ervaringsgegeven wordt verhelderd, maar geïnterpreteerd wordt als onderdeel van een stoornis (classificatie) dan wel verklaard wordt vanuit een bepaald theoretisch model.

De diagnosticus moet de literatuur naar de vertekeningen van de eerste indruk of 'klinische blik' kennen en op de hoogte zijn van maatregelen om deze vertekeningen te voorkomen (Turk & Salovey, 1988; Garb, 1998). Uiteraard is de reeds genoemde reflectieve gespreksmethodiek het belangrijkste wapen tegen vertekening. Menselijke communicatie blijkt evenwel zo ingewikkeld te zijn dat ook een reflectieve gespreksmethodiek niet altijd vertekeningen kan voorkomen. De eigen sensitiviteit moet op peil gehouden worden via maatregelen als directe feedback en intervisie. In paragraaf 5.5 gaan we hier verder op in.

## 5.4 Werkwijze

Een klachtanalyse wordt in een interpersoonlijke gesprekscontext uitgevoerd en heeft de flexibele structuur van de menselijke dialoog. De diagnosticus weet waar hij op moet letten en welk soort tussenkomsten in het gesprek nodig zijn. Maar het moment waarop de tussenkomsten plaatsvinden en hoe vaak hierop wordt teruggekomen, worden bepaald door het verloop van het gesprek. Uiteraard is er wel sprake van een globale fasering, bestaande uit de start (5.4.1), het gesprek (5.4.2) en de afronding (5.4.3). We lichten de werkwijze toe aan de hand van deze drie fasen.

### 5.4.1 De start

De diagnosticus introduceert kort de bedoeling van het gesprek. Vervolgens neemt hij nog eens de afspraken uit de aanmeldingsfase door en legt hij kort de bedoeling, het belang en de methodiek van de klachtanalyse uit. Aan de cliënt wordt verteld dat de klachtanalyse als doel heeft de hulpvragen waar de cliënt mee zit, zo goed mogelijk in kaart te brengen aan de hand van de probleemervaring. Het belang wordt toegelicht door aan te geven dat de hulpvragen in belangrijke mate het verdere onderzoek zullen sturen (zoals we in hoofdstuk 6 zullen zien: de diagnostische hulpvragen bepalen het diagnostisch scenario). De methodiek wordt geïntroduceerd door de cliënt mee te delen dat het erom gaat een zo goed mogelijk beeld te krijgen van de probleemervaring van de cliënt zelf en dat de diagnosticus in het gesprek zal trachten de cliënt hierbij behulpzaam te zijn. Indien nodig geeft de diagnosticus voorbeelden van denkbare tussenkomsten die hij zal plegen.

### 5.4.2 Het gesprek

Zoals eerder aangegeven, is het niet mogelijk het gesprek zelf in strikte stappen op te delen. Dit betekent evenwel niet dat er geen opbouw in het gesprek zou zitten. De diagnosticus werkt immers naar de formulering van hulpvragen toe. De kunde is de cliënt tot formulering van een hulpvraag uit te nodigen op het moment dat de cliënt er cognitief en emotioneel aan toe is. Hoewel dit moment niet te voorspellen valt, is de werkwijze van de diagnosticus er wel op gericht naar dit moment toe te werken en de signalen hiervoor op te vangen.

In feite overlapt deze werkwijze grotendeels met die van de ervaringsgerichte benadering in de psychotherapie (zie Eells, 1997). Binnen deze benadering is in de loop van de tijd een arsenaal van technische gesprekstussenkomsten ontwikkeld met de bedoeling het inzicht van de cliënt in de probleemervaring te bevorderen (zie de professionele voorwaarden). Hieronder bespreken we deze globale werkwijze aan de hand van vier gesprekstaken. Omdat de methodiek gericht is op het omzetten van een klachtbeleving in expliciete hulpvragen, heeft elk van deze taken betrekking op zowel klachten als hulpvragen. Deze gesprekstaken zijn:

- het formuleren van klachten en hulpvragen;
- het controleren van de betekenis van de geformuleerde klachten en hulpvragen;
- het controleren van de volledigheid van geformuleerde klachten en hulpvragen;
- het controleren van de interne consistentie van de geformuleerde klachten en hulpvragen.

Deze taken hangen nauw met elkaar samen en kunnen niet geordend worden in een strikte volgorde. In de loop van het gesprek zullen de verschillende taken elkaar afwisselen naargelang de stand van zaken van het gesprek. Om te verduidelijken wat we met elk van deze taken bedoelen, worden ze hieronder apart behandeld. Ten slotte geven we in box 5.1 een uittreksel van een deel van een klachtanalyse.

#### ✔ *Het formuleren van klachten en hulpvragen*

De diagnosticus zal erop toezien dat in eerste instantie de cliënt aan het woord is. Deze wordt uitgenodigd te vertellen *wat* hij als probleem ervaart en *hoe* hij dit ervaart. Pas als dit voldoende geëxploreerd is, kan de stap naar de formulering van de hulpvragen worden gemaakt. Klachten en hulpvragen moeten zo expliciet mogelijk op tafel komen (*explicitering*). Bij elke klacht of door de cliënt geformuleerde hulpvraag dient de diagnosticus zich af te vragen in hoeverre duidelijk is of de inhoud betrekking heeft op algemene dan wel specifieke zaken (*specificiteit*), en of deze zich feitelijk voordoen dan wel door de cliënt ingebeeld of verwacht worden (*feitelijkheid*). In de dialoog is de diagnosticus gericht op het ondersteunen van de cliënt in het zo expliciet mogelijk formuleren en in het controleren van de formulering op specificiteit en feitelijkheid. Voorbeelden van kenmerkende vragen in dit verband zijn:

- U zegt dat u graag geholpen wordt bij de opvoeding van Anneke. Kunt u aangeven wat u precies zou willen? (ondersteuning van *explicitering*)
- U voelt zich machteloos als Jan weer eens het hek van de buren heeft gesloopt. Komt dit gevoel ook in andere situaties voor? (controle op *specificiteit*)
- Als u Anne dan naar haar kamer stuurt, gaat ze dan echt liggen te huilen op haar bed of neemt u aan dat ze dit doet? (controle op *feitelijkheid*)

Ondanks het feit dat de cliënt wordt uitgenodigd te vertellen hoe hij het probleem ervaart, weerspiegelen de uitspraken van de cliënt vaak niet de gevoelens en gedachten die leven op het moment dat het probleem zich voordoet. Het verhaal van de cliënt is een reconstructie van meegemaakte gebeurtenissen. De evaluatie van deze gebeurtenissen heeft een affectieve lading en moet duidelijk onderscheiden worden van de huidige probleemervaring.

Bij de formulering van klachten en hulpvragen geldt dat het om de bewoordingen van de cliënt gaat. De klachten worden zo letterlijk mogelijk overgenomen, zonder theoretische interpretatie door de diagnosticus. Pas in de fase van de probleemanalyse (zie hoofdstuk 7) legt de diagnosticus een relatie tussen het klachtgedrag en zijn professionele kennis. Ook de hulpvragen worden alleen geregistreerd en nog niet gerubriceerd in typen hulpvragen. Dat gebeurt in de volgende fase: het uitwerken van het diagnostisch scenario (zie hoofdstuk 6).

In box 5.1 geven we een voorbeeld van de vertaling van een klacht in een hulpvraag.

**Box 5.1** **Een voorbeeld van de vertaling van een klacht in een hulpvraag.**

Een moeder vertelt dat ze erg boos was toen de leerkracht vertelde dat deze niet wist hoe hij met het rare gedrag van haar kind moest omgaan. Om te begrijpen wat de moeder bedoelt, moet haar eerst worden gevraagd welk concreet gedrag de leerkracht met 'raar' aanduidt, of de moeder dit feitelijke gedrag ook bij haar kind ziet en – indien ja – hoe zij zelf dit gedrag van haar dochter ervaart. Op deze wijze wordt de beleving van hoe een ander met het probleem omgaat, onderscheiden van hoe de cliënt het zelf ervaart. Vervolgens wordt nagegaan welke hulpvragen hierbij aansluiten. Het resultaat van deze analyse kan er als volgt uitzien:

*Klacht:* Ik schrik zelf steeds als Mientje die kuch- en gromgeluiden maakt. Ik weet dat het lichamelijk geen kwaad kan, maar ik kan het niet aanhoren.

*Hulpvraag:* Ik zou graag geholpen worden om minder verschrikt te reageren en mij niet van Mientje af te wenden.

*Klacht:* Ik word boos als de leerkracht zegt dat hij de geluiden van Mientje raar vindt en niet weet hoe hij daarmee om moet gaan.

*Hulpvraag:* Ik zou graag hebben dat de leerkracht mijn boosheid snapt en dat ik leer te accepteren dat de geluiden van Mientje ook voor anderen vreemd zijn en niet makkelijk om mee om te gaan.

### ✔ *Het controleren van de betekenis van de geformuleerde klachten en hulpvragen*

We hebben aangegeven wat in deze fase het belang is van het verzamelen van de klachten en van het nagaan van de beleving daarvan door de cliënt. De diagnosticus controleert daarbij als het ware de betekenis van de uitspraken voor de cliënt door zijn interpretatie duidelijk te vertolken. De vertolking van de interpretatie heeft betrekking op zowel de inhoudelijke als de emotionele betekenis.

De diagnosticus kan zijn interpretatie hetzij op een directe, hetzij op een indirecte manier weergeven. Bij de directe werkwijze legt de diagnosticus de interpretatie aan de cliënt voor en vraagt hij naar de juistheid ervan. Bijvoorbeeld: 'Ik begrijp dat u in die situatie heel verdrietig was. Klopt dat?' Bij de indirecte werkwijze controleert de diagnosticus de juistheid van de interpretatie via het helder krijgen van de situatie. Bijvoorbeeld: 'Wat u zegt, is dat u zich in dit soort situaties (andere dan de reeds genoemde) zo zou voelen?' Deze controle kan aanvankelijk indirect gebeuren, waarna de afronding direct van aard is.

### ✔ *Het controleren van de volledigheid van de geformuleerde klachten en hulpvragen, met ook aandacht voor positieve belevingen*

De diagnosticus probeert een zo volledig mogelijk zicht te krijgen op de klachten van de cliënt. Het is niet gewenst later te moeten vaststellen dat door een onvolledige exploratie belangrijke informatie buiten beeld is gebleven. Het is de taak van de diagnosticus deze volledigheid na te streven. Het duidelijk samenvatten en vragen naar herkenning is één middel. Een ander middel is het vragen naar andere situaties en belevingen. De cliënt wordt daarbij ook verzocht voorbeelden te geven van momenten waarop de klachten zich niet voordoen of niet als problematisch worden beleefd.

Klachten worden tijdelijk centraal gesteld en krijgen daarmee het karakter van een uitvergroting. Het ligt daarbij voor de hand dat vooral negatieve belevingen aandacht krijgen. Op twee manieren zijn echter ook de *positieve belevingen* waardevol:

- als positieve belevingen binnen het domein waarop de klacht betrekking heeft:
  - 'Ik vind hem vaak heel brutaal, maar soms ook heel attent.'
  - 'Soms maak ik me helemaal geen zorgen over zijn toekomst.'
- als positieve belevingen uit andere domeinen:
  - 'Ik voel me in ons gezin erg gewaardeerd en kan vooral goed met mijn oudste broer opschieten.' (bij een klacht over een slechte relatie met een leerkracht)
  - 'Ik ben blij dat hij veel hobby's heeft.' (bij een klacht over een kind met angst om in een groep te zijn)

Voorbeelden van vragen door de diagnosticus die dit type informatie oproepen, zijn:

- 'Ervaart u dit altijd als een probleem?'
- 'Is dit voor u een voortdurende bron van zorg?'
- 'Zijn er momenten waarop wat u nu beschrijft helemaal niet speelt?'
- 'Over wat voor soort gebeurtenissen maakt u zich helemaal geen zorgen?'
- 'Wat ervaart u als positief van uw kind?'

Het is overigens denkbaar dat volledigheid op een later moment in de diagnostische cyclus slechts relatief blijkt te zijn. Een bewuste terugkoppeling naar deze fase is dan belangrijk en past binnen het cyclische karakter van het diagnostisch proces.

✔ *Het controleren van de consistentie van de geformuleerde klachten en hulpvragen*

De diagnosticus verheldert ervaringen en gevoelens. Cliënt en diagnosticus brengen daarin samen een ordening aan. Het is de bedoeling dat de uitspraken van de cliënt elkaar niet tegenspreken en dat ze onderling samenhangen. Het is echter goed denkbaar dat uitspraken binnen een probleemsituatie soms tegenstrijdig lijken. In één adem kan worden beweerd dat het vervelend is dat een kind 'nooit eens gezellig meedoet met activiteiten in het gezin', én dat hij 'niets liever doet dan samen met zijn vader te gaan vissen'. Het is belangrijk dat de diagnosticus voortdurend voor zichzelf nagaat in hoeverre uitspraken elkaar bevestigen of tegenspreken, zonder in het laatste geval de cliënt daarmee negatief te confronteren. In een dialoog waarin getracht wordt de cliënt een basis van openheid en vertrouwen te bieden, is de uitspraak 'Ik begrijp dat u het vervelend vindt dat hij nooit gezellig meedoet, en ben benieuwd wat u ervan vindt als hij dat bijvoorbeeld bij het vissen wel doet' van een andere orde dan: 'Maar hier spreekt u zichzelf toch duidelijk tegen?'.

**Box 5.2** **Een uittreksel van een klachtanalyse uit de casus Lex (D = Diagnosticus; C = *Cliënt*). Tussen haakjes staat onderstreept aangegeven om welk aspect van de klachtanalyse het gaat (vgl. box 5.3).**

D: Vorige week spraken we elkaar over de aanmelding van Lex. We zijn toen tot de conclusie gekomen dat de aanmelding hier op de goede plek is. In het verslag van de aanmelding staan de afspraken die we toen maakten: heb ik die goed weergegeven? (Bevestigen van de afspraken uit de aanmeldingsfase)

C: *Ja ja, het klopt allemaal, er staat in wat we afspraken.*

D: Fijn. Wij zijn nu bij elkaar om samen te bepalen 'hoe verder: welke stappen gaan we ondernemen?'. Daarbij is het voor mij belangrijk om te weten welke problemen u beleeft en welke vragen u heeft. Die problemen noemen wij 'klachten' en die vragen noemen we 'hulpvragen'. In dit gesprek wil ik daar een goed zicht op krijgen, want klachten zijn om te zetten in hulpvragen. En uw hulpvragen zijn belangrijk, want ze bepalen het verdere diagnostisch traject. Aangezien wij onze diagnostiek goed willen aansluiten bij de beleving en vragen van onze cliënten, nemen we daar nu de tijd voor. Dit gesprek zal ongeveer 30 tot 45 minuten duren. Heb ik het doel van dit gesprek duidelijk uitgelegd? (Toelichting bij het doel en het belang van de klachtanalyse)

C: *Het gaat dus, zeg maar, om mijn verhaal, om wat ik vind en om wat ik zou willen?*

D: Ja, inderdaad, daar gaat het om. In dit gesprek bent vooral u aan het woord.

C: *Goed, dat is dan duidelijk. Dat zal wel lukken (lacht).*

D: Mooi. Vertel eens...

C: *Nou, ik maak me erge zorgen over mijn Lex van 6 jaar. Dat doe ik eigenlijk al lang, maar nu maakt de leerkracht zich ook zorgen over hem.*

D: Zowel u als de leerkracht maken zich zorgen over Lex. U maakt zich al langer zorgen, de leerkracht sinds kort. (Controle van de emotionele betekenis)

C: *Inderdaad.*

D: Waarover maakt u zich zorgen, om welk gedrag van Lex gaat het? (Uitnodiging tot het formuleren van de klacht)

C: *Hij is zo druk en wild, hij luistert zo slecht, alles is altijd een heel gedoe met hem. Als ik gewoon vraag: 'Lex, kleed je je even aan?', dan is het meteen: 'Nee, dat doe ik niet.' En hij doet soms van die vervelende dingen, terwijl het echt geen kwaaie is. Gisteren duwde hij zijn kleine zusje bijvoorbeeld van de glijbaan af. Er is altijd wel wat, ik ben bang dat hij straks geen vriendjes meer heeft, nergens meer mag spelen of dat hij van school af moet.*

D: Dus er zijn zorgen over zijn drukke wilde gedrag en het slechte luisteren? (Controleren van de inhoudelijke betekenis)

C: *Ja.*

D: En dat gedrag was eerst alleen maar thuis, maar is nu ook op school. (Controle op specificiteit)

C: *Ja, dat is zo, maar eigenlijk maak ik me ook zorgen over dat andere, de toekomst zeg maar.*

D: En u bent ook bang, als ik het goed begrijp, dat hij door zijn gedrag straks niet meer bij anderen of op school mag komen? (Controleren van de emotionele betekenis)

C: *Ja, ik denk soms wel eens dat er iets met hem aan de hand is, dat hij niet helemaal normaal is of zo. Ik zou wel willen weten of het nodig is dat ik me zorgen maak, of dat het niet zo erg is, dat ik me geen zorgen hoef te maken, zoals mijn man, die maakt zich geen zorgen, die zegt: 'Ik was vroeger ook zo, het gaat wel weer over als hij ouder is.'*

D: U maakt zich wel zorgen over Lex en uw man niet. U zou willen weten of die zorgen van u terecht zijn, of er iets is met Lex? (Controleren van de betekenis)

C: *Ja, en hoe het komt dat hij zo is. Want we moeten er toch iets aan doen en niet gewoon maar zitten af te wachten tot hij eroverheen groeit? Misschien wordt het alleen maar erger, toch?*

D: Het gaat erom dat u zich zorgen maakt over het gedrag van uw zoon. Ik begrijp die zorg, en u wilt er iets aan doen, het aanpakken, ook dat begrijp ik goed. (Inlevingsvermogen; open en accepterend luisteren) Dat zijn klachten en hulpvragen die u duidelijk kunt verwoorden.

C: *Fijn. Ja, ik kan er wel mooi over praten, maar dat lost niets op hè?*

D: Nee, dat is zo. Dus u wilt weten wat er aan de hand is, hoe het komt en of u zelf iets kunt ondernemen. Heb ik dat goed begrepen? (Controleren van de betekenis van de hulpvraag)

C: *Ja, zo zit het.*

D: Goed. Dan ga ik nu even samenvatten voor mezelf. U heeft de volgende problemen van Lex genoemd: druk, wild, slecht luisteren (bij het aankleden en eten bijvoorbeeld) en vervelende dingen doen (bijvoorbeeld zijn zusje van de glijbaan duwen). Zijn er nog meer gedragingen van Lex die u negatief beleeft? (Controle op volledigheid; uitnodiging tot het formuleren van meer mogelijke klachten)

C: *Jazeker, dat hij zoveel ruzie heeft met vriendjes en zijn zusje. Hij wil altijd de baas spelen, zolang hij dat kan, gaat het goed, maar o wee als ze niet doen wat hij wil. Dan is het foute boel.*

D: Wat doet hij dan precies? Wat voor gedrag ziet u dan? (Verzoek om explicitering van de klacht en controle op feitelijkheid)

C: *Dan gaat hij schreeuwen ('Geef hier!') en slaan, dan wordt hij woest. En dan moet ik er weer bijkomen om het op te lossen.*

D: Lex kan dus niet zo goed omgaan met andere kinderen?

C: *Ja, dat zou je wel kunnen zeggen.*

D: Dat drukke wilde gedrag, niet luisteren en ruzie maken met andere kinderen, dat komt thuis voor. Komt dat gedrag ook op school voor? (Controle op specificiteit en op volledigheid in andere situaties)

C: *Ja, helaas wel.*

D: Zijn er situaties thuis of op school waar het niet voorkomt? (Controleren van volledigheid; aandacht voor positieve situaties)

C: *Als hij thuis zijn eigen gang mag gaan, als niets hoeft. Hij kan heel lief en lang alleen spelen met zijn boerderijdieren, dat gaat prima. Dan heb ik even rust.*

D: Het is fijn dat hij dat kan, fijn voor hem en fijn voor u. (Empathie) Zijn er nog meer van die positieve situaties of positief gedrag van Lex? (Vraag naar positief gedrag buiten domein)

C: *Nee, eigenlijk niet, helaas niet nee. ... Jammer hè? (moeder wordt verdrietig, krijgt tranen in haar ogen).*

D: Ja, dat is verdrietig dat u zo weinig positieve momenten met Lex ervaart. (Empathie)

C: *Ja. En soms word ik boos op hem. Als hij weer eens niet luistert aan tafel en niets eet, dan word ik heel boos, dan kan ik het er gewoon niet bij hebben, en dan schreeuw ik tegen hem en dan pak ik hem zo hardhandig bij zijn armpje en dan duw ik hem de gang in.*

D: Dan bent u boos op Lex vanwege het niet luisteren aan tafel? (Controleren van de betekenis)

C: *(Knikt)*

D: Komt die boosheid ook in andere situaties voor? (Controle op specificiteit van het gevoel van boosheid, op volledigheid)

C: *Nee, het is vooral het niet luisteren aan tafel waar ik boos over word.*

D: Vindt u het vervelend om boos te worden op Lex?

C: *Ja, natuurlijk, heel erg vervelend. Tijdens de week is dat het enige moment dat we als gezin samen zijn. En Lex schrikt dan en kijkt me zo aan van... Dan voel ik mij weer schuldig en denk ik, misschien kan hij er wel helemaal niets aan doen. Misschien voed ik hem wel helemaal verkeerd op. Maar zijn zusje is niet zo lastig, en die voed ik toch ook op. Als ik het niet goed doe, dan zou zij toch ook zo'n probleemgeval moeten zijn?*

D: Ja, dat zou je wel denken. U wilt weten wat u wel en niet van Lex kunt verwachten en of u hem goed opvoedt?

C: *Ja, misschien moeten zijn ouders wel veranderen, doen wij het gewoon verkeerd, dan is er niets met Lex aan de hand. Zou dat kunnen?*

D: Het gaat vaak samen, het gedrag van het kind en dat van de ouders. Jullie reageren op elkaar en beïnvloeden elkaar. Zo te horen is Lex ook geen makkelijk kind om op te voeden, dat is best moeilijk voor ouders en dan twijfel je als moeder al snel, terwijl je waarschijnlijk in de opvoeding veel wel goed doet. (Inlevingsvermogen; open en accepterend luisteren)

C: *Nou, ik hoop het!*

D: Ik begrijp dat u niet alleen wilt weten wat er met Lex aan de hand is, maar ook of u hem misschien anders zou kunnen opvoeden? (Controleren van de betekenis van de hulpvraag)

C: *Ja, allebei, want het hangt samen, denk ik.*

D: Goed. Als we nog even teruggaan naar het probleemgedrag van Lex, dan hebben we: druk, wild, slecht luisteren, vervelende dingen doen en veel ruzie hebben met vriendjes en zijn zusje. Dat noemen we de klachten. Klopt dat, herkent u dat, heb ik dat goed samengevat? (Controle van de betekenis)

C: *Ja, dat is het helemaal.*

D: En hij kan goed alleen spelen thuis, dat is positief gedrag.

C: *Mm mm (knikt).*

D: Zijn er nog meer gedragingen van Lex die u vervelend vindt? (Controle op volledigheid; uitnodiging tot het formuleren van meer mogelijke klachten)

C: *Nee, wij hebben het daarmee eigenlijk wel gezegd, denk ik.*

D: Goed. Als hulpvragen hebben we daar dan bij: is er iets met Lex aan de hand, en moeten we hem anders opvoeden?

C: *Dat zou ik willen weten. Ja, dat zijn mijn vragen.*

D: Die zijn duidelijk. Uw klachten en hulpvragen passen goed bij elkaar. (Controle van de consistentie tussen klachten en hulpvragen) Het betekent waarschijnlijk dat we in het diagnostisch traject niet alleen Lex gaan onderzoeken, maar ook gaan kijken hoe uw opvoedingsgedrag is. Want zoals ik al eerder zei, kind en ouders kunnen elkaar beïnvloeden. Gaat u daarmee akkoord?

*C: Ja, ik vind het wel eng, maar het moet maar.*
D: ...
*C: ...*
Enzovoort.

In box 5.3 wordt een beknopt verslag van dit gesprek weergegeven.

### 5.4.3 De afronding

Na de formulering van de klachten en hulpvragen van de cliënt wordt het gesprek afgerond met een ordening van de klachten en het vastleggen van de geordende klachten en naar belangrijkheid gerelateerde hulpvragen: de verhelderende diagnose.

✔ *Ordening van klachten en hulpvragen naar belangrijkheid*

Het is niet uitgesloten dat de diagnosticus slechts met één klacht en één daarbij aansluitende hulpvraag te maken heeft. In de klinische praktijk is er echter meestal sprake van een combinatie van meerdere klachten en daarbij aansluitende hulpvragen (zie ook box 5.3), bijvoorbeeld schematisch weer te geven als:

- Klachten 1 en 2 en 3 → Hulpvraag 1
- Klacht → Hulpvragen 1 en 2

In zulke gevallen is het zaak om de klachten en hulpvragen te ordenen naar hun belang voor de cliënt. Dit verhoogt niet alleen het inzicht van de cliënt in de eigen probleemervaring, het levert ook belangrijke informatie bij de keuze welke klacht en welke hulpvraag in het vervolgonderzoek het eerst aan bod moeten komen. Omdat hulpvragen aansluiten bij klachten, leidt een ordening van klachten (met welke klacht zit de cliënt het meest?) logischerwijs tot een ordening van hulpvragen. In de praktijk blijkt evenwel dat ook de ordening van hulpvragen zeer goed werkt. Deze ordening kan weer op verschillende manieren gebeuren. Een techniek die vaak voldoet, is de cliënt te vragen welke klacht of hulpvraag hij zou kiezen als aan maar één klacht of hulpvraag aandacht besteed zou kunnen worden.

✔ *Schriftelijk vastleggen van de geordende klachten en gerelateerde hulpvragen*

De klachtanalyse wordt afgerond met een schriftelijk verslag van de geordende klachten en hulpvragen. De cliënt wordt uitgenodigd nog eens rustig over de uitkomsten van de analyse na te denken en waar nodig veranderingen in het verslag aan te brengen. Aan de hand van dit (bijgestelde) verslag zal in gezamenlijk overleg het vervolgtraject worden afgesproken. In box 5.3 geven we een voorbeeld van zo'n verslag.



**Box 5.3** **Beknopt verslag van de geordende klachten en bijbehorende hulpvragen (de verhelderende diagnose) uit de casus Lex (zie box 5.2).**

Moeder maakt zich zorgen over haar zoon Lex van 6 jaar. Zij doet dit al langer, maar nu de leerkracht onlangs ook zijn zorg uitsprak over het gedrag van Lex op school, zijn de zorgen van moeder toegenomen. Voor vader lijkt dit minder het geval te zijn. De klachten die moeder beleeft, zijn de volgende:

1. Lex is druk en wild.
2. Hij luistert slecht (bijvoorbeeld bij het aankleden en eten).
3. Hij doet soms vervelende dingen (bijvoorbeeld: zijn zusje van glijbaan duwen).
4. Hij heeft veel ruzie met vriendjes en zijn zusje, omdat hij altijd de baas wil spelen.

Dit gedrag (1, 2, 3 en 4) komt zowel thuis als op school voor, maar niet in situaties waarin hij zijn eigen gang mag gaan. Hij kan bijvoorbeeld goed alleen spelen met zijn boerderijdieren.

Moeder is bang dat hij door zijn gedrag niet meer met andere kinderen mag spelen of niet op zijn school kan blijven. Naast zorgen ervaart moeder ook boosheid naar Lex, vooral als hij aan tafel niet luistert. Zij straft hem dan door hem in de gang te zetten, maar voelt zich daarna schuldig. De emoties die moeder beleeft, zijn: zorgen, angst, boosheid en schuld.

Uit het voorgaande zijn – in overleg met moeder – de volgende hulpvragen gedistilleerd, in volgorde van belangrijkheid:

Hulpvraag 1: Ik zou willen weten of mijn zorgen en angst terecht zijn: is er iets met Lex aan de hand (klachten 1, 2, 3, 4)? Zo ja, wat is er aan de hand met hem en hoe komt het?

Hulpvraag 2: Ik wil weten wat ik wel en niet van Lex kan verwachten, zodat ik niet ten onrechte boos wordt en me daarna schuldig voel.

Hulpvraag 3: Ik wil ook weten of wij als ouders Lex goed opvoeden en of we zelf iets kunnen ondernemen, zodat het beter met hem gaat.

De hulpvragen vormen het eindpunt van de klachtanalyse. Ze vormen eveneens het startpunt van de volgende fase: het uitwerken van het diagnostisch scenario (zie hoofdstuk 6). Het type (diagnostische) hulpvraag bepaalt het type vraagstelling en dit bepaalt weer welke stappen gezet zullen worden om de hulpvraag van de cliënt te beantwoorden. Zo ontstaat een diagnostisch stappenplan dat aansluit bij de klachten en hulpvragen van de cliënt. De omzetting van hulpvraag naar stappenplan (scenario) beschrijven we in hoofdstuk 6.

## 5.5 Aandachtspunten

In het voorgaande is een aantal aandachtspunten impliciet al aan de orde geweest. We vatten ze hier samen en geven enkele aanvullingen.

*Informeer de cliënt zeer duidelijk over de te nemen stappen.* Net als in alle andere fasen van het diagnostisch proces moet de cliënt weten wat de opzet van een bepaalde stap is en wat er nog moet komen. Licht de plaats toe van de klachtanalyse ten opzichte van de voorgaande en volgende stap. Geef aan wat de relatie is met de voorgaande stap van de aanmelding. Vat de afspraken uit de aanmeldingsfase daarbij kort samen. Ga na of dit klopt en vraag de cliënt om een reactie op het verslag uit de aanmeldingsfase. Leg vervolgens uit wat de bedoeling van de klachtanalyse is: de klachtanalyse heeft als doel de vragen om hulp van de cliënt zo goed mogelijk in kaart te brengen. Dit gebeurt aan de hand van het verhaal van de cliënt: zijn probleemervaring. Het is voor de diagnosticus belangrijk om te weten wat de cliënt dwars zit. Later, in de fase van de probleemanalyse, zal de diagnosticus aandacht schenken aan concrete voorbeelden en situaties. Hij zal daarbij nagaan in hoeverre er op grond van empirische of theoretische gronden sprake is van een voor de cliënt of diens omgeving ongunstige situatie en wat het te objectiveren probleem is. Vertel ook dat de hulpvragen het verdere onderzoek zullen sturen. Geef hierbij aan dat ze het startpunt van de volgende stap zijn: het bepalen van het diagnostisch scenario (in dagelijks taalgebruik: het stappenplan).

*Maak in steekwoorden aantekeningen van uitspraken door de cliënt.* Laat de cliënt aan het woord, want het gaat om zijn verhaal. Ons geheugen is echter beperkt in omvang en tijd. De hoeveelheid details uit een gesprek dat voor de cliënt nog niet volgens een duidelijke structuur kan verlopen, gaat de menselijke opslagcapaciteit te boven. Natuurlijk kunt u uitspraken 'groeperen' in een kader, waardoor u meer kunt onthouden. Het gevaar is echter dat u onbewust bepaalde kaders bevoordeelt en andere over het hoofd ziet. Leg dus uit aan de cliënt dat u uw beperkingen heeft en af en toe een notitie zult maken. Die notities zijn niet geheim, maar 'leesbaar' voor de cliënt. Laat de cliënt daarom niet tegen een lege achterkant van een schrijfblok aankijken, maar laat zien wat u doet. Natuurlijk kan de cliënt zelf ook aantekeningen maken met materiaal dat u hem geeft. Maak eventueel een geluidsopname en geef een kopie daarvan aan de cliënt.

*Wees voortdurend bedacht op het onderscheid tussen gedrag en beleving.* In de klachtanalyse staat de beleving van de cliënt centraal. Vraag dus uitdrukkelijk wat de cliënt denkt, voelt, vindt, als zorgelijk beleeft, of ervaart. Bijvoorbeeld:

C: Als ik wakker word, denk ik al meteen aan de momenten dat ik per se naar school moet.

D: Wat vind je daarvan?
C: Niet normaal, ik ben al bang om mijn bed uit te komen.
D: Je vindt het niet normaal dat je zo wakker wordt?
C: Ik vind het abnormaal dat ik niet naar school durf, dat ik zo gespannen ben.
D: Je durft niet naar school en voelt dat elke dag opnieuw als een grote druk?
C: Het wordt steeds erger, en dat maakt me nog angstiger, want ik weet niet waar het ophoudt.
D: Je bedoelt dat je niet naar school durft, maar dat je je daarbij nog extra zorgen maakt omdat je vindt dat je angst sterker wordt?

Bij elke klacht of door de cliënt geformuleerde hulpvraag dient de diagnosticus zich af te vragen:

- of het duidelijk is of de inhoud betrekking heeft op algemene dan wel specifieke zaken (*specificiteit*);
- of deze zaken zich feitelijk voordoen dan wel door de cliënt ingebeeld of verwacht worden (*feitelijkheid*).

*Controleer na 'vertaling' de instemming van de cliënt in een open dialoog.* Het herformuleren van datgene wat de cliënt zegt, is een belangrijk middel om na te gaan of u hebt begrepen wat de client bedoelde. Het begrijpen betreft zowel het vatten van de inhoudelijke betekenis (*interpretatie*) als het kunnen meevoelen met de ervaring (*empathie*). Het vraagt om een voortdurende toetsing aan de bedoeling van de cliënt. Beschouw de cliënt niet als een leverancier van antwoorden waarvan alleen u de betekenis doorziet. Zie de cliënt als een verantwoordelijke medemens (*persoonsgerichte benadering*). Vertolk zo duidelijk mogelijk wat u begrijpt als de bedoeling van de uitspraken. Wijs geen gevoelens af door ze te negeren of door suggestieve vragen te stellen ('U bedoelt toch zeker niet dat u niet meer om uw zoon geeft?'). Vraag, om te voorkomen dat de cliënt ervan uitgaat dat u het zeker wel beter zult weten, regelmatig of uw vertolking en interpretatie kloppen met diens bedoeling.

*Controleer de klachten en hulpvragen (zie uw aantekeningen) op volledigheid.* Geef af en toe een kort overzicht van de punten die al besproken zijn. Streef daarbij volledigheid na. Het duidelijk samenvatten en vragen naar herkenning is één middel. Een ander middel is het vragen naar andere situaties en belevingen. De cliënt wordt daarbij ook verzocht voorbeelden te beschrijven van:

- wanneer (momenten en situaties) de klachten zich niet voordoen;
- wanneer de klachten zich wel voordoen, maar niet als problematisch worden beleefd.

Aarzel niet om een volgend gesprek te plannen als één sessie onvoldoende blijkt.

*Controleer de lijst met klachten en hulpvragen meermaals op interne consistentie.* Ook het voeren van een dialoog over de belevingen en gevoelens van de cliënt vraagt van de diagnosticus een voortdurende reflectie op de consistentie in uitspraken. Is er samenhang of zijn er tegenstrijdigheden? De consistentie kan betrekking hebben op de volgende relaties:

- tussen verschillende klachten;
- tussen een klacht en een bijbehorende hulpvraag;
- tussen verschillende hulpvragen (expliciete en impliciete hulpvragen bijvoorbeeld).

Houd uitspraken letterlijk voor ogen door af en toe terug te grijpen naar uw aantekeningen in steekwoorden, en gun uzelf de rust om even na te denken. Wijs op de samenhang tussen uitspraken en gebruik die bij het samenvatten van uw interpretatie van de gevoelens van de cliënt. Indien u tegenstrijdigheden bespeurt, presenteer die dan niet als een confrontatie, maar verwoord dat u een bepaalde negatieve beleving beluistert die op andere momenten niet optreedt en vraag of de cliënt dat ook herkent.

*Pas op voor voortijdige theoretische interpretaties.* U zult vragen moeten stellen en u kunt niet alleen maar vertolken wat de cliënt al gezegd heeft. U kiest uw vragen daarbij vanzelfsprekend niet op basis van toeval, maar u zult zeker vanuit ervaringen en theoretische of empirische kennis vertrekken. Wees echter bewust van de valkuil om bepaalde vragen niet of juist wel te stellen, wanneer u vanuit een vast kader redeneert. De cliënt heeft daar voor de beleving van de klachten in deze fase geen boodschap aan. Het doet op dat moment bijvoorbeeld niet terzake of u denkt aan een probleem in de informatieverwerking, aan een lage intelligentie of aan motivatieproblemen. Voel u als het ware meer 'registrerend journalist' dan 'vertegenwoordiger van een theorie'.

*Rubriceer de hulpvragen van de cliënt nog niet in typen vraagstellingen.* Probeer de hulpvragen zo letterlijk mogelijk over te nemen van wat de cliënt zegt. Ga daarbij nog niet uit van uw kennis over typen vraagstellingen. Net zoals u de klachten van de cliënt in de klachtanalyse niet vanuit een theoretisch kader interpreteert, dient u ook de hulpvragen nog niet te rubriceren, om te voorkomen dat u de typen hulpvragen voortijdig inperkt tot uw indeling. Rubricering vindt pas plaats in de volgende fase: het uitwerken van het diagnostisch scenario (hoofdstuk 6).

*Kies geen partij.* Het hanteren van een begrijpende en accepterende houding naar de cliënt is niet hetzelfde als partij kiezen voor de cliënt. Partij kiezen verhindert de kans op het doorbreken van een probleemsituatie. Als diagnosticus dient u afstand te nemen en toch tegelijk duidelijk te maken dat u samen aan een onderneming werkt. U bent met de cliënt gezamenlijk verantwoordelijk voor het diagnostisch traject.

*Let op het cyclische karakter van het proces.* Het praten over en ordenen van klachten en hulpvragen is voor de meeste cliënten geen dagelijkse bezigheid. Veel dingen schieten pas weer bij thuiskomst of nog later te binnen. Wijs de cliënt daarop en vraag hem nieuwe gedachten meteen vast te leggen of uit te spreken. Kom daarom op latere momenten in de diagnostische cyclus nog eens terug op datgene wat in deze fase uiteindelijk als klacht of hulpvraag is verwoord.

*Laat uw aantekeningen uit deze stap niet liggen tot aan de uiteindelijke verslaggeving.* Maak een verslag van het eindproduct van de klachtanalyse: een werklijst met de geordende klachten en hulpvragen. Het is belangrijk om de formulering die u tegen de cliënt heeft gebruikt, zo getrouw mogelijk weer te geven, zodat met het verstrijken van de tijd geen relevante informatie vervaagt of interpretaties veranderen.

Zorg ervoor dat uw verslag klaar is voor de volgende afspraak. Dit verslag is immers het vertrekpunt voor het overleg over het diagnostisch scenario. Vraag de cliënt naar reacties op het verslag van de klachtanalyse: zijn de klachten en hulpvragen juist weergegeven en goed geordend? Zo niet, dan kunt u in overleg het verslag zodanig bijstellen dat de klachten en hulpvragen correct zijn weergegeven. Het kan ook blijken dat de klachtanalyse nog niet voldoende duidelijk of volledig is. U herhaalt dan – passend bij het cyclische aspect – bepaalde stappen uit deze fase. Zo ja, dan kunt u nu in gezamenlijk overleg het diagnostisch traject gaan bepalen (zie hoofdstuk 6).

*Wees bedacht op oordeelsfouten en -vertekeningen die in de fase van de klachtanalyse kunnen optreden.* In de klinische oordeelsvorming komen bepaalde fouten en systematische vertekeningen frequent voor (Vermande, 1995, p. 2-4; Ruijssenaars, 1999, p. 99). We gaan daar in hoofdstuk 8 (zie box 8.5) uitgebreider op in. In de klachtanalyse is de diagnosticus vooral kwetsbaar voor valkuilen als gevolg van de 'eerste indruk'. We noemen hier vijf valkuilen die in de klachtanalyse kunnen optreden, waarbij de eerste drie gerelateerd zijn aan deze 'eerste indruk':

1. Het vasthouden aan de juistheid van de eigen mening, ondanks informatie die dit ontkracht of zelfs tegenspreekt. 'Overinterpretatie' vindt plaats wanneer strijdige informatie toch wordt gebruikt als een positieve bevestiging (in plaats van daarmee nieuwe veronderstellingen te formuleren).
2. Het bevoordelen van informatie die het eerst wordt verkregen.
3. Het uitsluitend zoeken naar informatie die consistent is met een opgestelde interpretatie. Men bevestigt daarmee immers alleen de eigen opvatting.
4. Het verzamelen van meer – en vaak redundante – gegevens dan nodig is voor een goede klachtanalyse.
5. Het toepassen van kennis uit classificatiesystemen en theoretische modellen, waardoor de klacht niet meer een ervaringsgegeven van de cliënt is, maar een onderdeel wordt van een classificatie of theorie van de diagnosticus.

Hoe kan men deze valkuilen tegengaan? In de eerste plaats is het – in het algemeen – belangrijk dat de diagnosticus zich bewust is van deze mogelijke foutenbronnen en aan de hand daarvan reflecteert op zijn eigen handelen in de klachtanalyse: de reflectieve gespreksmethodiek. Regelmatig vraagt de diagnosticus de cliënt om directe feedback, waarmee hij zijn oordeelsvorming voortdurend controleert. Het is ook mogelijk een audio- of videoband van een gesprek te maken met als doel de klachtanalyse te bespreken in intervisie of supervisie.

Ter afsluiting geven we in box 5.4 per stap van de klachtanalyse telkens aan welke van de vijf bovenstaande specifieke valkuilen vooral – het is dus geen uitsluitende indeling – kunnen optreden en welke bescherming daartegen mogelijk is.

**Box 5.4** **Mogelijke valkuilen en bescherming daartegen in de fase van de klachtanalyse. De gebruikte nummering (1-5) verwijst naar de vijf eerder genoemde valkuilen.**

| *Stappen werkwijze* | *Mogelijke valkuilen (zie nummering)* | *Mogelijke bescherming* |
|---|---|---|
| De start van het gesprek | 1, 2 en 3 | Wees u – bij aanvang van het gesprek – bewust van uw 'eerste indruk' en eigen mening. Formuleer expliciet waaraan u denkt en waarom u daaraan denkt. Ga vervolgens in de volgende stappen na welke informatie hiervóór en welke hiertégen pleit. Formuleer alternatieve veronderstellingen naar aanleiding van informatie die strijdig is met uw eerste indruk. Deze kunnen in de fase van de verklaringsanalyse worden getoetst. Noteer deze informatie in uw werkaantekeningen, maar verwoord ze nog niet naar de cliënt toe. |
| Formuleren van klachten en hulpvragen | 4 | Blijf dicht bij de ervaring en beleving van de cliënt, voeg zelf geen informatie of termen toe. Gebruik bij de formulering letterlijke uitspraken van de cliënt. Verzamel niet meer informatie dan nodig is voor een goede klachtanalyse. |

| *Stappen werkwijze* | *Mogelijke valkuilen (zie nummering)* | *Mogelijke bescherming* |
|---|---|---|
| Controleren van de betekenis van geformuleerde klachten en hulpvragen | 5 | Blijf dicht bij de terminologie van de cliënt, neem deze letterlijk over en hanteer geen termen die ontleend zijn aan een classificatiesysteem of theorie. |
| Controleren van volledigheid van geformuleerde klachten en hulpvragen | 4 | Vraag naar de volledigheid, maar voeg zelf geen klachten toe. Stel geen suggestieve vragen naar klachten die de cliënt niet spontaan genoemd heeft (maar waarvan u veronderstelt dat die er wel zullen zijn). |
| Controleren van interne consistentie van geformuleerde klachten en hulpvragen | 1, 2, 3 en 5 | Verricht deze controle vanuit de informatie van de cliënt en niet vanuit uw eerste indruk, uw eigen mening of een a priori theoretisch kader. Bij het formuleren en toetsen van diagnostische verklaringen krijgt u de gelegenheid om uw eerste indruk en mening te toetsen en om alternatieve veronderstellingen – vanuit verschillende theoretische kaders – te formuleren en te toetsen. |
| De afronding van het gesprek | 5 | Onderdruk de neiging om klachtgedrag meteen te formuleren in diagnostische of professionele termen. Noteer na afloop in uw werkaantekeningen waaraan u denkt (een bepaalde classificatie of conditie uit een theorie). Deze informatie komt bij het formuleren van onderkennende en verklarende hypothesen goed van pas. Denkt u aan een bepaalde classificatie, dan kunt u deze toepassen in de fase van de probleemanalyse. |

# 6. Het uitwerken van het diagnostisch scenario

„De klachtanalyse resulteert in een overzicht van klachten en hulpvragen die hierbij aansluiten. Na verkenning van de klachten en explicitering van de hulpvragen wordt duidelijk hoe het verdere onderzoekstraject er globaal uit kan zien. Alvorens dit uit te voeren, dient de diagnosticus als tussenstap een onderzoeksplan op te stellen: het diagnostisch scenario. In dit scenario worden in het bijzonder de doelen van het onderzoek vastgelegd, weliswaar voorlopig, maar toch zo volledig mogelijk. Vanuit didactisch oogpunt en omwille van de duidelijkheid beschrijven we het uitwerken van het scenario stap voor stap. In de praktijk kan er sprake zijn van een minder uitgebreide en meer geïntegreerde werkwijze.

## 6.1 Verantwoording

Het opstellen van een onderzoeksplan of scenario dient drie doelen: het informeren van de cliënt over het vervolgonderzoek, het creëren van een beslissingskader dat het handelen van de diagnosticus stuurt en het waarborgen van volledigheid.

□ *Het informeren van de cliënt.* De noodzaak de cliënt vooraf te informeren over het verdere verloop van het onderzoek ligt besloten in onze benadering van de cliënt als persoon die mede verantwoordelijk is voor het onderzoek. In de fase van de onderzoeksplanning is dit informeren ook vanuit praktisch oogpunt cruciaal. De cliënt krijgt nu voor het eerst onder ogen wat het onderzoek ongeveer zal inhouden, welke inspanningen en medewerking van hem gevraagd zullen worden en wat hij van de diagnosticus kan verwachten.

□ *Het aanbrengen van een onderzoekskader.* Door het vooraf opstellen van een onderzoeksplan – al kan dat in de loop van de cyclus herziening behoeven – dwingt de diagnosticus zichzelf tot het expliciteren van de relatie tussen hulpvragen en onderzoeksmiddelen. Dit maakt de eigen subjectiviteit en vooronderstellingen op zijn minst controleerbaar. Bovendien is het vrijwel onmogelijk om de complexe kennis die het vakgebied aanlevert zonder explicitering van doelen en middelen adequaat toe te passen.

□ *Het waarborgen van volledigheid.* In deze tussenstap legt de diagnosticus een relatie tussen de klachten en hulpvragen van de cliënt enerzijds en de vraagstellingen voor het diagnostisch onderzoek anderzijds. Hij voorkomt dat hij diagnostische hulpvragen over het hoofd ziet door ze systematisch één voor één om te zetten in vraagstellingen.

We gaan in het vervolg van dit hoofdstuk in op de voorwaarden, de werkwijze en een punt van aandacht ten aanzien van de uitwerking van het diagnostisch scenario. Daaraan voorafgaand lichten we de belangrijkste begrippen toe.

## 6.2 Begrippen

hulpvraag • diagnostische hulpvraag en deelhulpvraag • type vraagstelling • type diagnostisch onderzoek • diagnostisch scenario

Aangezien de hier genoemde begrippen in een bepaalde verhouding tot elkaar staan, beelden we in figuur 6.1 deze relaties af in de vorm van na elkaar uit te voeren acties. Het is een uitbreiding van het schema waar we hoofdstuk 3 mee begonnen. De inbreng van de cliënt duiden we aan met *C*, die van de diagnosticus met *D*.

### 6.2.1 Hulpvraag

De hulpvraag hebben we in hoofdstuk 5 gedefinieerd als de vraag naar het soort hulp waar de cliënt of diens omgeving – in de context van de klachtervaring – behoefte aan heeft (zie voor een verdere toelichting: paragraaf 5.2.3).

1. Hulpvraag/-vragen (*C*)

↓

2. 'Uitfilteren' tot diagnostische hulpvragen (*D*)

↓

2a. Nagaan van diagnostische deelhulpvragen (*D*)
2b. Verkort herschrijven van de diagnostische (deel)hulpvragen (*D*)

↓

3. Bepalen van het type vraagstelling (*D* en *C*)

↓

4. Bepalen van het type (de typen) diagnostisch onderzoek (*D*)

↓

5. Vaststellen van het diagnostisch scenario (en informeren van de cliënt) (*D*)

**Figuur 6.1.** Van hulpvraag tot diagnostisch scenario.

### 6.2.2 Diagnostische hulpvraag en deelhulpvraag

Diagnostische hulpvragen zijn vragen waarop diagnostisch onderzoek een passend antwoord kan geven. Niet alle hulpvragen komen in aanmerking voor diagnostisch onderzoek. In het vorige hoofdstuk was bijvoorbeeld één van de hulpvragen de behoefte van moeder dat de leerkracht haar emotie zou begrijpen. Op deze hulpvraag kan uiteraard een passend hulpverleningsantwoord worden gegeven, maar diagnostisch onderzoek is hiervoor niet noodzakelijk. Niet elke hulpvraag is dus een diagnostische hulpvraag. De diagnosticus filtert als het ware de hulpvragen uit tot diagnostische hulpvragen.

Een diagnostische hulpvraag kan bovendien bestaan uit deelhulpvragen waarvan telkens moet worden bepaald tot welke verdere stappen dit leidt. De uitgebreide formulering van de diagnostische (deel)hulpvragen is doorgaans in een verkorte vorm te herschrijven.

### 6.2.3 Vraagstelling en type vraagstelling

De vraagstelling is de door de diagnosticus 'afgeslankte' formulering van de diagnostische hulpvraag waarop – in overleg met de cliënt – diagnostisch onderzoek een antwoord moet geven. Vraagstellingen kunnen worden gespecificeerd naar het doel van het beoogde onderzoek. In de diagnostische cyclus maken we onderscheid tussen verhelderende, onderkennende, verklarende en indicerende vraagstellingen (zie hoofdstuk 3). De verhelderende vraagstelling werd al bij de klachtanalyse besproken. Voor de volledigheid van het betoog definiëren we hier elk van de vier typen.

*Verhelderende* vraagstellingen vragen een uitspraak over welke hulpvragen gekoppeld zijn aan de klachtervaringen van de cliënt. Voorbeelden: hoe kan ik de problemen verwoorden die ik in de opvoeding van mijn zoon ervaar? Hoe kan ik het probleemgedrag van deze leerling verwoorden?

*Onderkennende* vraagstellingen vragen een uitspraak over wat er aan de hand is, om welk soort probleem of stoornis het gaat. Voorbeelden: heeft mijn kind een aandachtsstoornis? Is hier sprake van een rekenstoornis?

*Verklarende* vraagstellingen vragen een uitspraak over de condities die het probleem hebben veroorzaakt, uitgelokt of instandgehouden en zijn een uitwerking van de algemene hulpvraag 'Waarom is dit aan de hand?'. Voorbeelden: draagt de slechte relatie tussen de ouders bij tot het gedragsprobleem van het kind? Wordt de moeite die het kind heeft om zich op taken te concentreren, beïnvloed door zijn aanleg? Zijn de angstige reacties van het kind buitenshuis het gevolg van een onveilige hechting aan de ouders?

*Indicerende* vraagstellingen vragen een uitspraak over wat gedaan kan worden om een onderkend probleem (of stoornis) aan te pakken. Voorbeelden: komt het kind in aanmerking voor deze vorm van speltherapie? Is een intensieve leesbehandeling voor dit kind met dyslexie aangewezen? Zijn de ouders voldoende gemotiveerd om de gezinstherapie vol te houden?

### 6.2.4 Diagnostisch onderzoek en type onderzoek

Onder diagnostisch onderzoek verstaan we alle handelingen die de diagnosticus verricht ter beantwoording van de vraagstelling. Het onderzoek dat de diagnosticus uitvoert om de vraagstellingen te beantwoorden die binnen het bereik van de diagnostische cyclus vallen, typeren we naar analogie van de soorten vraagstellingen als respectievelijk gericht op verheldering, onderkenning, verklaring en indicatie.

### 6.2.5 Diagnostisch scenario

Met diagnostisch scenario bedoelen we een reeks van typen onderzoek, per diagnostische hulpvraag geordend en afgestemd op de principes van de diagnostische cyclus (zie hoofdstuk 3).

## 6.3 Voorwaarden

De voorwaarden voor het opstellen van het diagnostisch scenario zijn uitsluitend professioneel van aard en hebben betrekking op de diagnostische vaardigheden.

*Professionele voorwaarden* bij het opstellen van het diagnostisch scenario:
- Kunnen distilleren van prototypische (diagnostische) hulpvragen uit de hulpvragen van de cliënt en ze relateren aan typen vraagstellingen en typen onderzoek
- Kunnen opstellen van een diagnostisch scenario (stappenplan)

Het opstellen van het diagnostisch scenario vereist allereerst dat de diagnostische hulpvragen alle informatie bevatten die voor het opstellen van het scenario van belang zijn. Is hieraan voldaan, dan moet de diagnosticus in staat zijn de volgende twee stappen uit te voeren: enerzijds het omzetten van diagnostische hulpvragen in vraagstellingen en daarbij aansluitende typen onderzoek, en anderzijds het ordenen van de onderzoeken in een diagnostisch scenario. De werkwijze die we in paragraaf 6.4 beschrijven, moet de diagnosticus in staat stellen deze stappen uit te voeren.

## 6.4 Werkwijze

De uitkomst van de klachtanalyse (zie hoofdstuk 5) is een lijst van hulpvragen die in dialoog met de cliënt zijn geformuleerd. De constructie van een diagnostisch scenario bestaat uit twee hoofdstappen. Eerst worden de hulpvragen uitgefilterd tot diagnostische (deel)hulpvragen, geanalyseerd op vraagstelling en bijbehorend onderzoekstype (zie 6.4.1), daarna worden de onderzoekstypen geordend in een scenario (zie 6.4.2). Het spreekt voor zich dat de diagnosticus de cliënt informeert over het voorgenomen diagnostisch scenario (zie 6.4.3).

### 6.4.1 Het analyseren van hulpvragen

In deze fase van het diagnostisch proces is de diagnosticus erop gericht de vraagstellingen te achterhalen die met de hulpvragen gemoeid zijn. Alleen ingeval een hulpvraag aanleiding geeft tot diagnostisch onderzoek, zal de diagnosticus deze opvatten als diagnostische hulpvraag (zie 6.2.2) en omzetten in een of meer vraagstellingen. We hebben in paragraaf 6.2 onderscheid gemaakt tussen verschillende typen vraagstellingen.

Bij het analyseren van de diagnostische hulpvragen is de diagnosticus erop gericht ze zo goed mogelijk te laten aansluiten bij de belevingen van de cliënt. De enige formele ingreep betreft de vorm van de formulering. De uiteindelijke diagnostische hulpvraag begint steeds met de zinsnede: 'Ik zou graag hebben dat...'. Diagnostische hulpvragen kunnen naar één vraagstelling verwijzen, maar ook naar meerdere. De analyse maakt gebruik van tabel 6.1 en verloopt als volgt in drie stappen:

- diagnostische hulpvragen controleren op deelhulpvragen;
- diagnostische hulpvragen verkort herschrijven;
- identificeren van het type vraagstelling en het type diagnostisch onderzoek.

Tabel 6.1 (zie ook hoofdstuk 3) geeft de relatie weer tussen type diagnostische hulpvraag, type vraagstelling en onderzoek. We gebruiken in deze tabel ook enkele van de lettercodes die in de verdere uitleg zullen worden gebruikt (ODK: Onderkenning; VKR: Verklaring; IDC: Indicatie). Vervolgens lichten we de stappen van de werkwijze toe voor de volgende twee diagnostische hulpvragen (DHv):

- DHv1: Ik zou graag hebben dat u uitzoekt of mijn kind in staat is de basisschool te volgen.
- DHv2: Ik zou graag hebben dat u uitzoekt waarom mijn kind geen vriendjes heeft en of de school daar iets aan zou kunnen doen.

**Tabel 6.1.** Relatie tussen de prototypische diagnostische hulpvragen, typen vraagstelling en typen diagnostisch onderzoek.

| Prototype diagnostische hulpvraag | Type vraagstelling | Type onderzoek | Code |
|---|---|---|---|
| Wat is er met mij/dit kind aan de hand? | Onderkennend | Onderkenning | ODK |
| Waarom is dit met mij/dit kind aan de hand? | Verklarend | Verklaring | VKR |
| Hoe kan ik/dit kind het best geholpen worden? | Indicerend | Indicatie | IDC |

Opmerking: In deze tabel wordt telkens gesproken van 'mezelf/dit kind'. In het vervolg zullen we spreken over 'cliënt', ook al is er principieel onderscheid te maken tussen de opvoeder-cliënt en de jeugdige-cliënt (zie hoofdstuk 4).

### ✔ *Diagnostische hulpvragen controleren op (diagnostische) deelhulpvragen*

In de eerste diagnostische hulpvraag ('Ik zou graag hebben dat u uitzoekt of mijn kind in staat is de basisschool te volgen') wordt slechts om één ding gevraagd, namelijk het uitzoeken of het kind de basisschool kan volgen. De tweede diagnostische hulpvraag ('Ik zou graag hebben dat u uitzoekt waarom mijn kind geen vriendjes heeft en of de school daar iets aan zou kunnen doen') is samengesteld uit twee delen, die ieder op zich om iets anders vragen. Volledig uitgeschreven luiden deze: 'Ik zou graag hebben dat u uitzoekt waarom mijn kind geen vriendjes heeft' en 'Ik zou graag hebben dat u uitzoekt of de school iets kan doen aan het feit dat mijn kind geen vriendjes heeft'. Opvallend bij de tweede deelhulpvraag is dat (in dit geval) de ouder er al van uitgaat dát het kind geen vriendjes heeft. De diagnosticus zal moeten nagaan of dit ook werkelijk het geval is. Daarom zal hij in gesprek met de ouder ook de volgende diagnostische deelhulpvraag toevoegen: 'Ik zou graag hebben dat u uitzoekt of mijn kind inderdaad geen vriendjes heeft'. In totaal hebben we nu de volgende vier (deel)hulpvragen:

- DHv1: Ik zou graag hebben dat u uitzoekt of mijn kind in staat is de basisschool te volgen.
- DHv2a: Ik zou graag hebben dat u uitzoekt waarom mijn kind geen vriendjes heeft.
- DHv2b: Ik zou graag hebben dat u uitzoekt of de school iets kan doen aan het feit dat mijn kind geen vriendjes heeft.
- DHv2c: Ik zou graag hebben dat u uitzoekt of mijn kind inderdaad geen vriendjes heeft.

### ✔ *Diagnostische (deel)hulpvragen verkort herschrijven*

De bedoeling van het verkort herschrijven is te komen tot een structuur die afgestemd is op die van de prototypen uit tabel 6.1. De eerste stap in de verkorte herschrijving komt eenvoudigweg neer op het weglaten van de hulpformule 'Ik zou graag hebben dat...'. Daarna worden de diagnostische hulpvragen geherformuleerd met vermijding van eventuele herhalingen. Dit leidt in ons voorbeeld tot vier verkorte diagnostische (deel)hulpvragen, waarbij we eenmalig ter verduidelijking de notatie 'verkort' toevoegen:

- $DHv1_{(verkort)}$ : Is mijn kind in staat de basisschool te volgen?
- $DHv2a_{(verkort)}$ : Waarom heeft mijn kind geen vriendjes?
- $DHv2b_{(verkort)}$ : Kan de school daar iets aan doen?
- $DHv2c_{(verkort)}$ : Heeft mijn kind geen vriendjes?

### ✔ *Identificeren van typen vraagstellingen en typen diagnostisch onderzoek*

De verkorte diagnostische hulpvragen worden nu vergeleken met de typen vraagstellingen in tabel 6.1. Hierbij is het van belang om de betekenis van de verschillende typen voor ogen te houden. De identificatie wordt vergemakkelijkt door telkens na te gaan wat nodig is om de diagnostische hulpvraag te beantwoorden. We doen dit nu voor elk van de vier verkorte diagnostische (deel)hulpvragen.

DHv1: Is mijn kind in staat de basisschool te volgen?
Wat is er nodig om dit te beantwoorden? Nodig is om de mogelijkheden van het kind te vergelijken met de eisen die op de basisschool gesteld worden. Als de mogelijkheden van het kind voldoende aansluiten bij de gestelde eisen, dan is het geschikt voor de basisschool en is de basisschool aangewezen voor dit kind. We kunnen dan zeggen: de basisschool is geïndiceerd. Het gaat dus om een indicerende vraagstelling die de diagnosticus beantwoordt met indicerend onderzoek. We identificeren DHv1 als IDC.

DHv2a: Waarom heeft mijn kind geen vriendjes?
Om hier een antwoord op te geven moet nagegaan worden waardoor het komt dat het kind geen vriendjes heeft. Als de diagnosticus dat op het spoor komt, kan hij het probleem verklaren. De vraagstelling is verklarend en het antwoord is een verklaring (VKR). We identificeren DHv2a als VKR.

DHv2b: Kan de school daar iets aan doen?
Om dit te kunnen beantwoorden moet de diagnosticus nagaan of een aanpak via de school inderdaad wat aan het probleem van het kind kan doen en of de school in deze zin voor het kind geschikt is. De vraagstelling is daarom indicerend en het antwoord een indicatie (IDC). We identificeren DHv2b als IDC.

DHv2c: Heeft mijn kind geen vriendjes?
Om hier een antwoord op te geven moet de frequentie en kwaliteit van de contacten van het kind met leeftijdgenootjes worden nagegaan. Als de frequentie en kwaliteit lager liggen dan wat op grond van leeftijd en ontwikkelingsniveau verwacht mag worden, dan is er sprake van een probleem en daarmee is het probleem ook onderkend. De vraagstelling is onderkennend en wordt beantwoord met een onderkennend onderzoek. We identificeren DHv2c als ODK.

### 6.4.2 Het diagnostisch scenario: de ordening van onderzoekstypen

Op basis van de uitkomst van de vorige stap (het analyseren van de diagnostische hulpvragen: opsporen van deelhulpvragen en verkort herschrijven) heeft de diagnosticus een overzicht van de verschillende typen onderzoek die moeten worden uitgevoerd. Een beslissing is nodig over de volgorde waarin dit gebeurt. In principe vraagt dit nog om de volgende twee acties:

- ordenen van vraagstellingen die betrekking hebben op hetzelfde gebied;
- identificeren van de scenario's.

Als de principes van het scenario-ontwerp duidelijk zijn, hoeft de diagnosticus een stap-voor-stap-analyse niet op deze uitgebreide wijze uit te voeren, maar kan hij bijvoorbeeld volstaan met aantekeningen (of een codering) bij de geformuleerde diagnostische hulpvragen. Uit didactisch oogpunt presenteren we voor de duidelijkheid en volledigheid een stapsgewijze werkwijze in box 6.1. Hier beperken we ons tot een codering bij de geformuleerde diagnostische hulpvragen. Zowel in box 6.1 als in de onderstaande tekst gaan we uit van de twee diagnostische hulpvragen die ook in de vorige paragraaf besproken zijn.

De diagnostische (deel)hulpvragen staan hieronder opnieuw weergegeven, nu met een tekstnotatie. De zinsneden die gecodeerd worden, geven we onderstreept weer, gevolgd door de toegekende code (zie tabel 6.1). Achter de diagnostische hulpvraag wordt het (deel)scenario geïdentificeerd. De symbolen die we hierbij gebruiken, zijn:

$\Rightarrow$ (dubbele pijl): geeft de koppeling aan tussen diagnostische hulpvraag en scenario, met als betekenis: 'Dit geeft als scenario ...'

$\rightarrow$ (enkele pijl): geeft alle overgangen aan binnen het scenario en betekent: 'met als volgende stap...'

Dit leidt tot de volgende weergave:

- DHv1: Is mijn kind in staat de basisschool te volgen? (IDC) $\Rightarrow$ IDC

Bij deze eerste diagnostische hulpvraag is er een scenario met slechts één onderzoekstype in het geding: IDC.

- DHv2a: Waarom heeft mijn kind geen vriendjes? (VKR) $\Rightarrow$ VKR
- DHv2b: Kan de school daar iets aan doen? (IDC) $\Rightarrow$ IDC
- DHv2c: Heeft mijn kind geen vriendjes? (ODK) $\Rightarrow$ ODK

Bij deze tweede diagnostische hulpvraag met drie deelvragen bestaat het scenario uit drie onderzoekstypen die elkaar in de tijd en in een bepaalde volgorde moeten opvolgen: ODK $\rightarrow$ VKR $\rightarrow$ IDC.

In de gegeven voorbeelden kon elk onderdeel van de diagnostische hulpvraag direct in een overeenkomstig element binnen het scenario worden omgezet. Het scenario beantwoordt hiermee volledig en uitsluitend de diagnostische hulpvragen zoals die door de cliënt en de diagnosticus werden ingebracht en onderkend. Er komen ook situaties voor waarbij het diagnostisch scenario niet een één-op-één relatie heeft met de diagnostische hulpvraag, namelijk als deze alleen beantwoord kan worden nadat één of meerdere voorafgaande onderzoekstypen uitgevoerd zijn. We lichten dit toe aan de hand van tabel 6.2: de Scenariokaart. In aanvulling op de eerdere codes (ODK, VKR, IDC) gebruiken we hierin ook de lettercode VHD voor 'Verheldering'. In het vorige hoofdstuk hebben we inmiddels gezien hoe vanuit de klachtanalyse een verhelderende diagnose totstandkomt. Omdat verheldering *altijd* deel uitmaakt van de diagnostische cyclus, nemen we het op in tabel 6.2 en in het vervolg van dit hoofdstuk. Wanneer de diagnostische cyclus al afgesloten is na de verhelderende diagnose, vinden er geen verdere diagnostische stappen plaats en spreken we van een 0-scenario.

**Tabel 6.2.** Scenariokaart.

| 0-scenario | 1-scenario | 2-scenario | 3-scenario |
|---|---|---|---|
| VHD | VHD $\rightarrow$ ODK | VHD $\rightarrow$ ODK $\rightarrow$ VKR | VHD $\rightarrow$ ODK $\rightarrow$ VKR $\rightarrow$ IDC |
| | VHD $\rightarrow$ VKR | VHD $\rightarrow$ ODK $\rightarrow$ IDC | |
| | VHD $\rightarrow$ IDC | VHD $\rightarrow$ VKR $\rightarrow$ IDC | |

Opmerking: de aanduiding 1-, 2- en 3-scenario geeft het aantal overgangen (enkele pijlen) aan binnen het diagnostisch scenario (zie ook paragraaf 3.1 in verband met de toelichting op de scenario's).

In tabel 6.2 komt IDC zowel voor als afsluiting van een 1- en 2- als van een 3-scenario. We stellen ons, ter illustratie daarvan, drie cliënten voor bij wie in hun beleving uitsluitend de hulpvraag ‘Hoe kan mijn kind het best geholpen worden?’ aan de orde is.

Bij de eerste cliënt gaat het om iemand die ‘rechtstreeks’ voor een behandelingsadvies is doorverwezen. In dit geval kan een 1-scenario worden toegepast (in dit voorbeeld: VHD → IDC). Bij de tweede cliënt gaat het om een reeds onderkend probleem en deze cliënt is door een collega-diagnosticus doorverwezen voor verder onderzoek en advies voor behandeling. Dit is slechts te beantwoorden op basis van meer stappen (en dus overgangen) met als scenario: VHD → VKR → IDC (dus een 2-scenario). Bij de derde cliënt gaat het om een eerste aanmelding, wat het meest complete 3-scenario vereist: VHD → ODK → VKR → IDC.

**Box 6.1** **De stap-voor-stap werkwijze bij de omzetting van diagnostische hulpvragen in scenario's.**

**Per diagnostische hulpvraag uitschrijven van de typen vraagstelling**

De uitkomst van de analyse van de gegeven voorbeelden had het volgende resultaat:

We identificeerden: DHv1 als: IDC
DHv2a als: VKR
DHv2b als: IDC
DHv2c als: ODK

Geordend naar vraagstelling ziet dit er als volgt uit:
DHv1 IDC
DHv2 (DHv2a: VKR) & (DHv2b: IDC) & (DHv2c: ODK)

**Ordenen van vraagstellingen die betrekking hebben op hetzelfde gebied**

In de gegeven voorbeelden is dit eenvoudig. De vraagstelling(en) binnen elke diagnostische hulpvraag heeft/hebben betrekking op hetzelfde inhoudelijke gebied. De vraagstelling binnen de eerste diagnostische hulpvraag heeft betrekking op de capaciteiten die nodig zijn om de basisschool te volgen. De drie vraagstellingen binnen de tweede diagnostische hulpvraag hebben betrekking op (het ontbreken van) vriendschapsrelaties. De hulpvragen zijn naar inhoud homogeen en de onderzoeken kunnen binnen hetzelfde scenario worden uitgevoerd.

**Identificeren van de scenario's**

Hierbij gebruiken we de scenariotabel (tabel 6.2). In deze tabel zijn alle scenario's onderscheiden die binnen het bereik van de diagnostische cyclus vallen. De volledige cyclus is samengesteld uit vier stappen en geordend als een 3-scenario (met drie overgangen):
VHD → ODK → VKR → IDC

Als één van de stappen niet genomen hoeft te worden (bijvoorbeeld: omdat die al gezet is), blijft het intrinsieke ordeningsprincipe (de volgorde van de componenten) uiteraard gewoon intact.

De uitkomst van de analyse van de diagnostische hulpvragen (zie boven) was:

DHv1: IDC
DHv2: (DHv2a: VKR) & (DHv2b: IDC) & (DHv2c: ODK)

Omdat het in beide gevallen om homogene hulpvragen gaat, kunnen de scenario's aan de hand van de opgesomde typen onderzoek rechtstreeks geïdentificeerd worden, waarbij geldt dat de stap van de verheldering (VHD) altijd deel uitmaakt van het scenario. Bij DHv1 is na de verheldering nog slechts één stap (IDC) in het geding. Het overeenkomstige scenario met één overgang is derhalve: VHD → IDC. Bij DHv2 zijn er na de verheldering nog drie stappen (VKR, IDC, ODK) aan de orde, wat inclusief de verheldering resulteert in het volgende scenario: VHD → ODK → VKR → IDC. De volledige uitkomst voor beide diagnostische hulpvragen is dan:

DHv1: (DHv1: IDC) ⇒ VHD → IDC (1-scenario)
DHv2: (DHv2a: VKR) & (DHv2b: IDC) & (DHv2c: ODK)
⇒ VHD → ODK → VKR →IDC (3-scenario)

Verkort wordt de bovenstaande uitkomst weergegeven als:

DHv1 ⇒ VHD → IDC
DHv2 ⇒ VHD → ODK → VKR → IDC

Opmerking: wanneer scenario's inhoudelijk onafhankelijk zijn, is de onderlinge volgorde vrij willekeurig, zoals ook in hoofdstuk 3 werd aangegeven. Als bijvoorbeeld het ene scenario betrekking heeft op de gezinssituatie en het andere op schooltaken, dan zullen praktische overwegingen bepalen of de diagnosticus eerst het gezins- dan wel het schoolonderzoek uitvoert.

### 6.4.3 Het informeren van de cliënt over het diagnostisch scenario

Wanneer het scenario opgesteld is, wordt de cliënt geïnformeerd. De diagnosticus heeft de verplichting de cliënt duidelijk te maken waarom deze stappen nodig zijn om tot een antwoord te komen op de vraagstelling(en). De toelichting moet zó worden gegeven – en zonder technische bewoordingen – dat de verbinding met de diagnostische hulpvragen helder is. Zo'n toelichting neemt weinig tijd in beslag, ook wanneer het scenario extra onderzoeksstappen nodig maakt. Ter illustratie geven we hier voorbeelden van toelichtingen die aansluiten bij de drie scenario's uit de vorige paragraaf, waarin voor drie cliënten in hun beleving uitsluitend de hulpvraag 'Hoe kan mijn kind het best geholpen worden?' aan de orde was.

We presenteren telkens de diagnostische hulpvraag met een uitleg over het nog te volgen stappenplan (scenario). Het illustreert uiteraard slechts de strekking van de toelichting. Tussen haakjes geven we aan welke vraagstellingen al beantwoord zijn. In de praktijk zal de diagnosticus – waar mogelijk en nodig – regelmatig uitleg geven bij de gegevens waaraan hij refereert. Ten slotte, in het geval van een 1-scenario, gaat de toelichting bijna automatisch over op de introductie van het onderzoekstype zelf. Aangezien dit pas in de volgende hoofdstukken aan bod komt, wordt dit hier nog niet behandeld.

VHD → IDC

> Uw vraag was hoe uw kind het best geholpen kan worden. Er is al uitgezocht waar uw kind problemen mee heeft [ODK], ook hoe dit is kunnen ontstaan en waarom dit voortduurt [VKR]. We hoeven dat onderzoek dan ook niet te herhalen. Deze kennis helpt ons wel om op te sporen op welke wijze uw kind het best geholpen kan worden. Dat gaan we nu ook doen (nu wordt overgegaan op de introductie van de indicatiestelling; zie hiervoor hoofdstuk 9).

VHD → VKR → IDC

> Uw vraag was hoe uw kind het best geholpen kan worden. Er is al uitgezocht wat het probleem van uw kind is [ODK]. We hoeven dat dan ook niet nog eens vast te stellen. Om te weten hoe we uw kind het best kunnen helpen, is het wel nodig dat we eerst nagaan hoe het komt dat uw kind deze problemen heeft. Dit helpt ons dan om op te sporen op welke wijze uw kind het best geholpen kan worden. Daarom gaan we nu eerst bekijken hoe de problemen zijn ontstaan en waarom ze blijven voortduren (nu volgt de introductie van het verklarend onderzoek; zie hiervoor hoofdstuk 8).

VHD → ODK → VKR → IDC

> Uw vraag was hoe uw kind het best geholpen kan worden. Om dat te weten moeten we eerst nagaan welke problemen uw kind precies heeft en hoe die problemen zijn ontstaan. Dit helpt ons dan om op te sporen op welke wijze uw kind het best geholpen kan worden. Daarom beginnen we nu eerst met te bekijken waar uw kind precies problemen mee heeft en gaan we daarna op zoek naar de verklaring (nu volgt de introductie van het onderkennend onderzoek; zie hiervoor hoofdstuk 7).

## 6.5 Aandachtspunten

*Inzichtelijkheid van de hulpvragen.* Een belangrijke voorwaarde voor het opstellen van het diagnostisch scenario is dat de hulpvragen de intenties van de cliënt weergeven. Alhoewel de controle hierop in strikte zin bij de hulpvraaganalyse hoort, willen we dit hier toch herhalen en wel om de volgende reden. Het omzetten van hulpvragen in diagnostische scenario's is goed uit te voeren wanneer de diagnostische hulpvragen door de diagnosticus samen met de cliënt opgesteld zijn. Het is soms niet mogelijk, maar ook niet nodig, de hulpvragen zo te formuleren dat zij als het ware elke nuance in de beleving van de cliënt weergeven. Diagnostische hulpvragen zijn uiteindelijk verkortingen die zowel voor de cliënt als voor de diagnosticus betekenis hebben tegen de achtergrond van het gesprek dat zij samen bij het opstellen ervan hebben gevoerd. Dit maakt het voor de diagnosticus gemakkelijker om van diagnostische hulpvragen tot scenario's te komen. Een aparte situatie doet zich voor als de diagnosticus niet zelf de hulpvraaganalyse heeft uitgevoerd, maar de uitkomst van de analyse bijvoorbeeld moet overnemen uit het dossier van de cliënt. In dit geval ontbreekt de gespreksachtergrond. Het is dan verstandig toch eerst aan de cliënt te vragen om te vertellen wat de diagnostische hulpvragen voor hem/haar betekenen. Bij het ontbreken van hulpvragen dienen deze uiteraard eerst volgens de in hoofdstuk 5 gegeven richtlijnen te worden geformuleerd.

# 7. Probleemanalyse

" In de klachtanalyse heeft de diagnosticus zicht gekregen op de problematiek zoals die door de cliënt wordt ervaren. Bij een onderkennende vraagstelling is een probleemanalyse van toepassing. Hiermee brengt de diagnosticus het probleemgedrag en het verloop ervan in kaart en koppelt hij dit aan meer algemene kennis over soortgelijke problemen. Deze kennis is meer algemeen omdat zij niet bij één persoon, maar bij meerdere personen met gelijkaardige probleemgedragingen is verzameld. Door de individuele casus aan de hand van meer algemene kenniscategorieën te beschrijven, wordt het mogelijk de resultaten van wetenschappelijk onderzoek op dit geval toe te passen.

De opbrengst van de klachtanalyse was dat de diagnosticus het verhaal van de cliënt kon formuleren in termen van klachten en bijbehorende hulpvragen. In de nu volgende fase past hij daarop zijn kennis uit classificatiesystemen en theoretische modellen toe. Hiermee worden de problemen onderdeel van een classificatie of theorie.

De input van de probleemanalyse is een diagnostisch scenario, zoals beschreven in het voorgaande hoofdstuk, met één of meer diagnostische hulpvragen naar onderkenning van het type probleem. De output van de probleemanalyse is een onderkennende diagnose en vormt het antwoord op de prototypische diagnostische hulpvraag (zie tabel 6.1): 'Wat is er met mij/dit kind aan de hand?'.

## 7.1 Verantwoording

In het model van de diagnostische cyclus bestaat de probleemanalyse uit *beschrijving, ordening, benoeming* en *taxatie* van de ernst van het probleemgedrag.

Dat we het probleemgedrag eerst *beschrijven*, ligt voor de hand. In de voorafgaande fase van de klachtanalyse heeft de diagnosticus zicht gekregen op de intensiteit en aard van de beleving door de cliënt van een verstorende discrepantie tussen een gewenste en de feitelijk ervaren situatie. Deze laatste kán, maar hoeft in psychologisch of opvoedkundig opzicht niet bedreigend te zijn. Om dit te kunnen beoordelen zal de klachtbeleving gekoppeld moeten worden aan observeerbare gedragingen. Daarmee wordt het mogelijk om de casus in verband te brengen met theoretische of empirische kennis over probleemgedragingen.

Een eerste stap is derhalve het in kaart brengen van het probleemgedrag. Een ruwe opsomming in de vorm van een lijst afzonderlijke gedragingen is daarvoor echter onpraktisch en onvoldoende. In de onderlinge communicatie zou het omslachtig zijn alle gedragingen steeds afzonderlijk te noemen. In plaats daarvan is het handiger ze te *ordenen in categorieën* en ze als het ware samen te vatten. Op die manier kan van een kind in globale termen gezegd worden dat het *leerproblemen* heeft, of *concentratieproblemen, problemen in sociale relaties*, enzovoort.

Maar er is meer. Probleemgedragingen zijn vaak aan elkaar gerelateerd en vormen een patroon van niet-adequate gedragsuitingen en reacties. We spreken dan van een disfunctioneel gedragscluster. Onderzoek naar de identificatie en mate van vóórkomen van dergelijke clusters is één van de grondpijlers van het klinisch-wetenschappelijke onderzoek. De gevonden resultaten worden in de literatuur beschreven met verwijzing naar de naam van het betrokken disfunctioneel gedragscluster (bijvoorbeeld: hyperactiviteit). Het is daarom van belang dat de diagnosticus nagaat of de lijst van probleemgedragingen geordend en benoemd kan worden in termen van wat over disfunctionele gedragsclusters bekend is. Van groot belang hierbij is dat niet alleen gekeken wordt naar het probleemgedrag zoals dat zich nu manifesteert, maar ook naar de voorgeschiedenis ervan. Omdat het veel kan uitmaken of een probleem zeer recent optreedt of dat het zich al jaren in de ontwikkeling voordoet, is de leeftijd waarop het probleemgedrag ontstond, een belangrijk criterium bij het onderkennen en benoemen van een stoornis. In paragraaf 7.4 komen we terug op het belang van de ontstaansgeschiedenis.

Het *benoemen* van patronen van disfunctionele gedragingen (oftewel: problemen) heeft dus een communicatieve functie in twee richtingen: het vat samen én het geeft toegang tot kennis in de literatuur die de diagnosticus als professional verplicht is te kennen en/of te raadplegen. Op grond van deze kennis voert de diagnosticus de verklarings- en indicatieanalyse uit. We zijn ons er evenwel van bewust dat wellicht niet alle gedragingen in algemeen geaccepteerde patronen of clusters (classificatie) onder te brengen zijn. In box 7.1 gaan we hier nader op in.



**Box 7.1 De cliënt maakt zich zorgen: een vragenlijst voor subklinisch probleemgedrag?**

De diagnostische cyclus is een uitwerking van de empirische cyclus voor de klinisch-diagnostische praktijk (zie hoofdstuk 3, paragraaf 3.3). Opvoeders en adolescenten die zelf hulp zoeken of naar hulpverleners verwezen worden, hebben evenwel niet altijd te kampen met probleemgedrag dat als klinisch in de zin van disfunctioneel moet worden opgevat. De hulpvragen van de cliënt hebben eerder te maken met gedragingen en situaties die wel extra aandacht en zorg vragen, maar die niet direct in aanmerking komen voor diagnostisch onderzoek en eventuele interventie of behandeling binnen de (klinische) hulpverlening (zie hoofdstuk 6, paragraaf 6.2.2). We spreken in dergelijke gevallen van subklinisch probleemgedrag. Het advies van de diagnosticus zal dan gericht zijn op een gangbare aanpak binnen de primaire opvoedings- dan wel leefsituatie.
Vooralsnog ontbreekt een instrument om subklinisch probleemgedrag systematisch in kaart te brengen. Een aanzet hiertoe is wel gegeven binnen het kader van een interuniversitair onderzoeksproject ‘Gezin en persoonlijkheid’. In dit longitudinale project worden de relaties bestudeerd tussen gezinskenmerken, persoonlijkheid en gedragsproblemen van de gezinsleden afkomstig uit een niet-klinische populatie. Maar de probleemlijsten (Achenbach) zijn ontwikkeld voor de klinische en niet voor de normale populatie. De disfunctionele gedragingen, die typerend zijn voor de klinische populatie, komen in de niet-klinische populatie zelden voor. Daarom werd ten behoeve van het onderzoeksproject een vragenlijst ontwikkeld door De Bruyn, Vermulst, Houtmans en De Meyer. De lijst bestaat uit dertig items, te beantwoorden op een vijfpuntenschaal. De items vormen als het ware de subklinische tegenhangers van de items uit de respectievelijke internaliserende en externaliserende Achenbachschalen. Omdat in het project alle gezinsleden elkaar beoordelen, zijn versies voor adolescenten en ouders geconstrueerd. De lijst kan uiteraard ook in de vorm van zelfbeoordeling worden aangeboden.
Over de resultaten van het genoemde project zal in toenemende mate worden gerapporteerd. Uit de bevindingen blijkt in ieder geval al duidelijk dat de lijst voor onderzoeksdoeleinden voldoet voor subklinisch probleemgedrag. Voorlopige analyses wijzen ook op het voorkomen van subsets van items die consistent zowel over de gezinsleden als over de tijd dezelfde internaliserende, respectievelijk externaliserende gedragsdimensie representeren. Een publicatie over deze subsets (aangeduid als de Nijmegen Problem Behavior List: NPBL) is in voorbereiding (Scholte, Vermulst & De Bruyn, in voorbereiding).

Beschrijving, ordening en benoeming geven zicht op het type probleemgedragingen en de samenhang daarbinnen. Een laatste aspect van de probleemanalyse is een *taxatie van de ernst* van het probleem. Zo’n inschatting is vaak noodzakelijk vanuit praktisch oogpunt. Bij beperkte middelen zal de diagnosticus doorgaans een keuze moeten maken welk probleem – maar soms ook welke casus – wel en welke niet of niet verder meer kan worden onderzocht. Hierbij zal altijd een afweging van de ernst een rol spelen. Bovendien is een inschatting van de ernst van het probleem vanuit de optiek van de diagnostische cyclus noodzakelijk als voorbereiding op zowel de verklarings- als de indicatieanalyse. Bij de *verklaringsanalyse* (hoofdstuk 8) gaat het om het verklaren van probleemgedrag, maar vanzelfsprekend ook om het opsporen van het samenspel van condities die tot déze mate van ernst hebben geleid. Gelijksoortige problemen met een verschillende ernst vergen uiteindelijk een verschillende verklaring. Ook bij de *indicatieanalyse* (hoofdstuk 9) is een beeld van de ernst van de problematiek noodzakelijk, met name bij de keuze van het type interventie. De ernst van de problematiek is bijvoorbeeld één van de gebruikelijke kerncriteria bij de keuze tussen ambulante en residentiële behandeling (zie hoofdstuk 9, paragraaf 9.4.4).

Na een omschrijving van de belangrijkste begrippen gaan we in het vervolg van dit hoofdstuk in op de voorwaarden, werkwijze en aandachtspunten met betrekking tot de probleemanalyse.

## 7.2 Begrippen

probleemgedrag • beschrijving en inventarisatie • ordening en benoeming (classificatie) • taxatie van ernst

### 7.2.1 Probleemgedrag

De term 'probleemgedrag' wordt hier gehanteerd als een generieke term en verwijst zowel naar interne als externe disfunctionele gedragingen die een normaal ontwikkelingsverloop in gevaar brengen. Bij interne gedragingen gaat het om gedachten en gevoelens, bij externe gedragingen om observeerbare handelingen. In hoofdstuk 8 zullen we zien dat niet alleen de disfunctionele reacties intern en extern kunnen zijn, maar dat dit ook geldt voor de condities die deze gedragingen uitlokken (zoals een 'interne' herinnering of een 'externe' opvoedingsstijl van de ouders).

### 7.2.2 Beschrijving en inventarisatie

De term 'beschrijving' geeft aan dat de diagnosticus in de fase van de probleemanalyse een zo objectief mogelijk eerste beeld vastlegt van de omvang en de aard van het probleemgedrag. De diagnosticus wil de disfunctionele gedragingen inventariseren, zo weinig mogelijk beïnvloed door zijn eigen interpretatie: hij wil een beschrijving geven van de problemen zoals ze zich observeerbaar en ook voor anderen waarneembaar voordoen. Maar niet alle gedragingen – en dat geldt op dezelfde wijze voor probleemgedragingen – zijn even goed waar te nemen. Bijvoorbeeld: interne gedragingen zoals angstige en depressieve gevoelens zijn als zodanig niet zichtbaar. We kunnen ze alleen indirect afleiden uit wat de persoon over zichzelf meedeelt of uit de wijze waarop de persoon zich gedraagt (inclusief middels mimiek en lichaamstaal). Ook voor de indirect te observeren gedragingen geldt dat de diagnosticus er verslag over doet, met zo weinig mogelijk verkleuring door eigen interpretatie.

### 7.2.3 Ordening en benoeming (classificatie)

In de probleemanalyse wordt met *ordening* bedoeld: het onderbrengen van de probleemgedragingen van het individuele kind in syndromen of stoornissen. In de diagnostische cyclus wordt deze ordening in eerste instantie tot stand gebracht door vergelijking van de lijst van individuele probleemgedragingen met de beschikbare classificatiesystemen voor probleemgedrag. Het ordenen bestaat in dit geval uit classificeren of toewijzen van individueel probleemgedrag aan vooraf gegeven categorieën. Deze categorieën zijn het resultaat van wetenschappelijk onderzoek naar de samenhang van probleemgedragingen bij kinderen en jeugdigen. Dit heeft geleid tot een geordend overzicht van disfunctionele gedragsclusters dat als classificatiesysteem voor individueel probleemgedrag dienstdoet. In de literatuur worden, naar analogie van de medische terminologie, individuele probleemgedragingen vaak als symptomen aangeduid en de disfunctionele gedragsclusters als stoornissen of syndromen. De laatste worden *benoemd* aan de hand van een samenvattende term die door vakgenoten in de onderlinge communicatie op dezelfde wijze wordt gebruikt (zoals: depressieve stoornis, rekenstoornis, oppositioneel-opstandige gedragsstoornis). In deze fase toetst de diagnosticus de onderkennende hypothes(n) (zie ook paragraaf 7.4.3).

### 7.2.4 Taxatie van ernst

Na ordening en benoeming van de probleemgedragingen wordt een *taxatie* gemaakt van de ernst van het probleemgedrag. Het gegeven dat er van probleemgedrag sprake is, impliceert dat het om minstens een minimale ernst gaat. De taxatie heeft betrekking op een uitspraak over de gradatie of mate van ernst, niet alleen van afzondelijke probleemgedragingen, maar – indien van toepassing – ook van het syndroom/de stoornis als zodanig. De mate van ernst is afhankelijk van de mate waarin het probleemgedrag of de stoornis de persoonsontwikkeling van de cliënt aantast of bedreigt.

## 7.3 Voorwaarden

De probleemanalyse verloopt globaal genomen in de volgende stappen:

- beschrijving en inventarisatie van probleemgedrag;
- ordening en benoeming (classificatie);
- taxatie van de ernst.

In paragraaf 7.4 (werkwijze) zullen we in het bijzonder de aanloop tot en afronding van deze drie stappen verder specificeren.

Voor elke stap geldt een aantal methodologische, psychometrische en professionele voorwaarden. Voor kritische en vergelijkende beschouwingen over classificatiesystemen in de diagnostiek verwijzen we naar de literatuur (bijvoorbeeld: Blashfield, 1984; Millon, 1987).

In het volgende overzicht vatten we - alvorens ze uitgebreider te bespreken - de belangrijkste methodologische, psychometrische en professionele voorwaarden voor elk van de drie genoemde stappen samen.

---

*Methodologische voorwaarden* aan het handelen van de diagnosticus in de probleemanalyse:

| | |
|---|---|
| • Beschrijving en inventarisatie: | Controleren van de *relevantie* van probleemgedragingen<br>Streven naar een zo groot mogelijke *volledigheid* (steekproefvaliditeit) |
| • Ordening en benoeming (classificatie): | Controleren van *relevantie en volledigheid*<br>Streven naar een *optimaal bereik*<br>Kunnen formuleren van een *toetsbare* onderkennende hypothese |
| • Taxatie van de ernst: | Controleren van de *ontwikkelingsdimensie* in het ontstaan van het probleem |

Het kunnen toepassen van *psychometrische voorwaarden*:

| | |
|---|---|
| • Beschrijving en inventarisatie: | *Objectiviteit* van de gedragsbeschrijving (interbeoordelaarbetrouwbaarheid) |
| • Ordening en benoeming (classificatie): | *Interne consistentie* van de categorieën<br>*Onderscheidend vermogen* van de categorieën<br>*Objectiviteit* van de gedragsindeling (interbeoordelaarbetrouwbaarheid) |
| • Taxatie van de ernst: | *Objectiviteit* bij het bepalen van de ernst |

*Professionele voorwaarden* aan het handelen van de diagnosticus:

| | |
|---|---|
| • Beschrijving en inventarisatie: | Goed kunnen observeren<br>De cliënt als medeobservator kunnen benaderen en deze helder kunnen instrueren |
| • Ordening en benoeming (classificatie): | Op de hoogte zijn van gangbare classificatiesystemen<br>Kunnen kiezen van het optimale bereik<br>Classificaties met andere systemen kunnen vergelijken<br>Individuele probleemgedragingen kunnen koppelen aan kennis in de vakliteratuur |
| • Taxatie van de ernst: | Op de hoogte zijn van deviante en normale ontwikkeling<br>Kennis hebben over ernstcriteria<br>Kennis hebben over risico- en protectieve factoren<br>Kennis hebben over en vaardigheden in het afnemen en uitwerken van niveaubepalende en gedragsbeschrijvende instrumenten |

### 7.3.1 Methodologische voorwaarden

✔ *Beschrijving en inventarisatie*

Disfunctionele probleemgedragingen spelen zich per definitie af in de leefwereld van de cliënt. De eerste eis is dan ook die van de *relevantie*. De disfunctionele gedragingen die de diagnosticus in kaart brengt, moeten afkomstig zijn uit situaties in het dagelijkse leven en dienen goed aan te sluiten bij de gegevens van de klachtanalyse.

Een tweede methodologische eis betreft de *volledigheid*. Bij een onvolledige inventarisatie loopt de diagnosticus de kans informatie te missen die zowel bij de classificatie als bij de daaropvolgende stappen in het diagnostisch proces van essentieel belang is. De eis van volledigheid heeft zowel betrekking op de huidige leefsituatie als op het verleden (wanneer en in welke context trad het probleemgedrag voor het eerst op en hoe was het verloop daarvan?). Aan de eis van volledigheid (steekproefvaliditeit) kan nagenoeg nooit helemaal worden voldaan. Het is daarom realistischer de eis zó te formuleren dat de geïnventariseerde verzameling van probleemgedragingen een representatieve steekproef moet zijn uit het probleemgedrag van de cliënt. Steekproefvaliditeit ('sampling validity') garandeert dat het geobserveerde een goede afspiegeling is van de inhoud van datgene wat men wil observeren en is daarom een vorm van inhoudsvaliditeit ('content validity') (Allen & Yen, 1979; Drenth & Sijtsma, 1990).

Het is doorgaans niet mogelijk om als observator in de handelingswereld van de cliënt binnen te treden, laat staan de volledige verzameling disfunctionele gedragingen ter plekke te observeren. Om die reden worden probleemgedragingen meestal beschreven en geïnventariseerd via technieken en instrumenten die de observatie in de natuurlijke situatie vervangen. Deze plaatsvervangende technieken kunnen variëren van zelfobservatie en/of observatie door anderen in de natuurlijke omgeving tot zelfbeoordeling of beoordeling door anderen. Een dergelijke beoordeling kan bijvoorbeeld plaatsvinden aan de hand van een vooraf opgestelde lijst van probleemgedragingen (gedragslijsten) of middels een gestructureerd interview. Uiteraard gelden voor plaatsvervangende technieken in principe dezelfde eisen van relevantie en volledigheid.

### ✔ *Ordening en benoeming: classificatie*

In de stap van de classificatie worden individuele probleemgedragingen met behulp van een classificatiesysteem toegewezen aan disfunctionele gedragsclusters of stoornissen. Ook voor de totale verzameling probleemgedragingen die in deze systemen zijn opgenomen, gelden de eisen van *relevantie en volledigheid.*

Classificatiesystemen dienen bovendien te voldoen aan de specifieke eis van het *optimale bereik.* Bij systemen met een optimaal bereik is het mogelijk nagenoeg de hele verscheidenheid van individuele gedragsprofielen in het systeem onder te brengen. Een systeem dat toelaat slechts een beperkt deel van het individuele probleemgedrag te classificeren, is minder bruikbaar dan een systeem met een groter bereik.

In hoofdstuk 3 is uiteengezet dat in overeenstemming met de te onderscheiden typen onderzoek (verhelderend, onderkennend, verklarend, indicerend) het opstellen van hypothesen als cognitieve activiteit van de diagnosticus zich niet beperkt tot het zoeken naar verklaringen. De keuze van een classificatiesysteem, veelal aangevuld met de afname van middelen die het probleem nader in kaart kunnen brengen (zoals observatielijsten, schoolvorderingstoetsen, soms ook intelligentieonderzoek), is afhankelijk van de informatie uit de klachtanalyse en de voorlopige casusinventarisatie. De diagnosticus heeft derhalve een verwachting die geformuleerd kan worden als een *toetsbare onderkennende hypothese.* Bijvoorbeeld: 'Op grond van de beschreven probleemgedragingen veronderstel ik dat bij dit kind sprake is van een internaliserende problematiek' (zie 7.4.3). Of: 'Vermoedelijk is er sprake van dyslexie' (zie ook box 7.3).

### ✔ *Taxatie van de ernst*

Gedragsproblemen zijn ernstig als zij de persoonsontwikkeling van de cliënt aantasten of bedreigen. De methodologische eis die hierbij aansluit, is die van de *ontwikkelingsdimensie*. De ernst van de probleemgedragingen en stoornissen dient te worden afgemeten aan duidelijk omschreven criteria van verwachte en verstoorde ontwikkeling. 'Duidelijk omschreven' betekent dat niet alleen het soort criterium wordt aangegeven (bijvoorbeeld: achterstand in emotionele ontwikkeling), maar ook de wijze waarop het criterium inhoudelijk en theoretisch is bepaald (bijvoorbeeld: achterstand uitgedrukt in een beperkte schakering van emoties in vergelijking met kinderen van dezelfde leeftijd).

### 7.3.2 Psychometrische voorwaarden

✔ *Beschrijving en inventarisatie*

Hier is *objectiviteit* de belangrijkste eis. De diagnosticus tracht het disfunctionele gedrag zó te beschrijven dat de eigen subjectieve interpretatie zo min mogelijk een rol speelt. Objectiviteit heeft hier de betekenis van *inter*subjectiviteit. Een beschrijving is objectief als de uitkomst daarvan – met als conclusie welke probleemgedragingen in het geding zijn – niet afhankelijk is van het oordeel van de persoon die de beschrijving uitvoert. Deze eis wordt in de psychometrische literatuur meestal aangeduid als de voorwaarde van de *interbeoordelaarbetrouwbaarheid*. Eerder (zie 7.2.) hebben we al aangegeven dat bepaalde gedragingen slechts indirect geobserveerd kunnen worden. In het algemeen geldt dat hoe minder direct het gedrag te observeren is, hoe moeilijker het is om tot een hoge mate van intersubjectiviteit te komen. Een realistische formulering van deze voorwaarde is dan ook dat de beschrijving en inventarisatie van probleemgedrag een *voldoende mate* van interbeoordelaarbetrouwbaarheid heeft. Bij het in kaart brengen van probleemgedragingen zal de diagnosticus daarom bij voorkeur werken met technieken die aan dit criterium voldoen. Hierbij willen we aantekenen dat zowel de toepassing van dit type technieken (zoals directe gedragsobservatie, gestructureerd interview) als het kunnen waarborgen van een voldoende mate van interbeoordelaarbetrouwbaarheid de nodige training van de diagnosticus vereisen.

✔ *Ordening en benoeming: classificatie*

De categorieën in de classificatiesystemen voor probleemgedrag dienen *intern consistent* te zijn. De gedragingen die in één categorie opgenomen zijn, moeten vaker met elkaar samengaan dan op grond van toeval te verwachten is. Bovendien moeten de categorieën ten opzichte van elkaar *goed* te *onderscheiden* zijn. Dit betekent dat de gedragingen in een betreffende categorie sterker met elkaar moeten samenhangen dan met gedragingen in andere categorieën. Alleen dan is het mogelijk op betrouwbare wijze de ene stoornis van de andere te onderscheiden. Ten slotte geldt uiteraard ook hier de eis van *objectiviteit* in de zin van interbeoordelaarbetrouwbaarheid. Probleemgedragingen moeten door verschillende diagnostici in dezelfde categorieën worden ingedeeld.

✔ *Taxatie van de ernst*

Het beoordelen van probleemgedragingen en stoornissen aan de hand van criteria voor de ernst ervan dient uiteraard *objectief* te gebeuren, bijvoorbeeld: met gestandaardiseerde gedrags- of belevingsschalen en met niveaubepalende prestatietests.

### 7.3.3 Professionele voorwaarden

✔ *Beschrijving en inventarisatie*

De diagnosticus dient een goed observator te zijn. De rol van observator correspondeert met de algemene objectieve instelling die in deze fase geboden is. De diagnosticus moet zowel ten aanzien van de cliënt als ten aanzien van collega's kunnen verantwoorden dat zijn beschrijving en typering van het probleemgedrag hout snijden. Dit kan alleen als de beschrijving en classificatie objectief en volgens een herhaalbare procedure zijn uitgevoerd.

De professionele rol van observator is vanzelfsprekend niet hetzelfde als een onthecht en gedistantieerd verzamelen van informatie. In samenwerking met de cliënt moet een klimaat totstandkomen waarin het belang van deze stap ook voor de cliënt duidelijk is. De diagnosticus dient de cliënt principieel als een medeobservator te benaderen. Naast dit principiële aspect zijn er nog twee pragmatische redenen te noemen. Het benaderen van de cliënt als medeobservator versterkt de werkrelatie met de cliënt en bevordert de terugkoppeling van informatie in het verdere verloop van het proces. Een voorwaarde daarbij is dat de diagnosticus helder moet kunnen uitleggen hoe de observaties dienen te gebeuren.

✔ *Ordening en benoeming: classificatie*

Het is een voorwaarde dat de diagnosticus op de hoogte is van de gangbare classificatiesystemen voor probleemgedrag. Classificatiesystemen hebben een wisselend bereik, afhankelijk van het soort probleem dat voorwerp is van classificatie. De diagnosticus moet in staat zijn het systeem met het voor de cliënt optimale bereik te kiezen. Bovendien moet hij de uitkomsten van het door hem gekozen systeem kunnen vergelijken met de mogelijke uitkomst op andere systemen en met de klinische kennis die met die andere systemen is verzameld.

Wanneer geen systeem voorhanden is, moet de diagnosticus de individuele probleemgedragingen via inspectie van de vakliteratuur kunnen koppelen aan kennis die er over dit specifieke probleemgedrag bestaat.

✔ *Taxatie van de ernst*

Belangrijk is dat de diagnosticus op de hoogte is van zowel het deviante (pathologische) als het normale verloop van de motorische, cognitieve, emotionele en sociale ontwikkeling en van de opvoedings- en ontwikkelingstaken die daarbij aan bod komen. Hij dient op de hoogte te zijn van de ernstcriteria zoals die in de vakliteratuur en in de gangbare instrumenten en systemen voor gedragsbeoordeling en -classificatie voorkomen. Bovendien is kennis nodig over de risico- en beschermende factoren die een zorgwekkende ontwikkeling in gang kunnen zetten of versnellen dan wel afremmen of voorkomen. Ten slotte dient de diagnosticus op de hoogte te zijn van de psychometrische eigenschappen van genormeerde tests met niveaubepalende en gedragsbeschrijvende meetpretenties, alsook in staat te zijn deze tests af te nemen, te scoren en de resultaten te interpreteren.

## 7.4 Werkwijze

Bij de bespreking van de methodologische voorwaarden (zie 7.3.1) hebben we opgemerkt dat het doorgaans niet mogelijk is om de probleemgedragingen in de concrete leefsituatie van de cliënt zelf te observeren, al blijft dat in principe wel wenselijk. In de praktijk maken we dan ook meestal gebruik van de informatie zoals de cliënt of een ander (bijvoorbeeld: leerkracht, groepsleider) die verschaft in een gesprek of via speciaal daarvoor ontworpen vragenlijsten. De hier beschreven werkwijze sluit daarbij aan.

Voor de onderkenning van stoornissen zijn verschillende inhoudelijke classificatiesystemen beschikbaar. De bruikbaarheid van een systeem is – zoals we nog zullen zien – mede afhankelijk van de aard van het probleemgedrag dat erin aan bod komt. De werkwijze die we voorstaan, bestaat uit de volgende stappen:

- opstellen van een voorlopige casusinventarisatie;
- controleren van de casusinventarisatie;
- algemene probleeminventarisatie;
- toewijzing van stoornissen (benoeming en uiteindelijke onderkenning);
- taxatie van de ernst van de problemen;
- weging van positieve en negatieve gedragingen.

In de volgende paragrafen bespreken we deze stappen. Ze vormen een verdere specificatie van de stappen die we aan het begin van paragraaf 7.3 noemden.

### 7.4.1 Opstellen van een voorlopige casusinventarisatie

De exploratie van de leefwereld van de cliënt tijdens de klachtanalyse (zie hoofdstuk 5, paragraaf 5.4: Werkwijze) verloopt goeddeels aan de hand van het expliciteren van gevoelens en gedachten van de cliënt. Deze gevoelens en gedachten hebben onder andere betrekking op de als problematisch ervaren gedragingen zoals die in de concrete leefsituatie voorkomen en op het ontstaan ervan. De probleemanalyse begint met het maken van een inventarisatie van probleemgedragingen en van situaties waarin die zich voordoen. Bovendien komt ook nu de ontstaans- en verloopgeschiedenis van de problemen weer expliciet aan bod. We herinneren eraan dat probleemgedrag hier als verzamelterm wordt gehanteerd voor zowel gevoelens, gedachten als handelingen (zie 7.2.1).

### 7.4.2 Controleren van de casusinventarisatie

In de klachtanalyse stond de leefwereld van de cliënt voorop. De vragen van de diagnosticus naar het concreet maken van de klacht en het ontstaan ervan werden gesteld met het oog op het verhelderen en het begrijpen van de beleving. In de fase van de probleemanalyse controleert de diagnosticus dit voorlopige overzicht doelbewust vanuit een objectiverende optiek. Twee vragen sturen deze controle: zijn de probleemgedragingen, de daaraan gekoppelde situaties en de ontstaansgeschiedenis inhoudelijk zó concreet beschreven dat het ook voor anderen duidelijk is waar het over gaat? Is er voldoende informatie aanwezig over de intensiteit en frequentie van het probleemgedrag? Blijkt aanvulling nodig, dan zal de diagnosticus het overzicht samen met de cliënt doornemen en waar nodig aanvullende informatie opvragen.

### 7.4.3 Algemene probleeminventarisatie

Onderkenning van een probleem/stoornis vereist dat het gedrag van de individuele cliënt vergeleken wordt met de disfunctionele gedragsclusters die uit wetenschappelijk onderzoek bekend zijn. Hiervoor dient de diagnosticus - in principe uitgaande van onderkennende hypothesen (zie paragraaf 3.2) - voor de individuele cliënt na te gaan óf en zo ja welke stoornis/-sen in dit geval van toepassing is/zijn. De opbrengst van de voorlopige casusinventarisatie en de controle daarvan op basis van informatie uit de klachtanalyse (zie 7.4.2 en 7.4.3) zijn daarvoor ontoereikend. De inhoud van de klachtanalyse diende immers uitsluitend om de klacht te verhelderen. De diagnosticus vraagt daarbij niet verder door dan nodig en brengt op dat moment geen probleemgedragingen aan die buiten het belevingskader van de cliënt vallen. De kans is dan ook groot dat een aantal gedragingen die volgens de classificatiesystemen deel uitmaken van een bepaalde stoornis, niet in de klachtanalyse ter sprake is gekomen. Dit betekent dat een algemene probleeminventarisatie de gegevens dient te vervolledigen voordat een stoornis betrouwbaar kan worden toegewezen. Dit vervolledigen wordt gestuurd door de verwachtingen die de diagnosticus heeft op basis van de klachtanalyse en de voorlopige casusinventarisatie: de (toetsbare) onderkennende hypothese(n).

Voor een goed begrip van de algemene probleeminventarisatie en de eventuele toekenning van een stoornis is het noodzakelijk op de hoogte te zijn van de aard en opbouw van de hier voorgestelde classificatiesystemen. De inventarisatie van het probleemgedrag vindt in deze fase immers van meet af aan plaats binnen het raamwerk van een classificatiesysteem en de daarbij passende instrumenten. De diagnosticus dient zich echter te realiseren dat de beschrijvende patronen of categorieën van zo'n systeem hun oorsprong vinden in inventarisaties van individuele gedragingen. Een belangrijke toegevoegde waarde van het systeem ligt in de interne samenhang. Een tweede opmerking is dat het onderbrengen van probleemgedrag in een bepaald patroon niet automatisch leidt tot de toekenning van de daarbij horende stoornis. Binnen elk systeem moet immers aan verschillende criteria worden voldaan voordat de stoornis aan het individuele geval kan worden toegekend. Om deze redenen vinden we het belangrijk om principieel onderscheid te blijven maken tussen inventarisatie (het maken van het overzicht) en classificatie (het uiteindelijk toekennen van de stoornis).

De voorlopige casusinventarisatie en de controle daarvan waren gericht op het probleemgedrag van déze casus. Maar hoe maken we nu concreet de overstap naar de algemene (en dít individu overstijgende) probleeminventarisatie? Een voor de hand liggende werkwijze zou zijn om de lijst uit de voorlopige inventarisatie te vergelijken met gedragingen en criteria die bij de stoornissen beschreven staan en eventuele ontbrekende informatie bij de cliënt na te gaan. Maar het is bekend (Garb, 1998) dat dergelijke klinische procedures in hoge mate subjectief zijn. We stellen daarom voor dat naar ontbrekende informatie wordt gezocht met de instrumenten die bij de bestaande classificatiesystemen zijn ontwikkeld.

Wij hebben er al op gewezen (zie 7.3.2) dat de bruikbaarheid van een classificatiesysteem mede afhankelijk is van het soort probleemgedrag dat ermee in kaart wordt gebracht. Een in de praktijk gebruikt globaal onderscheid is dat tussen gedragsproblemen (sociaal-emotionele problematiek) en leerproblemen (lees-, spelling- en rekenproblemen). We gaan eerst in op de bruikbaarheid van de systemen (CBCL en DSM-IV-TR) voor de inventarisatie van sociaal-emotionele problematiek.

Het door Achenbach en Edelbrock (1983) ontwikkelde classificatiesysteem voor probleemgedrag is vrij globaal. Afhankelijk van de leeftijd worden vijf tot zeven stoornissen onderscheiden. Ook worden probleemgedragingen geïnventariseerd die blijkens onderzoek niet in een van de syndromen thuishoren. De toetslijsten zijn eenvoudig af te nemen en betrouwbaar te scoren. Het door Achenbach ontwikkelde systeem en de daarbij horende probleemlijsten zijn in Nederland ter beschikking gekomen door het werk van Verhulst en medewerkers (Verhulst, Koot, Akkerhuis & Veerman, 1990).

De door de American Psychiatric Association ontwikkelde Diagnostic and Statistical Manual for Mental Disorders (DSM) kent maar liefst 52 stoornissen die uitsluitend tijdens de kinderleeftijd al onderkend kunnen worden. Hierbij komt nog een groot aantal stoornissen die zowel bij kinderen als op volwassen leeftijd kunnen optreden (American Psychiatric Association, 1994, 1995, 2000).

Slechts bij een beperkt aantal stoornissen is er inhoudelijk gesproken een redelijke overeenkomst tussen de kenmerkende gedragingen in het systeem van Achenbach en het DSM-systeem. Bovendien zijn er DSM-stoornissen die met de toetslijsten uit het Achenbach-systeem niet opgespoord kunnen worden. Een nadeel van het DSM-systeem is dan weer dat voor een betrouwbare onderkenning van stoornissen een tijdrovend gestructureerd interview nodig is door een ervaren interviewer. Maar zelfs dan blijken bepaalde stoornissen slechts met een geringe mate van objectiviteit te kunnen worden vastgesteld.

In de praktijk wordt vaak een keuze tussen één van beide systemen gemaakt. Wij staan een werkwijze voor waarbij de gedragslijsten van Achenbach in principe altijd worden afgenomen. Afhankelijk van de informatie die dat oplevert, is dan een overstap naar het DSM-systeem te overwegen, mede op basis van de eerdere casusinventarisatie en de controle daarvan, de twee eerste stappen van de probleemanalyse. Door Krol e.a. (1995, 2001) is een computergestuurd systeem uitgewerkt waarbij op basis van uitgebreide Achenbach-probleemlijsten voor de aanwezigheid van DSM-stoornissen in de kinderleeftijd gescreend kan worden (zie box 7.2). Ook in het geval dat gesignaleerd probleemgedrag niet aan de Achenbach-lijsten gerelateerd kan worden, is het advies om het bredere kader van het DSM-systeem te gebruiken.

**Box 7.2** **MAD: een computerprogramma ter ondersteuning van de classificatie van gedragsproblemen bij kinderen en jeugdigen van 4 tot 18 jaar (Krol, Wouters & De Bruyn, 1998a).**

MAD staat voor: Machine Aided Diagnosis. Zoals de naam aangeeft, ondersteunt het computerprogramma het stellen van een diagnose. Meer specifiek: MAD ondersteunt de diagnostiek van gedragsproblemen bij kinderen van 4 tot 18 jaar. Het doet dit door domeinkennis toegankelijk te maken en te structureren aan de hand van de stappen van het prescriptieve model van de diagnostische cyclus (De Bruyn, Pameijer, Ruijssenaars & Van Aarle, 1995). Er is een eerste module uitgewerkt tot een voor de praktijk bruikbaar instrument dat aansluit bij de stap van de probleemanalyse. Deze module ondersteunt dus het stellen van een 'onderkennende' diagnose.

MAD beoogt het gelijktijdige gebruik van de CBCL (Achenbach & Edelbrock, 1983) en het DSM-classificatiesysteem (APA, 1994) te bevorderen. In MAD worden de twee systemen op symptoomniveau aan elkaar gerelateerd met behulp van het onderdeel 'Vertaling'. Dit zet CBCL-, YSR- of TRF-gegevens om ('vertaalt ze') naar DSM-IV-symptoomcriteria van 19 DSM-IV-stoornissen en berekent een *mogelijke* DSM-IV-classificatie. Ook bevat het programma een functie om CBCL-data uit het Cross Informant-programma te importeren. Omdat niet alle symptoomcriteria van de 19 DSM-IV-stoornissen door CBCL-items gedekt worden, is een aantal aanvullingsitems geformuleerd. Deze staan op zogeheten aanvullingslijsten die bij afname aan respectievelijk de CBCL, de YSR of de TRF moeten worden toegevoegd. Daarnaast bevat het MAD-systeem ook een gestandaardiseerde DSM-IV-invoer. Hiervoor is een checklist ontwikkeld die door de diagnosticus ingevuld kan worden na een intake, interview of observatie.
Met MAD is het mogelijk om dezelfde set van probleemgedragingen in beide systemen, dus zowel in de CBCL als de DSM, te classificeren. De diagnosticus zal uiteindelijk *zelf* moeten beslissen welke classificatie of classificaties hij het beste van toepassing vindt voor de beschrijving van de problematiek van een kind. Hierbij spelen de aanvang van de problematiek en de beperkingen in het dagelijks functioneren een belangrijke rol. Het MAD-systeem beoogt die beslissing te onderbouwen door de overeenkomsten en verschillen te laten zien tussen beide classificaties op basis van verschillende informanten (ouders, jeugdige, leerkracht en diagnosticus). Het volgende illustreert de wijze waarop de gegevens in MAD beschikbaar zijn.

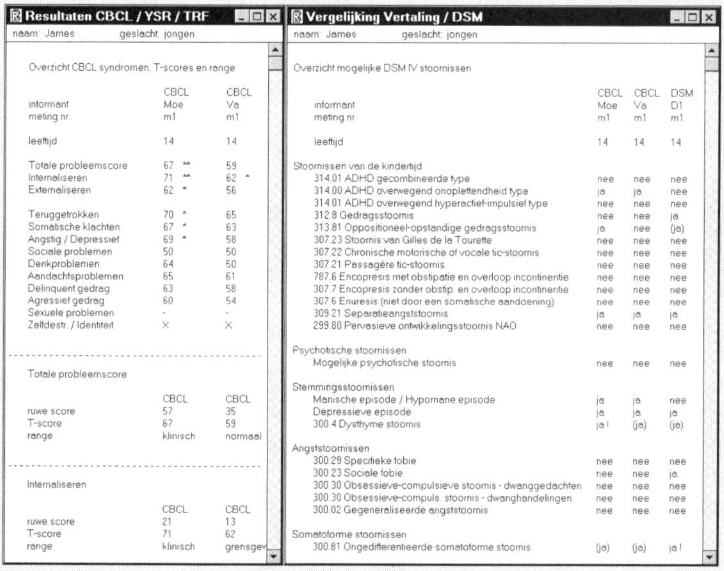

**Resultaten CBCL / YSR / TRF**

naam: James   geslacht: jongen

Overzicht CBCL syndromen. T-scores en range

| | CBCL | | CBCL | |
|---|---|---|---|---|
| informant | Moe | | Va | |
| meting nr. | m1 | | m1 | |
| leeftijd | 14 | | 14 | |
| Totale probleemscore | 67 | ** | 59 | |
| Internaliseren | 71 | ** | 62 | * |
| Externaliseren | 62 | * | 56 | |
| Teruggetrokken | 70 | * | 65 | |
| Somatische klachten | 67 | * | 63 | |
| Angstig / Depressief | 69 | * | 58 | |
| Sociale problemen | 50 | | 50 | |
| Denkproblemen | 64 | | 50 | |
| Aandachtsproblemen | 65 | | 61 | |
| Delinquent gedrag | 63 | | 58 | |
| Agressief gedrag | 60 | | 54 | |
| Sexuele problemen | - | | - | |
| Zelfdestr. / Identiteit | X | | X | |

Totale probleemscore

| | CBCL | CBCL |
|---|---|---|
| ruwe score | 57 | 35 |
| T-score | 67 | 59 |
| range | klinisch | normaal |

Internaliseren

| | CBCL | CBCL |
|---|---|---|
| ruwe score | 21 | 13 |
| T-score | 71 | 62 |
| range | klinisch | grensgev |

**Vergelijking Vertaling / DSM**

naam: James   geslacht: jongen

Overzicht mogelijke DSM IV stoornissen

| | CBCL | CBCL | DSM |
|---|---|---|---|
| informant | Moe | Va | D1 |
| meting nr. | m1 | m1 | m1 |
| leeftijd | 14 | 14 | 14 |
| **Stoornissen van de kindertijd** | | | |
| 314.01 ADHD gecombineerde type | nee | nee | nee |
| 314.00 ADHD overwegend onoplettendheid type | ja | ja | nee |
| 314.01 ADHD overwegend hyperactief-impulsief type | nee | nee | nee |
| 312.8 Gedragsstoornis | nee | nee | ja |
| 313.81 Oppositioneel-opstandige gedragsstoornis | ja | nee | (ja) |
| 307.23 Stoornis van Gilles de la Tourette | nee | nee | nee |
| 307.22 Chronische motorische of vocale tic-stoornis | nee | nee | nee |
| 307.21 Passagère tic-stoornis | nee | nee | nee |
| 787.6 Encopresis met obstipatie en overloop incontinentie | nee | nee | nee |
| 307.7 Encopresis zonder obstip. en overloop incontinentie | nee | nee | nee |
| 307.6 Enuresis (niet door een somatische aandoening) | nee | nee | nee |
| 309.21 Separatieangststoornis | ja | ja | ja |
| 299.80 Pervasieve ontwikkelingsstoornis NAO | nee | nee | nee |
| **Psychotische stoornissen** | | | |
| Mogelijke psychotische stoornis | nee | nee | nee |
| **Stemmingsstoornissen** | | | |
| Manische episode / Hypomane episode | ja | ja | nee |
| Depressieve episode | ja | ja | ja |
| 300.4 Dysthyme stoornis | ja ! | (ja) | (ja) |
| **Angststoornissen** | | | |
| 300.29 Specifieke fobie | nee | nee | nee |
| 300.23 Sociale fobie | nee | nee | ja |
| 300.30 Obsessieve-compulsieve stoornis - dwanggedachten | nee | nee | nee |
| 300.30 Obsessieve-compuls. stoornis - dwanghandelingen | nee | nee | nee |
| 300.02 Gegeneraliseerde angststoornis | nee | nee | nee |
| **Somatoforme stoornissen** | | | |
| 300.81 Ongedifferentieerde somatoforme stoornis | (ja) | (ja) | ja ! |

De auteurs van MAD benadrukken de noodzaak om de resultaten van MAD kritisch te evalueren in het licht van de diagnostische onderzoeksvraag en andere gegevens die over een cliënt bekend zijn. De uitkomsten van MAD, de mogelijke classificaties, moeten niet blindelings worden overgenomen. Het is juist de bedoeling dat het gebruik van het programma de diagnosticus stimuleert tot nadenken over en het zorgvuldig toekennen van een juiste classificatie.

De bruikbaarheid van deze eerste module is ten dele onderzocht. In 1997 heeft een evaluatie naar de bruikbaarheid van MAD plaatsgevonden in acht klinische settings (Krol, Wouters & De Bruyn, 1998b; Krol, De Bruyn, Van Aarle & Van den Bercken, 2001). De meeste repondenten (7) gaven aan het programma te willen blijven gebruiken.
Een toekomstige versie van MAD zal worden uitgebreid met de mogelijkheid om diagnostische hypothesen te formuleren en te toetsen.

Het DSM-classificatiesysteem is van oorsprong gericht op sociaal-emotionele en persoonlijkheidsstoornissen. In vergelijking hiermee is de beschrijving van de leerstoornissen in het systeem vrij beperkt en globaal. Een praktisch voordeel hiervan is dat ze redelijk objectief en eenvoudig aan de hand van een overzichtelijk aantal criteria in kaart kunnen worden gebracht. (Terzijde zij opgemerkt dat toepassing van de criteria ook een uitspraak over de intellectuele mogelijkheden vereist, wat de afname van een IQ-test derhalve min of meer standaard nodig maakt, niet ter verklaring, maar ten behoeve van de classificatie.) Indien er volgens dit systeem sprake lijkt van kenmerken van een leerstoornis, dan is het noodzakelijk om bij de inventarisatie van probleemgedragingen uit te gaan van meer gespecificeerde onderkennende hypothesen en van criteria die specifieker zijn voor leerstoornissen. In box 7.3 geven we daarvan een voorbeeld.

**Box 7.3** **Voorbeeld van criteria voor de classificatie van leerstoornissen: dyslexie.**

In 1995 verscheen het rapport *Dyslexie* van de Gezondheidsraad (Gezondheidsraad, 1995). Op basis van de daarin beschreven uitgangspunten is door de Stichting Dyslexie Nederland (Van der Leij, Struiksma & Ruijssenaars, 2000) een brochure samengesteld waarin dyslexie als stoornis wordt beschreven binnen het begrippenkader van de World Health Organization (1980, 1999) en in verband gebracht met de classificatie van leesstoornissen in de DSM-IV (Reading Disorder). Classificatie leidt tot een onderkennende diagnose en kan eventueel worden gevolgd door de verklarende diagnose en de handelingsgerichte diagnose. De in de brochure vermelde kenmerken aan de hand waarvan classificatie plaatsvindt, zijn (p. 10):

1. Het vaardigheidsniveau van lezen en/of spellen ligt significant onder dat van leeftijdgenoten (criterium van achterstand);
2. dat blijkt uit een traag tempo, met mogelijk (veelal bij spelling) een grote hoeveelheid fouten (criterium van gebrek aan accuratesse en/of snelheid;
3. dit verschijnsel treedt op terwijl in de omgeving voldoende instructie en oefening geboden worden, die gewoonlijk leiden tot beheersing (criterium van voldoende gelegenheid tot leren);

4. ook wanneer voorzien wordt in extra instructie en oefening (remediëring) blijft het stadium van automatisering onbereikbaar (criterium van hardnekkigheid);
5. het tekort in automatisering dat aan deze verschijnselen ten grondslag ligt, blijkt uit een opmerkelijke daling van de kwaliteit van de taakuitvoering (zoals: moeizaam en langzaam decoderen, raden):
   - wanneer op hetzelfde taakniveau tegelijkertijd ook aandacht moet worden gegeven aan een andere taak,
   - en/of wanneer het te lezen of te spellen materiaal moeilijker wordt (onbekende woorden, lange woorden, fonologisch of orthografisch complexe woorden),
   - en/of de aanslag op automaticiteit groter wordt door spanning of tijdsdruk (criterium van tekort in automatisering).

In 2003 verschijnt een aangepaste versie van deze brochure bij de oudervereniging Balans (Bilthoven).

De tot nu toe besproken inventarisatie reikt nog niet verder dan het opsporen van afzonderlijke probleemgedragingen. De toewijzing van een stoornis vereist dat de verzameling van geclassificeerde individuele probleemgedragingen aan de vereiste criteria voldoet.

### 7.4.4 Toewijzing van stoornissen (benoeming en uiteindelijke onderkenning)

De hiervoor beschreven algemene probleeminventarisatie bevat een lijst van probleemgedragingen die op de cliënt van toepassing zijn en die over het algemeen binnen (één van) de gehanteerde classificatiesystemen geordend kunnen worden (zie in dit verband echter ook box 7.1). Als de methodieken worden gevolgd die bij deze systemen passen, dan is deze inventarisatie uitgevoerd binnen de daarin beschreven stoornissen. De uiteindelijke onderkenning van een stoornis vereist evenwel dat ook voldaan wordt aan de criteria die elk systeem aan de toewijzing van de stoornis stelt.

Het Achenbach-systeem heeft een empirisch-psychometrische basis. De stoornissen bestaan uit probleemgedragingen die vaker met elkaar dan met andere gedragingen voorkomen. De frequenties (op een schaal van 0, 1 en 2) van de gedragingen binnen een syndroom worden tot een somscore opgeteld. Door de scores te vergelijken met die van een representatieve normgroep is het mogelijk ze te interpreteren. Hiervoor wordt de ruwe somscore omgezet in een zogenaamde T-score, een genormaliseerde standaardscore met een gemiddelde van 50 en een standaardafwijking van 10 (zie ook Drenth & Sijtsma, 1990). In de normgroep wordt een T-score tussen 60 en 70 gehaald door ongeveer 14 procent, een T-score van 70 en meer slechts door ongeveer 2 procent. Pas als kinderen en jeugdigen deze extreme score halen, wordt de stoornis toegewezen. De nog steeds hoge, maar minder extreme scores tussen 60 en 70 worden aangeduid als grensgevallen.

In tegenstelling tot het systeem van Achenbach is de DSM-indeling niet het resultaat van empirisch en psychometrisch onderzoek, maar van consensus tussen zeer grote groepen (internationale) klinische experts die hun praktijkervaringen hebben gebundeld. De experts zijn het erover eens dat de beschreven syndromen als zodanig voorkomen. Om een stoornis toe te wijzen moet doorgaans aan twee positieve criteria en één negatief criterium worden voldaan. Het eerste positieve criterium preciseert meestal hoeveel en/of welke probleemgedragingen moeten voorkomen, het tweede geeft over het algemeen aan vóór welke leeftijd de probleemgedragingen zich begonnen voor te doen. Het negatieve criterium is dat de bestaande probleemgedragingen geen onderdeel mogen uitmaken van een andere stoornis die meer omvattend is dan deze stoornis (bijvoorbeeld: het heeft geen zin om apart een rekenstoornis te onderkennen in het geval van een meer omvattende ernstige intellectuele beperking of zwakzinnigheid).

In de fase van de probleemanalyse gaat de diagnosticus dus na of de probleemgedragingen van het kind deel uitmaken van een of meerdere disfunctionele gedragsclusters of stoornissen. Een stoornis kan echter pas worden onderkend als het kind het minimale aantal afzonderlijke probleemgedragingen vertoont dat vereist is om de stoornis toe te kennen. Vertoont het kind wél afzonderlijke probleemgedragingen die inhoudelijk bij de stoornis aangegeven staan, maar niet het vereiste aantal, dan kan de stoornis niet worden toegekend. De afzonderlijke probleemgedragingen komen in zo'n geval dus wel in het systeem voor, maar het kind vertoont niet alle vereiste, kenmerkende probleemgedragingen van de stoornis. Inhoudelijke classificatiesystemen voor probleemgedrag, zoals het DSM- en het Achenbach-systeem, bestrijken evenwel niet alle mogelijke probleemgedragingen. Het Achenbach-systeem maakt dit meteen duidelijk. In de totale lijst van probleemgedragingen die gebruikt kan worden om de ernst van de problematiek te beoordelen, komen gedragingen voor die niet bij de afzonderlijke syndromen terug te vinden zijn. Deze afzonderlijke gedragingen zijn wél disfunctioneel, maar ze zijn niet ingebed in een stoornis.

Als laatste stap in de probleemanalyse zal de diagnosticus de probleemgedragingen overeenkomstig het hier gemaakte onderscheid in twee rubrieken onderbrengen: stoorniscompatibele probleemgedragingen en niet-stoorniscompatibele probleemgedragingen. Dit onderscheid is met name van belang voor het verdere verloop van het onderzoek. Bij het inspecteren van de literatuur die verklaringen biedt voor probleemgedrag zal men vaststellen dat voor de stoorniscompatibele probleemgedragingen vaak dezelfde verklaringen worden gehanteerd als voor de stoornissen zelf. Voor probleemgedragingen die niet stoorniscompatibel zijn, zal de diagnosticus daarentegen gedragsprobleemspecifieke verklaringen moeten opstellen. Het formuleren en toetsen van diagnostische verklaringen bespreken we in het volgende hoofdstuk (hoofdstuk 8: Verklaringsanalyse).



### 7.4.5 Taxatie van de ernst

Zoals eerder aangegeven (zie 7.2.4), gaan we bij de beslissing om gedrag als probleemgedrag aan te merken uit van een minimale ernst. Het zal echter duidelijk zijn dat er allerlei gradaties van ernst bestaan. Bovendien kan de ernst van probleemgedragingen op twee niveaus worden bekeken: dat van de gedragingen afzonderlijk en dat van de stoornis in haar geheel.

Voor het nader aangeven van de ernst van gedrags-/belevingsstoornissen of tekorten, alsook van prestatie- en functiestoornissen kan gebruik worden gemaakt van genormeerde tests en vragenlijsten. Ten aanzien van het sociaal-emotioneel functioneren op school is een aantal instrumenten beschikbaar die het niveau van sociaal functioneren en beleven van het kind aangeven (bijvoorbeeld: de Schoolgedrag Beoordelingslijst, SCHOBL; Bleichrodt, Zaal & Resing, 1993). Een bekend voorbeeld op het gebied van de prestatie- en functietests zijn tests die het niveau van schoolse vaardigheden en daaraan gerelateerde functies vaststellen (bijvoorbeeld: de CITO-leerlingvolgsystemen voor lezen, spelling en rekenen; de onderdelen van de Taaltests voor Kinderen, TvK, die de aan het lezen en spellen gerelateerde fonologische vaardigheden meten; Van Bon, 1982).

In de reeds besproken CBCL en DSM wordt geen uitspraak gedaan over de ernst van specifiek probleemgedrag. Wel wordt – expliciet of impliciet – een uitspraak gedaan op het niveau van de stoornis dan wel van het probleem in het algemeen.

#### ✔ *CBCL en taxatie van de ernst*

In het geval van de CBCL is de uitspraak over de ernst impliciet, in die zin dat de mate van ernst correspondeert met de hoogte van de score. Dit blijkt uit het gegeven dat scores die boven een bepaalde drempel uitkomen (een T-score van 70 en meer, behaald door ongeveer 2 procent van de normale populatie) als klinisch worden bestempeld. Op deze wijze laat de CBCL toe de ernst vast te stellen van de verschillende afzonderlijke syndromen (somscore van de schalen), alsook van het probleemgedrag in het algemeen (som van alle items). Het criterium voor ernst bij de CBCL komt dus neer op het aantal verschillende probleemgedragingen dat het kind vertoont en op de mate waarin die overheersen in diens gedragsrepertoire. Hoe meer probleem-*gedragingen* uit een bepaalde categorie van toepassing zijn, hoe ernstiger het betreffende gedragsprobleem is. Hoe meer *categorieën* van toepassing zijn, hoe ernstiger de problematiek doorgaans is.

### ✔ *DSM en taxatie van de ernst*

De DSM volgt, voor wat de beoordeling van de ernst betreft, geen vaste koers. In een beperkt aantal gevallen worden in aanvulling op de classificatiecriteria ook criteria voor ernst vermeld. Ook hier gaat het dan om de beoordeling van ernst in termen van het aantal probleemgedragingen of symptomen. Zo moeten er voor de toekenning van de classificatie 'Hyperactiviteitsstoornis met aandachtstekort' ten minste zes symptomen van aandachtstekort en zes symptomen van impulsiviteit-hyperactiviteit aanwezig zijn. In het geval dat het minimale aantal niet of nauwelijks wordt overschreden én er alleen sprake is van minimale of helemaal geen negatieve consequenties in het functioneren thuis en op school, wordt de stoornis als mild (ook in het Engels: *mild*) beoordeeld. Zijn er veel symptomen die het minimale aantal overstijgen én leidt dit tot belangrijke en verregaande beperkingen in het schoolse en sociale functioneren, dan wordt de stoornis als ernstig (*severe*) beoordeeld. Als het aantal overstijgende symptomen en het disfunctioneren tussen mild en ernstig in ligt, dan wordt de stoornis als gematigd (*moderate*) beoordeeld.

Naast de mate van ernst die bij bepaalde stoornissen beoordeeld kan worden, voorziet de DSM ook in een aparte beoordeling van het globale psychische functioneren van de persoon (Schaffer e.a., 1983). Hierbij wordt gebruikgemaakt van de Global Assessment of Functioning Scale (GAF Scale). Met uitzondering van de code 0 (onvoldoende informatie) wijzen lage codes in de GAF-schaal op ernstig disfunctioneren. De codes lopen van 1 tot en met 90, verdeeld in negen bereiken. Het bereik 71-80, bijvoorbeeld, wordt toegekend als de symptomen te beschouwen zijn als voorbijgaande en te verwachten reacties op psychosociale stressoren of als er niet meer dan een geringe negatieve invloed is op het sociale, beroepsmatige of schoolse functioneren.

Wat het criterium voor ernst betreft, voegt de DSM in vergelijking met de CBCL iets toe aan het criterium 'aantal probleemgedragingen of symptomen'. Er wordt gekeken of het probleemgedrag opgevat kan worden als een in de ontwikkeling te verwachten en in die zin voorbijgaande reactie. Bovendien worden de consequenties van de stoornis voor het functioneren van de persoon in maatschappelijk belangrijke levensdomeinen (gezin, school, werk) in het oordeel betrokken. Hoe meer stoornissen er zijn (comorbiditeit), hoe ernstiger de problematiek doorgaans is.

De vergelijking tussen CBCL en DSM, voor wat de beoordeling van de ernst van het probleemgedrag betreft, laat zien dat er duidelijke verschillen in benadering bestaan. Rutter (1975) is een van de weinigen die voor het vaststellen van ernst een algemene lijst van criteria heeft opgesteld. Wij volgen in de onderstaande tabel de (enigszins aangepaste) presentatie van deze criteria door Oudshoorn (1985).

Diagnostische criteria van Rutter:

1. Is het symptoom of probleemgedrag bij de leeftijd passend?
2. Is het hardnekkig?
3. Treedt het frequent op?
4. Is het specifiek voor psychopathologie?
5. Is het situatiegebonden?
6. Is het recent of langdurig bestaand?
7. Is het op zichzelf staand of niet?
8. Zijn er nadelen:
   - voor het kind en gezin?
   - voor de verdere omgeving?
   - in de zin van sociale beperkingen?
   - in de zin van een verstoring van de ontwikkeling?
9. Leidt het tot psychosociale stress?
10. Hoe is de socioculturele achtergrond?

Noot: Oudshoorn vermeldt criterium 3 als 'ernstig en frequent'. Omdat ook de andere criteria in de beoordeling van ernst kunnen worden betrokken, wordt hier alleen het aspect frequentie vermeld.

Dergelijke criteria benoemen als het ware een aantal algemene dimensies die bij de beoordeling van de ernst moeten worden betrokken. Zij vormen impliciet ook de achtergrondkennis die voor een globaal oordeel op de GAF-schaal nodig is. De vraag is hoe deze dimensies in een concrete taxatieprocedure moeten worden ingepast. Vooralsnog lijkt een combinatie van een globale taxatieschaal (zoals in de DSM met de GAF-schaal) met de genormeerde score van de CBCL in ieder geval een stap in de goede richting. Een andere aanpak is om een op de eigen praktijk toegesneden taxatieschaal te ontwerpen waarbij de deskundigheid van de betrokken diagnostici in rekening wordt gebracht. Een voorbeeld van een dergelijk initiatief heeft geleid tot de Heerlense Ernst Taxatie Schaal (HETS) voor kinderen en jongeren aangemeld bij het RIAGG (Steerneman, Pelzer & De Bruyn, 1993). Bij de constructie van de schaal is uitgegaan van consensusoordelen tussen de hulpverleners. Voor elk van de in totaal tachtig specifieke criteria werden beoordelingsschaaltjes ontwikkeld. Bovendien is aan elk van de criteria een gewicht toegekend dat het belang van het criterium voor de taxatie aangeeft. Per item wordt de beoordeling gewogen met het belang van het criterium. De totale score is de som van de gewogen criteriumscores. Het voordeel van een dergelijke schaal is dat consensuskennis in een team op systematische wijze in een transparante taxatieprocedure wordt omgezet.

### 7.4.6 Weging van positieve en negatieve gedragingen

In de diagnostiek staat het door de cliënt of diens omgeving ervaren probleem op de voorgrond. Het is niet denkbeeldig dat daardoor alle aandacht uitgaat naar negatieve gedragingen. Op twee manieren bevat echter ook het positieve gedrag waardevolle informatie:

- als positief beoordeeld gedrag binnen het probleemdomein ('Soms heb ik geen enkele moeite om me te concentreren en leer ik vrij snel.');
- als positief beoordeeld gedrag uit andere domeinen ('Hij is daarentegen heel creatief en heeft een uitgesproken voorkeur voor alles wat met beeldende vorming te maken heeft.').

Positieve voorbeelden van concrete gedragingen kunnen een probleem relativeren, aanknopingspunten bieden voor een aanpak (zie hoofdstuk 9: Indicatieanalyse) en een idee geven over de ernst van de totale problematiek. Een persoon is meer dan de optelsom of groepering van zijn probleemgedrag. Probleemgedraguitlokkende en -ondersteunende condities (zie hoofdstuk 8) zijn bij uitstek het onderwerp van wetenschappelijk onderzoek naar wat doorgaans risicofactoren voor de ontwikkeling worden genoemd. Pas relatief recent is in het onderzoek naar ontwikkelingspathologie ook aandacht gekomen voor zogenaamde beschermende of protectieve factoren (Groenendaal, Meyer, Veerman & De Wit, 1987; Ten Brink & Veerman, 1998). Deze factoren komt men onder andere op het spoor door kinderen te bestuderen die zich redelijk normaal of goed ontwikkelen, ondanks de aanwezigheid van een groot aantal risicofactoren in henzelf of in de omgeving.

Het onderzoek naar beschermende factoren heeft vooralsnog niet geleid tot een direct toepasbare standaardlijst voor de diagnostische praktijk. Daar zijn verschillende redenen voor. Het is bijvoorbeeld nog niet duidelijk hoe de ernst van de problematiek gewogen moet worden in verhouding tot aanwezige risico- en beschermende factoren. Zo is het opvallend dat sommige auteurs beschermende factoren (bijvoorbeeld: een goede intelligentie) niet anders voorstellen dan de positieve formulering van wat anderen een risicofactor noemen (in dit geval een zwakke intelligentie). Het is denkbaar dat alleen al het ontbreken van een beschermende factor (bijvoorbeeld: een warm en ondersteunend gezinsklimaat) een bijdrage kan leveren aan het ontstaan of instandhouden van een probleem. Ten slotte lijkt onderzoek (Groenendaal e.a., 1987) uit te wijzen dat niet één factor op zich, maar alleen een samenstel van factoren effectieve bescherming biedt, waarbij de constellatie dan nog van kind tot kind kan verschillen. Dit neemt niet weg dat het in kaart brengen van beschermende factoren op zich een goed tegenwicht kan bieden voor een te eenzijdige negatieve beeldvorming (zie hiervoor ook het 'integratief beeld' in hoofdstuk 8).

In de literatuur wordt steeds naar drie categorieën beschermende factoren verwezen:

- aangeboren positieve eigenschappen van het kind (stressbestendigheid, intellectuele capaciteiten en veerkracht);
- een warm en ondersteunend gezinsklimaat (een veilige relatie van het kind met de opvoeders en een begripvolle relatie tussen opvoeders onderling);
- een ondersteunend sociaal netwerk (emotioneel toegankelijke en stimulerende familie en leerkrachten).

In de fasen van de klacht- en probleemanalyse zullen zich steeds momenten voordoen waarbij de positieve kwaliteiten van kind, opvoeder en omgeving (beschermende factoren) in de context van het gesprek tussen diagnosticus en cliënt aan bod komen. Zonder het karakter van de persoonsgerichte dialoog uit het oog te verliezen, zal de diagnosticus hiervan notitie nemen, ook al is een meer expliciete en systematische analyse nog niet aangewezen. Pas na de toetsing van de diagnostische verklaringen (zie hoofdstuk 8) kan in het kader van de formulering van het integratief beeld de eindbalans worden opgemaakt.

De probleemanalyse resulteert in één of meer onderkennende diagnosen. De volgende stap bestaat uit de analyse en toetsing van diagnostische verklaringen. In hoofdstuk 8 (verklaringsanalyse) werken we dat gedetailleerder uit.

## 7.5 Aandachtspunten

We bespreken hier de aandachtspunten – met tips en vuistregels – bij achtereenvolgens de bij de start van paragraaf 7.3 genoemde stappen van beschrijving en inventarisatie, ordening en benoeming (classificatie), en taxatie van de ernst van probleemgedrag.

### 7.5.1 Beschrijving en inventarisatie van probleemgedrag

*Introduceer de inventarisatie middels een classificatiesysteem.* In de klachtanalyse is een aantal probleemgedragingen als onderdeel van de klacht al op een natuurlijke wijze aan bod gekomen. Leg de cliënt uit dat het nu de bedoeling is om te kijken of het probleem vergelijkbaar is met wat ook bij andere kinderen of jongeren voorkomt en dat daarom met een systeem wordt gewerkt dat dit in kaart kan brengen. Leg de grote lijnen van het systeem uit en kondig alvast aan dat de resultaten op een later moment besproken zullen worden. Benadruk dat er dan ook nog ruimte is voor correcties door de cliënt.

*Gebruik de bij het classificatiesysteem horende technieken om het probleemgedrag in kaart te brengen.* Voor het systeem van Achenbach zijn aparte lijsten voor kind/jongere, ouder en leerkracht beschikbaar (Achenbach & Edelbrock, 1983; Verhulst, Van der Ende & Koot, 1996). Ook groepsleiders kunnen de CBCL invullen als zij voldoende informatie over het kind hebben. Het gebruik door de groepsleiding is in Nederland onderzocht door Albrecht, Veerman, Damen en Kroes (2001).

De inventarisatie van probleemgedrag in het raamwerk van de DSM gebeurt via een gestructureerd interview. In Nederland zijn versies voor afname bij kind en jongere beschikbaar: DISC-IV (Diagnostic Interview Schedule for Children; Ferdinand & Van der Ende, 1998) en ADIS-C (Anxiety Disorder Interview Schedule for Children; Siebelink & Treffers, 2000). Deze hebben beide een ouder- en een kindversie. In de Verenigde Staten zijn versies voor afname met ouder en leerkracht in ontwikkeling (zie: Esmeijer, Veerman, Ten Brink & van Leeuwen, 1998). Onderzoek (Garb, 1998) heeft uitgewezen dat het hanteren van deze techniek de nodige training vraagt. Klinische classificatie op basis van gesprekken en indrukken is onbetrouwbaar en moet dus indien mogelijk worden vermeden. Een alternatief is het inventariseren middels probleemlijsten die op de inhoudelijke DSM-criteria zijn afgestemd. Een voorbeeld hiervan zijn de lijsten die door Krol zijn samengesteld in het kader van de ontwikkeling van MAD (Krol e.a., 1998, 2001; zie ook box 7.2).

### 7.5.2 Ordening en benoeming (classificatie) van probleemgedrag

*Benoem probleemgedrag in termen van het gebruikte classificatiesysteem.* De probleeminventarisatie verloopt binnen de beschrijving van bestaande stoornissen, maar de stoornis wordt pas toegekend als aan de criteria voor de stoornis is voldaan. Ook als de stoornis – bijvoorbeeld: een expressieve taalstoornis volgens de DSM – niet kan worden toegekend, kunnen de probleemgedragingen die binnen de stoornis werden geordend, in gelijkaardige termen – in dit geval 'problemen met expressieve taal' – getypeerd worden.

*Wees bedacht op verschillen tussen informanten.* Kind en jongere, ouder en leerkracht (groepsleider) kunnen verschillen in hun waarneming van het probleemgedrag (Achenbach, McConaughy & Howell, 1987; Kroes, Veerman & De Bruyn, 2000). Dit kan ertoe leiden dat op grond van de oordelen van de ene informant (bijvoorbeeld: de ouder) een stoornis wordt toegekend, terwijl dit op grond van een andere informant (bijvoorbeeld: de jongere zelf) niet het geval is. Stel een bespreking met de betrokkenen hierover niet uit en probeer mogelijk onterechte verschillen in waarneming op te heffen. Verwijs bij gebleken verschillen steeds naar de bron van informatie. Spreek met de cliënt af welk probleemgedrag of stoornis in het verdere onderzoek zal worden betrokken.

*Gebruik de meest recente versie van bestaande classificatiesystemen.* Het is in de praktijk soms verleidelijk om een vertrouwd middel te blijven gebruiken, soms met als (onterecht) motief dat daardoor de vergelijkbaarheid in de gegevens gewaarborgd blijft. Toch is dat niet verstandig. De communicatie met collega's wordt er bovendien ernstig door belemmerd.

*Wees erop bedacht dat ordenen nog geen verklaren is.* Het gaat bij ordenen om een compacte beschrijving van de uitgebreide lijst van probleemgedragingen, gegroepeerd rond centrale thema's. Benoem een gedragscluster dus ook niet verklarend. Dus niet: 'intelligentietekort', maar wel: 'cognitief probleem'. Niet: 'taalontwikkelingsprobleem', wel: 'taalprobleem'.

*Ga na of de indeling van probleemgedragingen volledig is.* Het is van belang dat gedragingen niet ten onrechte buiten de classificatie blijven.

### 7.5.3 Taxatie van de ernst van het probleemgedrag

*Gebruik bij de Achenbach-probleemlijsten in ieder geval steeds de totaalscore.*

*Combineer informatie uit verschillende bronnen bij een globaal oordeel over de ernst van het probleemgedrag.* De totaalscore op de Achenbach-lijsten, de criteria van Rutter en de informatie over de positieve gedragingen kunnen dienen als ondersteuning bij een globaal oordeel op een schaal als de GAF (Global Assessment of Functioning Scale). Ook de L-HETS kan hierbij ondersteuning bieden (Steerneman, Pelzer & De Bruyn, 1993).

*Vraag eventueel een tweede opinie over het beargumenteerde ernstoordeel.*

*Overleg regelmatig met collega's.* In de eigen oordeelsvorming kan op den duur een vertekening optreden. Overleg met vakgenoten is daarom nodig, mogelijk aan de hand van een zelf op te stellen taxatieschaal die intercollegiaal kan worden gebuikt.

*Schenk aandacht aan positieve kenmerken.* Maak na ieder gesprek een lijstje van de positieve kenmerken van kind, opvoeder, sociale omgeving. Ze kunnen in de latere communicatie nuttig zijn bij het gezamenlijk doorspreken van resultaten en het kiezen van mogelijke richtingen van aanpak.

# 8. Verklaringsanalyse: formuleren en toetsen van diagnostische verklaringen

" De opbrengst van de voorgaande stappen is dat we het probleem van de cliënt hebben onderkend en in kaart gebracht. We doen dat in termen van (wetenschappelijke) kennis over soortgelijke gevallen.
We bespreken in dit hoofdstuk hoe we tot een analyse van diagnostische verklaringen van een probleem proberen te komen, die uitmondt in een verklarende diagnose. Daarbij doen we een beroep op bestaande kennis over relaties tussen problemen en de condities die deze problemen kunnen uitlokken of instandhouden. Het gaat derhalve om kennis over causale verbanden, die de basis vormt voor het opstellen van verklaringen. We zetten uiteen wat het doel is van het formuleren en toetsen van verklarende diagnostische onderzoekshypothesen binnen een voorlopig diagnostisch denkschema en leggen uit wat we eronder verstaan.
De verklaringsanalyse leggen we uiteen in twee deelstappen. De eerste is het *formuleren* van toetsbare verklaringen (hypothesen), de tweede is het *toetsen* ervan. Op basis daarvan stellen we een integratief beeld op waarin we aangeven welke condities waarschijnlijk tot dit probleem hebben geleid of het instandhouden. Zo'n verklarende diagnose kan van belang zijn bij het zoeken naar interventiemogelijkheden, bijvoorbeeld wanneer het gaat om condities die (nog) beïnvloedbaar zijn.
We gaan in op de voorwaarden waaraan toetsbare, verklarende hypothesen moeten voldoen en geven concrete

richtlijnen hoe we daartoe kunnen komen. In het kort geven we aan wat de functie van het toetsen van diagnostische hypothesen is in het geheel van de diagnostische cyclus. We leggen uit wat idealiter gewenst zou zijn om de hypothesetoetsing zo (wetenschappelijk) verantwoord mogelijk te laten verlopen. Vervolgens lichten we de werkwijze in de twee deelstappen toe en besluiten we met een aantal aandachtspunten. Ter afronding vatten we de hoofdlijnen samen en geven we suggesties om vaak voorkomende fouten te vermijden.

## 8.1 Verantwoording

Na onderkenning van het probleem, de onderkennende diagnose, formuleren we mogelijke verklaringen. De daarop volgende toetsingsprocedure moet uitwijzen of de verwachte gegevens – zoals die aannemelijk en dus voorspelbaar zijn – ook werkelijk gevonden worden. Het doel van de stap van de diagnosestelling in de diagnostische cyclus is het opstellen en toetsen van wetenschappelijke, alternatieve *verklaringen* voor het onderkende probleem.

Verklaringen hebben de vorm van uitspraken over condities die het probleem kunnen doen ontstaan of instandhouden. Als bijvoorbeeld 'enuresis' het probleem is, dan kan men denken aan een beschadiging van de sluitspier als lichamelijke veroorzaker, maar ook aan een pedagogische conditie die het probleem instandhoudt, zoals extra ouderlijke aandacht na elk bedwateren. Beide verklarende condities kunnen los van elkaar voorkomen, maar elkaar ook versterken.

Het nut van het werken met alternatieve en aanvullende diagnostische verklaringen is drieledig.

Ten eerste wéten we dat er bij de huidige stand van de wetenschap geen theoretische of empirische grond is voor het in verband brengen van probleemgedrag met slechts één soort condities (zie ook De Bruyn, 1985; Vermande, 1995; Carr, 1999). Er bestaan voor eenzelfde probleem in de regel meer theorieën die een redelijke mate van validiteit bezitten. De diagnosticus kan hier eclectisch gebruik van maken. De keuze voor een theorie is gelegen in de relevantie voor dít probleem en in de kwaliteit van het empirisch bewijs dat die theorie oplevert.

In de tweede plaats is het van belang voor de uitwerking van een eventuele interventie en voor de keuze uit alternatieve mogelijkheden. Uiteraard veronderstelt kúnnen kiezen dat die alternatieven er ook daadwerkelijk zijn.

In onze opvatting gaat het dan niet om een scala van volledig uitgewerkte interventies, maar om het bepalen van de theoretische oriëntatie waarop in een latere fase de interventie kan worden gestoeld. In de stap van de indicatieanalyse (zie hoofdstuk 9) komen we hierop terug.

Ten derde vormt het bewust gericht zijn op *alternatieve* verklaringen een bescherming tegen fouten. Behalve dat wordt tegengegaan dat belangrijke verklaringen buiten beeld blijven, is het voor de diagnosticus nodig om weloverwogen met grote hoeveelheden informatie van uiteenlopende aard om te gaan. Zo wordt voorkomen dat de compleetheid van de verklaringen wordt overschat (Fischoff, Slovic & Lichtenstein, 1978; Gettys, Mehle & Fisher, 1986) of dat de eerst opkomende hypothese (de 'dominante hypothese') wordt bevoordeeld ten koste van mogelijke alternatieven ('confirmation bias'; Skov & Sherman, 1986; zie ook Vermande, 1995).

In het navolgende gaan we allereerst in op de centrale begrippen die in de rest van het hoofdstuk van belang zijn. Daarna bespreken we de voorwaarden, werkwijze en relevante aandachtspunten.

## 8.2 Begrippen

voorlopig diagnostisch denkschema • conditie • wetenschappelijk verklarende hypothese • diagnostische (verklarende) onderzoekshypothese • diagnostische toetsprocedure (onderzoeksmiddelen en toetsingscriteria) • zekerheid en waarschijnlijkheid • integratief beeld: verklarende diagnose

### 8.2.1 Voorlopig diagnostisch denkschema

Het voorlopig diagnostisch denkschema is een eerste conceptueel 'schema' dat de diagnosticus opstelt op basis van de informatie uit de voorgaande stappen en door een koppeling te maken met beschikbare kennis: zowel empirische kennis als klinische kennis. In tegenstelling tot 'harde' empirische kennis is klinische kennis te karakteriseren als 'zwak'. Voorbeelden van de laatste zijn intuïtieve kennis en de 'klinische blik'. Een 'klinische blik' is geen vorm van te expliciteren kennis, maar van vermeende (in de betekenis van: veronderstelde) kennis. Naarmate deze kennis meer te expliciteren is, neemt de hardheid ervan toe.

Voor de verwetenschappelijking van het diagnostisch proces beschouwen we de empirische kennis als het meest waardevol. Cruciaal is dat deze kennis betrekking heeft op (causale) verbanden. In een eerste denkschema komen we immers tot beweringen over de condities die tot dít probleem van déze cliënt hebben geleid of die het instandhouden. In de literatuur wordt dit ook wel aangeduid als 'case formulation' (Eells, 1997). Dit voorlopig diagnostisch denkschema kan meer of minder scherp zijn en kan ook vermoedens bevatten. Zolang we er geen harde kennis over hebben, heeft het hooguit de status van een veronderstelling.

Het voorlopig diagnostisch denkschema is het uitgangspunt voor het komen tot verklarende hypothesen. Een voorbeeld van een voorlopig denkschema is:

> José is thuis overbeschermd opgevoed. Hierdoor heeft ze weinig exploratiebehoefte en raakt zij cognitief achter ten opzichte van haar leeftijdgenoten, met de huidige leerproblemen als gevolg. (Gebaseerd op: Van Weelden, 1988)

### 8.2.2 Conditie

Met het begrip 'conditie' bedoelen we een variabele die volgens het wetenschappelijke kennisbestand verantwoordelijk is voor het in gang zetten of houden van een probleem. In plaats van het begrip 'conditie' worden in de wetenschappelijke literatuur veel verschillende termen gebruikt, zoals: factoren, risicofactoren, oorzaken, onafhankelijke variabelen, antecedente en consequente variabelen, constructen, theoretische concepten, stressful life events, enzovoort.

### 8.2.3 Wetenschappelijk verklarende hypothese

Een wetenschappelijk verklarende hypothese is een *bewering* over de veronderstelde causale samenhang tussen twee of meer condities. De Groot (1961, p. 45) spreekt van "een 'open', veronderstelde, meer algemene wettelijkheid". In een wetenschappelijke theorie worden de causale relaties tussen condities of variabelen afgebeeld in een conceptueel model dat tot toetsbare verwachtingen leidt. In het voorbeeld van José hierboven is zo'n algemene verwachting dat de opvoedingsstijl van invloed is op de cognitieve ontwikkeling van kinderen. In de diagnostiek kunnen we op basis van deze empirisch houdbaar gebleken algemene veronderstelling (Van der Ploeg, 1990; Harkness & Super, 1992) een toetsbare bewering formuleren over de relatie tussen verschijnselen in dit individuele geval: de diagnostische onderzoekshypothese.

Wanneer verschijnselen met elkaar samenhangen, is lang niet altijd sprake van een oorzaak-gevolgrelatie. Alleen als het optreden van het ene verschijnsel leidt tot een toename van de kans op het andere verschijnsel, spreken we van een causaal verband. Als personen waarbij een verklarende conditie van kracht is een grotere kans hebben op het vertonen van bepaald gedrag dan personen waarbij die conditie niet aangetoond kan worden, spreken we van een zinvol probabilistisch te interpreteren verklaring. In box 8.1 illustreren we hoe we de samenhang tussen condities en stoornissen kunnen weergeven in een *2x2-matrix* en gaan we in op de wijze waarop de zinvolheid van het toetsen van verklaringen vastgesteld kan worden.

We hebben in het voorgaande meermaals aangegeven dat we bij een diagnostische verklaring op zoek zijn naar condities die waarschijnlijk tot het onderkende probleem hebben geleid of het instandhouden. Ook het 'instandhouden' verwijst naar een causale relatie: reactie X verhoogt de kans op het optreden van verschijnsel Y. Voor de besliskundige redenering (zie box 8.1) maakt dat geen verschil.

Overigens betekent een empirisch vastgestelde causale relatie niet dat het bij een stoornis doorgaans om een simpel verband gaat. Dikwijls zal er sprake zijn van complexe verbanden waarin de verschillende condities elkaar met meer of minder gewicht en meer of minder direct beïnvloeden. We spreken dan ook wel van een multicausaal model (zie box 8.2).

In de meeste gevallen willen we in diagnostisch onderzoek nagaan of één of meerdere te verwachten condities zich voordoen of niet. Soms zal het mogelijk zijn om niet alleen indirect te beargumenteren met welke kans condities zich voordoen, maar kunnen we de veronderstelde causale *relatie* meer direct toetsen. Voorbeelden zijn het toepassen van een experimentele opzet bij een gedragsobservatie of het gebruik van een N = 1-leerexperiment of -leertest. In die gevallen manipuleren we immers een onafhankelijke variabele (bijvoorbeeld: het verbaal of non-verbaal aanbieden van een taak) en stellen we rechtstreeks de invloed vast op een afhankelijke variabele (bijvoorbeeld: de accuratesse van de uitvoering).

Meer algemeen gesproken kan de mate waarin een probleem te beïnvloeden is, een belangrijke inhoudelijke overweging zijn bij de beslissing om een conditie in het diagnostisch onderzoek te betrekken. Wanneer er bijvoorbeeld een vraag naar behandeling is, is het zinvol om – in elk geval ook – verklarende condities op te sporen die we nog via interventies kunnen sturen.

**Box 8.1 De causale samenhang tussen conditie en stoornis.**

Wanneer we in de gedragswetenschappen spreken over causale samenhang tussen verschijnselen, dan gaat het niet om een deterministische relatie (P leidt *altijd* tot Q), maar om een probabilistische (P maakt de *kans* op Q groter dan op basis van toeval te verwachten valt). In de individuele diagnostiek gaan we na of bij een persoon met een al vastgestelde stoornis S (of onderkend probleem) sprake is van conditie C die daarvoor een verklaring kan zijn. Aangezien de relatie tussen een stoornis en een conditie een kansrelatie is, moeten we er rekening mee houden dat er ook mensen zijn die *niet* de stoornis hebben, maar waarbij conditie C toch wordt aangetroffen. Evenzeer is het zo dat *niet* bij alle mensen die de stoornis hebben de conditie ook zal worden aangetroffen. Hoe weten we nu of een conditie causaal geïnterpreteerd kan worden? Dit is af te leiden uit onze empirische kennis over de mate waarin in de betreffende populatie de aanwezigheid van een verklarende conditie (C) van invloed is op de kans op het optreden van een bepaalde stoornis (S). We lichten dit hieronder verder toe.

De gegevens die we bij onze oordeelsvorming moeten betrekken, kunnen geordend worden in de onderstaande *2x2-matrix*:

| | | Stoornis S | |
|---|---|---|---|
| | | + | – |
| Conditie C | + | a | b |
| | – | c | d |

Als C causaal gerelateerd is aan S, dan is de kans (P) op het aantreffen van S (in het navolgende aan te duiden als S+) logischerwijs groter ingeval C zich voordoet (C+) dan wanneer C afwezig is (C-). In symbolen uitgedrukt: P(S+/C+) > P(S+/C-). Hieruit volgt ook dat bij het optreden van C de kans op het hebben van de stoornis (dus: de kans op S+, gegeven C+) groter is dan de kans op het hebben van de stoornis als zodanig (oftewel S+). Dus: P(S+/C+) > P(S+). Oftewel, en we zullen dat in onderstaand voorbeeld illustreren, moet deze kans groter zijn dan de a priori kans waarmee de stoornis voorkomt. In plaats van *a priori kans* ('a priori' betekent letterlijk: 'vooraf') spreken we ook wel van *base rate* of *relatieve basisfrequentie* van de stoornis (hier: de som van a + c in verhouding tot de som van a + b + c + d). Er dient voor een causale interpretatie van een relatie dus empirische ondersteuning te zijn. Is er geen samenhang tussen conditie en stoornis, dan kan de conditie niet als causaal voor de stoornis worden opgevat.

Omdat we de gegevens geordend hebben in een *2x2-matrix*, kan de vraag naar samenhang in eerste instantie op basis van de uitkomst van een statistische toets beantwoord worden. Is er significante samenhang, dan laten de kansverhoudingen zien wat deze causale samenhang op beslissingsniveau voorstelt. De meest globale manier om dit na te gaan is P(S+/C+) te vergelijken met P(S+). Maar ook de vergelijking tussen P(S+/C+) en P(S+/C-) is informatief, omdat daardoor het effect van het al dan niet hebben van de conditie op P(S+) zichtbaar wordt gemaakt.

In het navolgende voorbeeld illustreren wij het bovenstaande aan de hand van fictieve onderzoeksgegevens over 100 personen van wie we weten of conditie C zich voordoet of niet en van wie de helft stoornis S (S) heeft en de andere helft niet.

| | | Stoornis S | | |
|---|---|---|---|---|
| | | + | – | |
| Conditie C | + | 40 | 20 | [60] |
| | – | 10 | 30 | [40] |
| | totaal | [50] | [50] | [100] |

In het gegeven voorbeeld is er sprake van een zeer significante samenhang (we kunnen de sterkte van de samenhang nagaan met een chi-kwadraattoets; bij deze gegevens vinden we als toetsingsgrootheid een $\chi^2$ van 16.67; $p < .001$). In dit geval is het berekenen van de kansverhoudingen verantwoord. We doen dit hier op twee niveaus: dat van de vergelijking van P(S+/C+) met P(S+) en dat van de vergelijking van P(S+/C+) met P(S+/C-).

In het voorbeeld is de kans (P) dat we bij conditie C óók stoornis S zullen vinden (S+/C+), gelijk aan de verhouding dat ze samen voorkomen (40 keer) tot het totaal aantal keer dat de conditie voorkomt (60 keer). De kans (P) dat stoornis S (S+) voorkomt in deze onderzoekspopulatie is 50 keer op het totaal van 100 gevallen:

P(S+/C+) = 40 : 60 = .67 (de kans op stoornis S, als conditie C er is)
P(S+) = 50 : 100 = .50 (de kans op stoornis S)

Uitgaande van dezelfde gegevens is de kans (P) dat we bij afwezigheid van conditie C toch stoornis S zullen vinden (S+/C-), gelijk aan de verhouding:

P(S+/C-) = 10 : 40 = .25 (de kans op stoornis S, als conditie C er niet is)

We zien dus een verschil in kans op stoornis S als conditie C er is (.67) ten opzichte van het geval dat conditie C er niet is (.25). Anders gezegd: er is een effect van het optreden van conditie C.

In de diagnostiek gaat het evenwel nagenoeg nooit om het toetsen van slechts één enkele conditie, maar om meerdere verklarende condities. Voor elk van deze condities moet uiteraard de controle op de toelaatbaarheid van de causale interpretatie worden uitgevoerd.

Ten slotte mag P(S+/C+) niet verward worden met P(C+/S+). In het eerste geval gaat het om de kans dat een stoornis voorkomt, gegeven de conditie. In het tweede geval gaat het om de kans de conditie te vinden in die gevallen waarin de stoornis is vastgesteld. Deze laatste kansverhouding is van belang bij de beslissing de toets op de conditie (dus nagaan of de conditie wel in het individuele geval wordt aangetroffen) ook daadwerkelijk te gaan uitvoeren. In het besproken voorbeeld is de kans op het aantreffen van de conditie, gegeven de stoornis: 40 : 50 = .80. Of, anders uitgedrukt, van de honderd personen waarbij de stoornis is vastgesteld, kan worden verwacht dat er bij 80 van hen óók de conditie zal worden aangetroffen. Het kan evenwel ook voorkomen dat P(C+/S+) erg laag is en dat, bijvoorbeeld, slechts bij 5 van de 100 personen die de stoornis hebben, verwacht kan worden dat de conditie voorkomt. De diagnosticus zal zeker in zulke gevallen moeten beslissen of het de moeite waard loont de hypothese daadwerkelijk te toetsen. Hierbij speelt bovendien niet alleen de kansafweging een rol, maar ook de consequentie van de uitkomst van de toets op de behandeling (oftewel: het verwachte nut; zie hiervoor hoofdstuk 9: Indicatieanalyse, paragraaf 9.2.5).

Voor verdere kennismaking met het werken met kansverhoudingen verwijzen we naar: Akkerman, A.E. (1982). Het theorema van Bayes. In D.B. Baarda, & E.J. Zwaan (Red.), *Alternatieven in de psychodiagnostiek* (pp. 15-34). Nijmegen: Dekker & Van de Vegt.

### 8.2.4 Diagnostische (verklarende) onderzoekshypothese

Onder een verklarende onderzoekshypothese verstaan we een *toetsbare* (deel)-bewering over een conditie die verondersteld wordt een verklaring te zijn voor het onderkende probleem (opmerking: zie ook de toelichting op 'verklaren' in paragraaf 8.2.3).

### 8.2.5 Diagnostische toetsprocedure: onderzoeksmiddelen en toetsingscriteria

In de toetsprocedure operationaliseren we de condities uit de verklarende onderzoekshypothese door de keuze van middelen en criteria. Deze condities kunnen zeer verschillend van aard zijn en bijvoorbeeld betrekking hebben op feitelijke gebeurtenissen (zoals stressful life events), maar ook op psychologische constructen (zoals intelligentie en opvoedingsstijl). Wanneer we bijvoorbeeld - aansluitend bij het voorlopig diagnostisch denkschema in 8.2.1 - een cognitieve achterstand opvatten als een lagere intelligentie in vergelijking tot de leeftijdsnormgroep, dan kunnen we de WISC-III als een gestandaardiseerd onderzoeksmiddel inzetten, met als criterium een score die in bepaalde mate negatief afwijkt van het gemiddelde. Maar stel dat we cognitieve achterstand inhoudelijk opvatten als een kwalitatief beperktere wijze van denken, dan is de keuze voor Piaget-taken als onderzoeksmiddel denkbaar, met een aanduiding van het stadium van denkontwikkeling als toetsingscriterium.

*Onderzoeksmiddelen* zijn alle middelen die bruikbaar zijn om een conditie uit een hypothese te operationaliseren. Daarbij kan het bijvoorbeeld gaan om vragenlijsten, tests, toetsen, projectieve technieken, observatiemethoden, interviewtechnieken, anamnestische gespreksvoering en dossieranalyse. Soms is de diagnosticus genoodzaakt om zelf een middel of werkwijze te construeren, mogelijk in de vorm van een klein experiment. Voor uitgebreide informatie over de onderzoeksmiddelen verwijzen we naar De Bruyn (1985, hoofdstuk 7), Drenth en Sijtsma (1990) en het COTAN-boek (Evers e.a., 2000).

*Toetsingscriteria* geven aan welke maatstaven bij de gekozen middelen worden gebruikt om te beslissen of de onderzoekshypothese kan worden aangenomen. Een voorbeeld van zo'n maatstaf (in dit geval voor een benedengemiddelde intelligentie) is: een verbaal én performaal IQ van minder dan 85 op de WISC-III. Rekening houdend met de betrouwbaarheid van het gebruikte instrument, kunnen we vervolgens nagaan met welke zekerheid de geformuleerde verwachting (in feite een voorspelling) uitkomt. Als men een onderzoeksmiddel kiest, moet dus op basis van (empirische) kennis te voorspellen zijn wat de uitkomst van de toetsing is als de hypothese geldig of voldoende aannemelijk is. De formulering van zo'n voorspelling luidt ongeveer als volgt: 'Als mijn onderzoekshypothese juist is, zal ik (bij objectief onderzoek) vinden dat...'. Vervolgens kunnen van de daadwerkelijk gevonden score de betrouwbaarheidsgrenzen worden bepaald (bijvoorbeeld: 'Met een zekerheid van 95 procent ligt de ware score tussen... en...'). Anders geformuleerd: met de toetsingscriteria geven we op voorhand aan binnen welk bereik van de resultaten we de hypothese zullen aannemen, verwerpen of eventueel aanhouden. Vallen de resultaten buiten het voorafbepaalde bereik, dan wordt de hypothese verworpen. In voorspellingen worden nogal eens termen gehanteerd als relatief vaak, relatief veel, enzovoort. De uitkomst van een toetsing kan echter pas goed beoordeeld worden als we de grenzen van de gekozen maatstaf ook nader specificeren.

Toetsingscriteria zijn uiteraard inhoudelijk gebonden aan het gekozen onderzoeksmiddel. Stel dat de conditie bestaat uit een gebeurtenis in het verleden (een 'stressful life event' of risicofactor, zoals een langdurige ziekenhuisopname in de eerste levensjaren) en we kiezen als onderzoeksmiddel een gesprek over het verleden, dan is het toetsingscriterium het antwoord 'ja' op de vraag naar zo'n gebeurtenis. Toetsingscriteria zijn gebonden aan de validiteit en betrouwbaarheid van het onderzoeksmiddel. In dit voorbeeld is dan de vraag of we mogen aannemen dat informatie uit een gesprek betrouwbaar en valide is. De diagnosticus moet daarover een oordeel kunnen vormen.

Aansluitend bij het voorgaande geven we enkele voorbeelden van operationalisaties in middelen en criteria:

- achterstand in cognitieve ontwikkeling (conditie): *de WISC-III-intelligentietest* als toetsingsmiddel, met als criterium *een verbaal én performaal IQ < 85*;
- inconsistente opvoedingsstijl (conditie): *observatie van gezinsinteracties tijdens het uitvoeren van een gezamenlijke opdracht* als middel, met als criterium *het vóórkomen van ten opzichte van elkaar tegenstrijdige reacties van de ouders op het spelgedrag van het kind*;
- geringe exploratiebehoefte (conditie): *observatie van vrije spelsituaties thuis* als middel, met als criterium *het niet uit zichzelf vertonen van op de omgeving gericht explorerend gedrag.*

### 8.2.6 Zekerheid en waarschijnlijkheid

We hebben gezien (zie box 8.1) dat wetenschappelijk verklarende hypothesen niet deterministisch, maar probabilistisch van aard zijn. Deterministische relaties (zoals: als de benzine op is, slaat de motor af) zijn in de gedragswetenschappen nauwelijks bekend. Het wetenschappelijke onderzoek op grond waarvan de diagnosticus hypothesen opstelt, zal geen perfecte samenhang tussen probleem/gedrag en conditie(s) laten zien. Er zullen in de onderzoekspopulatie zowel personen zijn die aan de verklarende conditie(s) voldoen, maar niet het gedrag vertonen, als personen die wél het gedrag vertonen, zonder echter aan de condities te voldoen. Bovendien brengt het gebruik van steekproeven op zich al een onzekerheidsmarge met zich mee. Zelfs een 'perfecte' relatie in een steekproef blijft een benadering van de 'ware' relatie in de populatie waarvoor het onderzoek bedoeld is.

Naast het voorgaande is er nog een aspect dat invloed heeft op de zekerheid en waarschijnlijkheid van een diagnostische verklaring. Immers, onafhankelijk van de conditie die we zinvol in een hypothese kunnen opnemen, zijn veelal ook andere verklarende condities denkbaar. Elk van die mogelijkheden heeft een eigen (a priori) kans en kán dan nog samen met de andere voorkomen, hoe waarschijnlijk die andere ook is. Eenzelfde probleem kan bij verschillende mensen door verschillende (combinaties van) condities worden opgeroepen en instandgehouden, al sluit dat natuurlijk niet uit dat bij verschillende mensen toch dezelfde (combinaties van) condities in het spel zijn.

Zekerheid en waarschijnlijkheid spelen niet alleen een rol bij het opstellen en formuleren van diagnostische hypothesen, maar ook bij de evaluatie (achteraf: a posteriori) van onderzoeksuitkomsten. De onderzoeksuitkomsten voldoen immers wel of niet aan de toetsingscriteria. Toch is er eerder sprake van een *beperkte* zekerheid of van waarschijnlijkheid, inherent aan de gekozen middelen en de criteria.

In de eerste plaats is elk onderzoeksmiddel slechts met een bepaalde mate van waarschijnlijkheid in staat om een conditie valide te meten. De begripsvaliditeit van onderzoeksmiddelen ligt op een schaal van 0.0 tot 1.0 idealiter weliswaar zo dicht mogelijk bij 1.0, maar wijkt daar in werkelijkheid van af. Bovendien is ook de betrouwbaarheid van het onderzoeksmiddel van invloed op de mate van zekerheid. Immers, hoe hoger de betrouwbaarheid van een instrument is, hoe nauwkeuriger de onderzoeksuitkomsten zijn en hoe zekerder we weten dat de resultaten binnen de gekozen criteriumgrenzen vallen. Maar afgezien van de validiteit en betrouwbaarheid van de middelen heeft ook elke psychologische variabele zelf een mate van instabiliteit die invloed uitoefent op de onderzoeksuitkomst. Zo kan bijvoorbeeld *faalangst* op het ene moment sterker zijn dan op het andere en heeft ook een variabele als *aandacht* niet constant hetzelfde niveau.

### 8.2.7 Integratief beeld: verklarende diagnose

Het diagnostisch onderzoek resulteert meestal in het aannemen van meerdere diagnostische (deel)hypothesen. De diagnosticus concludeert dan welke condities uit de diagnostische hypothesen het meest in aanmerking komen als verantwoordelijk voor het ontstaan of in stand blijven van het probleem van de cliënt. Voor een volledige verklaring is het nog noodzakelijk om in kaart te brengen hoe die verschillende condities zich binnen de persoon tot elkaar verhouden: het integratief beeld. Het integratief beeld is bij wijze van spreken een geretoucheerde versie van het voorlopig diagnostisch denkschema, waarin nu de relaties tussen condities en probleem en tussen de condities onderling een gewicht krijgen. Daarmee ontstaat de uiteindelijk gestelde verklarende diagnose: een door de diagnosticus tentatief opgestelde verklarende theorie voor dít specifieke probleem van déze specifieke cliënt. Bij verklarend diagnostisch onderzoek vormt het integratief beeld het antwoord van de diagnosticus op de onderkennende en verklarende diagnostische hulpvragen, zoals die met de cliënt zijn geformuleerd. Ook de vooraf waarschijnlijk geachte, maar niet aangenomen hypothesen kunnen daarin een plaats krijgen, in die zin dat de diagnosticus kan aangeven waarom ze niet van toepassing zijn of om welke reden ze wellicht voorlopig worden aangehouden.

## 8.3 Voorwaarden

In deze paragraaf besteden we aandacht aan de voorwaarden met betrekking tot de methodologische, psychometrische en professionele aspecten van het formuleren van toetsbare hypothesen en van de toetsprocedure zelf. Het volgende overzicht somt de belangrijkste voorwaarden op die we aan bod laten komen.

---

*Methodologische voorwaarden* aan het handelen van de diagnosticus:

- Bewaken van de geldigheid en volledigheid van wetenschappelijke kennis in het voorlopig diagnostisch denkschema
- Kunnen hanteren van de causale structuur van het voorlopig diagnostisch denkschema
- Kunnen toepassen van de structuur van een logische redenering in verklarende hypothesen
- Kunnen formuleren van een toetsbare diagnostische (verklarende) onderzoekshypothese(n)
- Correct uitvoeren van de daadwerkelijke toetsing
- Tegengaan van fouten
- Op een juiste wijze onderzoeksuitkomsten kunnen evalueren

Het kunnen hanteren van de *psychometrische voorwaarden* die aan onderzoeksmiddelen worden gesteld:

- Objectiviteit, betrouwbaarheid, validiteit en normering

*Professionele voorwaarden* aan het handelen van de diagnosticus:

- Beschikken over contactuele vaardigheden in het omgaan met cliënten
- Kunnen lezen van wetenschappelijk onderzoek en beoordelen van wetenschappelijke kennis

- Beschikken over metakennis over de keuze van onderzoeksmiddelen en hun toepassing
- Kunnen omgaan met eigen lacunes

### 8.3.1 Methodologische voorwaarden aan het handelen van de diagnosticus

In de voorgaande stappen is het probleem van de cliënt onderkend en benoemd in termen die door vakgenoten worden onderschreven: de onderkennende diagnose. 'Hoe' de diagnosticus diagnostische verklaringen moet formuleren en toetsen, is afhankelijk van een aantal voorwaarden.

✔ *Bewaken van de geldigheid en volledigheid van wetenschappelijke kennis in het voorlopig diagnostisch denkschema*

Na de onderkenning van een (deel)probleem moet een verband worden gelegd met condities die het probleem in gang hebben gezet en/of instandhouden. Twee zoekrichtingen zijn daarbij mogelijk: van probleem naar conditie of van conditie naar probleem.

In het eerste geval (van probleem naar conditie) wordt de probleemclassificatie uit de vorige stap als startpunt genomen voor het zoeken naar verklarende theorieën. Om die reden is er een voorkeur voor het gebruik van algemeen geaccepteerde classificatiesystemen (zoals: DSM-IV, ICD-10) en de daarin gekozen terminologie.

Voor de tweede aanpak (van conditie naar probleem; zie ook box 8.1) is het een voorwaarde dat er een beroep kan worden gedaan op een zo volledig mogelijk overzicht van typen verklarende condities en theorieën. In paragraaf 8.4 zullen we bij de beschrijving van de werkwijze daarvoor een hulpmiddel aanreiken. Uitgangspunt is dat door de bril van beschikbare, alternatieve theorieën wordt nagegaan in hoeverre deze kunnen bijdragen tot een geldige verklaring. We spreken dan ook wel van de zoeklichtfunctie van theorieën (Van Strien, 1986; Schoorl, Van den Bergh & Ruijssenaars, 2000).

Wetenschappelijke kennis wordt zoveel mogelijk ontleend aan theorieën die getoetst zijn middels adequaat opgezet en geanalyseerd empirisch onderzoek. Voor het verkennen van de potentiële verklaringen van een probleem is er een voorkeursvolgorde in het type wetenschappelijke kennis waarop we een beroep willen doen:

1. Experimentele kennis, aangezien die causaal van aard is. Kenmerkend voor een experiment is immers dat wordt nagegaan in hoeverre een verandering in de ene variabele leidt tot (en daarmee een verklaring vormt voor) verandering in een andere variabele.
2. Longitudinale kennis die causaal kan worden geïnterpreteerd. Herhaalde waarnemingen in een langer tijdsbestek (bij groepen of in N = 1-onder-

zoek) kan informatie opleveren over de condities die van invloed zijn op het ontstaan van verschijnselen of veranderingen daarin.

3. Kennis over samenhangen tussen variabelen (correlationele kennis).
4. Systematische praktijkkennis.

Ten aanzien van de eerste drie typen zijn soms reviews of meta-analyses beschikbaar waarin effecten of verbanden meermaals zijn aangetoond.

### ✔ *Kunnen hanteren van de causale structuur van het voorlopig diagnostisch denkschema*

Het voorlopig diagnostisch denkschema is een eerste conceptueel (verklarend) schema op basis van te expliciteren kennis. In de structuur van het schema moet tot uitdrukking komen op welke manier, volgens de diagnosticus, condities en problemen met elkaar in verband staan. Doorgaans zal er sprake zijn van meer condities die onafhankelijk van elkaar kunnen voorkomen, maar elkaar mogelijk ook beïnvloeden. Bovendien kunnen ze zowel naast als ná elkaar van invloed zijn. De structuur van het conceptuele schema kan verschillende vormen aannemen, waarvan box 8.2 er enkele illustreert.

**Box 8.2** **Voorbeelden van structuren van een voorlopig diagnostisch denkschema.**

We moeten ons bij het onderstaande realiseren dat we in de individuele verklarende diagnostiek uitgaan van een al geconstateerd probleem of een onderkende stoornis. Op basis van wat bekend is uit empirisch onderzoek, reconstrueren we vervolgens welke condities tot dit probleem hebben geleid of het instandhouden. In box 8.1 hebben we gezien op welke manier kennis over een causaal verband bijdraagt tot beslissingen over de zinvolheid en toepasbaarheid van een conditie in een diagnostische (verklarende) hypothese. In de gedragswetenschappen zijn relaties echter zelden enkelvoudig.

Voorbeeld 1
Er kan sprake zijn van een enkelvoudige causale relatie: Probleem A is het gevolg van Conditie a.

Conditie a → Probleem A

Voorbeeld 2
Eén conditie kan tot meer problemen leiden, maar verschillende condities kunnen ook hetzelfde gevolg hebben. Een voorbeeld van het eerste is dat een psychisch trauma zowel tot agressief gedrag kan leiden, als tot leerproblemen op school. Een voorbeeld van het tweede geval is dat een beperkte intelligentie leerproblemen tot gevolg kan hebben, maar dat een didactische verwaarlozing hetzelfde beeld kan opleveren.

Conditie a → Probleem A
Conditie a → Probleem B

Conditie a → Probleem A
Conditie b → Probleem A

Voorbeeld 3
In de sociale werkelijkheid zullen condities tegelijkertijd, maar ook na elkaar voorkomen.
Bovendien kúnnen ze zich weliswaar in principe onafhankelijk van elkaar voordoen en een eigen invloed op een probleem uitoefenen, maar dikwijls zullen ze elkaar beïnvloeden (deels versterken of deels opheffen). In het onderstaande fictieve voorbeeld is te zien dat zich zowel directe als indirecte causale relaties kunnen voordoen. Stel dat Probleem A een ernstige schoolse achterstand is. Dit kan een gevolg zijn van faalangst (Conditie c). Los hiervan kan de cognitief inhoudelijke kwaliteit van het onderwijs slecht zijn (Conditie b), maar het is eveneens denkbaar dat er sprake is van een negatief emotioneel klasklimaat (Conditie a). Een negatief klasklimaat, inhoudelijk slecht onderwijs en faalangst zouden kunnen leiden tot een toestand van emotionele labiliteit (Conditie d) die zich kan uiten in agressief gedrag thuis (Probleem B). De inconsistente opvoedingsstijl van de ouders (Conditie e) kan dit instandhouden.

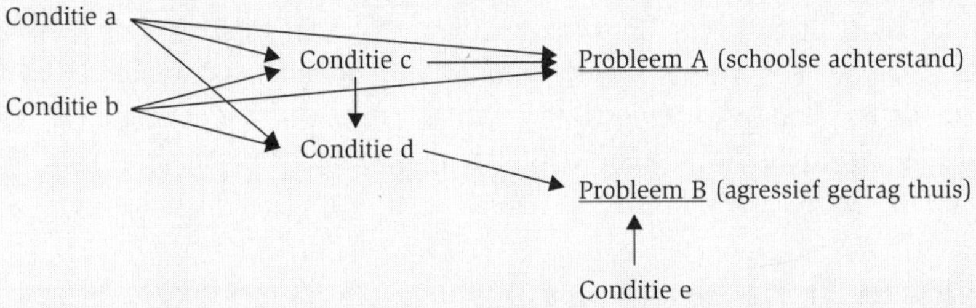


Ook al is het laatste voorbeeld denkbaar, toch kan het zijn dat we – gelet op het grote aantal onzekerheden in de veronderstelde relaties en de toetsingen daarvan – met een dergelijk conceptueel schema in een individueel geval moeilijk uit de voeten kunnen. Dit type multicausale modellen is wel hanteerbaar in een grootschaliger populatieonderzoek (multipele regressieanalyse, padanalyse, analyse van lineaire structurele relaties). In de individuele diagnostische praktijk zullen we een reductie toepassen op basis van de empirisch meest waarschijnlijke condities die tot Probleem A en Probleem B hebben geleid. Bijvoorbeeld: Conditie c (faalangst) en Conditie b (didactisch slecht onderwijs) voor Probleem A, en conditie d (emotionele labiliteit) en Conditie e (inconsistente opvoedingsstijl) voor Probleem B. Een reductie tot een conceptueel schema zoals in Voorbeeld 2 ligt derhalve voor de hand. Zie ook box 8.1 voor de causale samenhang tussen conditie en probleem, en box 8.3 voor de logische structuur van een diagnostische hypothese.

✔ *Kunnen toepassen van de structuur van een logische redenering in verklarende hypothesen*

Een verklarende hypothese is een bewering die bestaat uit verschillende, ondubbelzinnig geformuleerde onderdelen:

- er is sprake van één of meer (mogelijk samenhangende) problemen,
- alsook van één of meer condities die daarmee in verband worden gebracht,
- en de aard van dat verband wordt aangegeven.

Een voorbeeld van een hypothese waarin deze onderdelen en hun onderlinge verband zijn aangegeven, is:

> Het agressieve gedrag (probleem) van Bas is een uiting van een voortdurend faalgevoel (instandhoudende conditie) dat telkens weer gevoed wordt doordat Bas zich bewust is van de discrepantie tussen de door hem geleverde en de door zijn ouders gewenste prestaties (instandhoudende conditie), terug te voeren op de onrealistische eisen die zijn ouders al sinds zijn start op deze school aan hem stellen (uitlokkende conditie).

Voorbeelden waarin niet wordt voldaan aan de causale structuur zijn:

> Bertines teruggetrokken gedrag (probleem) is ontstaan door haar sociale problemen (probleem).
> Het is niet duidelijk hoe intelligent (conditie) Nicole is.

De basisstructuur van een diagnostisch verklarende hypothese is die van een syllogisme, waarbij het bij het individu vastgestelde probleem vanuit een causaal probabilistische 'wet' verklaard wordt. Wat we observeren (probleem, stoornis), moet dus verklaard worden. In de logica wordt dit het explanandum genoemd (het Latijnse begrip voor 'dat wat verklaard moet worden'; explanare = verklaren). Een verklaring gaat op als de condities die beschreven staan in de 'wet' ook op het individuele geval van toepassing zijn. 'Wet' en condities samen verklaren het probleem en worden het explanans genoemd (Latijn voor 'het verklarende'). In het voorbeeld hierboven moet dus gelden dat een voortdurend faalgevoel (conditie) tot agressief gedrag (probleem) kan leiden.

In een syllogisme (zie ook box 8.3) worden explanans ('wet' en conditie) en explanandum (conclusie) uit het gegeven voorbeeld in een formeel logische structuur weergegeven:

| | |
|---|---|
| Wet: | Personen die voortdurend een faalgevoel ervaren, hebben een verhoogd risico op het ontwikkelen van agressief gedrag. |
| Conditie: | Bas ervaart voortdurend het gevoel te falen. |
| Conclusie: | Het agressieve gedrag van Bas wordt mogelijk verklaard door zijn gevoel voortdurend te falen. |

Het voorbeeld maakt ook duidelijk wat we in het individuele geval toetsen. Het agressieve gedrag is bij de probleemanalyse al vastgesteld (onderkennende diagnose) en de 'wet' ontlenen we aan het empirische kennisbestand (zie box 8.1). Wat we derhalve nog moeten toetsen, is de geldigheid van de conditie 'Bas ervaart voortdurend het gevoel te falen'.

**Box 8.3** **De structuur van een logisch sluitende redenering: het syllogisme.**

In principe is een hypothese te herleiden tot de structuur van een logisch sluitende redenering: een syllogisme (vgl. Schellens & Verhoeven, 1994). De basisvorm van een syllogisme is de stellende wijs (modus ponens):

*Als P,* dan Q
*P is het geval*
Dus: Q

Uit deze basisvorm zijn verschillende redeneringen af te leiden, waarvan alleen de zogenaamde modus tollens (opheffende wijs) logisch geldig is (vgl. Schellens & Verhoeven, 1994, p. 54):

*Als P,* dan Q
*Niet-Q is het geval*
Dus: Niet-P

Toegepast op een inhoudelijk voorbeeld geeft dit de volgende logisch correcte redeneringen:

*Als iemand een lage intelligentie heeft,* dan leidt dat tot problemen met wiskunde.
*Deze leerling heeft een lage intelligentie,* dus zal hij problemen met wiskunde krijgen.

Of:

*Als iemand een lage intelligentie heeft,* dan leidt dat tot problemen met wiskunde.
*Deze leerling heeft geen problemen met wiskunde,* dus heeft hij geen lage intelligentie.

Een diagnostische verklarende hypothese is terug te voeren op de structuur van een syllogisme, zoals in het volgende voorbeeld: er is een algemene wetmatigheid (*als* ... dan) waarop de redenering is gebaseerd. De conclusie (het 'dan'-gedeelte) is echter al bekend – het probleem of de stoornis doet zich immers al voor – maar er moet nog getoetst worden of de veronderstelde conditie inderdaad geldig is:

*Als iemand een lage intelligentie heeft,* dan leidt dat tot problemen met wiskunde.
*Ben heeft een lage intelligentie.*
Dus: Ben heeft problemen met wiskunde.

Merk overigens op dat de conclusie van de redenering in dit voorbeeld luidt 'Dus: Ben heeft problemen met wiskunde'. Er staat uitdrukkelijk niet dat Ben problemen met wiskunde heeft en 'dus' een lage intelligentie. Dat zou immers betekenen dat problemen met wiskunde worden gereduceerd tot intelligentieproblemen.

Het zal duidelijk zijn dat een conclusie alleen waar is wanneer de aannamen (premissen) ook waar zijn. In het voorbeeld moet dus waar zijn dat een lage intelligentie – als algemene wetmatigheid – altijd leidt tot problemen met wiskunde. Op zijn minst twee omstandigheden leveren voor de diagnostische besluitvorming een complicatie op.
In de eerste plaats geldt dat wetmatigheden in de gedragswetenschappen – maar die zijn daarin geen uitzondering (Fogelin & Sinnot-Armstrong, 1991) –

niet compleet zijn. Zo kunnen problemen met wiskunde ook door andere condities zijn ontstaan of in stand worden gehouden. Bovendien zijn wetmatigheden in de gedragswetenschappen niet deterministisch van aard, maar probabilistisch (zie box 8.1). Zie voor meer informatie hierover en een uitwerking van probabilistische diagnostische redeneringen in de vorm van statistisch-causale analyses: Westmeyer (1975).
In de tweede plaats is het begrip 'waar' in de sociale wetenschappen niet absoluut. De mate van zekerheid waarmee we bijvoorbeeld kunnen stellen dat er sprake is van een lage intelligentie, hangt niet alleen af van de precisie waarmee intelligentie is gedefinieerd, maar onder andere ook van de betrouwbaarheid en validiteit van de meetinstrumenten. Bovendien nemen personen niet altijd dezelfde 'waarde' op een conditie in.



## ✔ *Kunnen formuleren van een toetsbare diagnostische onderzoekshypothese*

Een correct geformuleerde verklarende hypothese laat toe om daaruit een voorspelling af te leiden. Zo kan in het hierboven gegeven voorbeeld van Bas worden voorspeld dat faalangst een opmerkelijke plaats in zijn persoonlijkheidsstructuur zal innemen of dat in een gestructureerd gezinsinterview door Bas en zijn ouders verschillende standpunten worden ingenomen over zijn inzet en het rendement daarvan. Een verklarende onderzoekshypothese moet als toetsbare voorspelling voldoen aan de volgende voorwaarden:

- De voorspelling wordt beschreven als uitkomst van een toetsing, waarbij vooraf zowel de observeerbare gedragingen of operaties als het gebruikte materiaal en de toetsingscriteria worden gedefinieerd (zie 8.2.4 en 8.2.5).
- De aangegeven onderzoeksuitkomsten zijn controleerbaar terug te voeren op de veronderstelde conditie. Het gaat hierbij om de eis van inhoudsvaliditeit. De voorspelde uitkomsten moeten de verklarende conditie inhoudelijk zo goed mogelijk dekken. De validiteit van een gebruikte faalangstschaal zal in empirisch onderzoek moeten blijken uit een hoge samenhang met andere schalen waarover eenstemmigheid bestaat dat die dezelfde eigenschap meten.
- De formulering van een voorspelling is zodanig dat toetsing door een andere diagnosticus (of op een ander tijdstip) in principe herhaalbaar is en tot dezelfde uitkomst kan leiden. Het gaat derhalve om de eis van objectiviteit en betrouwbaarheid. De uitkomsten van het onderzoek mogen niet afhankelijk zijn van de waarnemer, het toevallige tijdstip of het instrument.
- De voorspelling discrimineert tussen de onderzoekshypothese en een daaraan tegengestelde bewering (vergelijkbaar met een nulhypothese). De voorspelde uitkomsten die passen bij de onderzoekshypothese, moeten duidelijk te onderscheiden zijn van uitkomsten die er niet bij passen. Bijvoorbeeld: bij een onderzoekshypothese over te hoge faalangst is de uit-

komst 'bovengemiddelde score op faalangstschaal F' ondubbelzinnig af te grenzen van de uitkomst 'benedengemiddelde score op faalangstschaal F' indien de onderzoekshypothese niet geldt.

### ✔ *Correct uitvoeren van de daadwerkelijke toetsing*

In de laatste fase van de toetsprocedure gaat het om het daadwerkelijk toepassen van de gekozen middelen en het evalueren van de onderzoeksresultaten tegen de voorspelde uitkomsten, gegeven de gekozen criteria. Daarmee kunnen we de vraag beantwoorden of een hypothese uit het voorlopig diagnostisch beeld kan worden aangenomen en of dit geldt voor alle (deel)-hypothesen. Als het antwoord bevestigend is (verificatie), dan kunnen we de diagnostische verklaring aannemen.

**Box 8.4** **Falsificatie en verificatie.**

Bij het toetsen van hypothesen kunnen we de twee strategieën van empirisch wetenschappelijk onderzoek toepassen: falsificatie en verificatie. Falsificatie en verificatie leiden over het algemeen tot uitspraken die een kansrelatie aangeven, ook in een diagnostische conclusie (niet: 'het is zo', maar: 'het kán zo zijn').

Het principe van *falsificatie* vormt in de wetenschappelijke bewijsvoering een belangrijk uitgangspunt: als we met de gekozen onderzoeksmiddelen geen resultaten vinden die tégen een voorspelling pleiten, dan houden we de hypothese aan. Er is immers geen aanleiding tot verwerping. Strikt genomen weten we echter nooit of we wel ver genoeg zijn gegaan in het zoeken naar tegenbewijs (contra-evidentie).

Werkend volgens het *verificatie*principe gaat men uit van bewijsmateriaal ten gunste van de onderzoekshypothese: men acht de hypothese waarschijnlijker naarmate meer voorspellingen uitkomen. We spreken dan wel van een bevestigde of aangenomen hypothese. In de klinische praktijk is deze strategie van bevestiging goed hanteerbaar. Tegen deze werkwijze is geen bezwaar zolang men steeds beseft dat 'aannemen' slechts betekent: 'er is geen tegenbewijs, dus niet verwerpen'. Bovendien mag het streven naar verificatie nooit betekenen dat gegevens worden genegeerd die een hypothese niet steunen (contra-evidentie).

### ✔ *Tegengaan van fouten*

Een belangrijke reden voor het ontwikkelen van richtlijnen voor het doorlopen van de diagnostische cyclus is het zoveel mogelijk voorkomen van fouten in de oordeels- of besluitvorming. Het volgen van de werkwijzen bij het doorlopen van de diagnostische cyclus, zoals die in dit boek worden uitgewerkt, is hierop gericht (zie ook: Rispens, Carlier & Schoorl, 1990; Van der

Kooij, Been, Noordman & Van der Sluis, 1990; Pameijer, 1992; Pameijer & Van Beukering, 1997, in voorbereiding). Een formele benadering daarvan is het gebruik van besliskundige modellen of algoritmes, zoals het theorema van Bayes (zie: De Bruyn, 1985; paragraaf 3.4). Voor de klinische praktijk lijken echter het kennis hebben van mogelijke foutenbronnen en een bewuste reflectie daarover, bijvoorbeeld tijdens momenten van intervisie, beter werkbaar. Vermande (1995; zie ook Ruijssenaars, 1996, 1999) geeft een overzicht van fouten en systematische vertekeningen die tot problemen kunnen leiden (zie ook hoofdstuk 5, paragraaf 5.5). In box 8.5 geven we daarvan een samenvattende vertaling.



**Box 8.5** **Veelvoorkomende fouten en systematische vertekeningen bij het formuleren en toetsen van diagnostische hypothesen (naar: Vermande, 1995, p. 2-4; tussen haakjes zijn (*cursief*) de door haar gebruikte Engelse termen opgenomen).**

1. Het vasthouden aan de juistheid van de eigen mening, ondanks informatie die dit ontkracht of zelfs weerlegt. 'Overinterpretatie' vindt plaats wanneer strijdige informatie toch wordt gebruikt als een positieve bevestiging, in plaats van daarmee nieuwe hypothesen te formuleren (*Belief perseverance*).
2. Het in de oordeelsvorming bevoordelen van informatie die het eerst wordt verkregen (*Primacy effect*).
3. Het uitsluitend zoeken naar informatie die consistent is met een opgestelde hypothese (*Confirmation bias*).
4. Het overschatten van de waarde van positieve testuitslagen en daarmee het onderschatten van de kans dat bepaalde scores gewoonlijk in de populatie gevonden worden (*Overconfidence in positive test results*).
5. Het verzamelen van veel meer – en vaak redundante – gegevens dan nodig is (*Excessive data collection*).
6. Het zoeken naar het buitengewone, ten nadele van het meer voor de hand liggende. Een mechanisme dat hieraan ten grondslag ligt, is de neiging om de kans op weinig voorkomende verschijnselen te overschatten (*Search for the exotic*).
7. Het te vroegtijdig beperken van het aantal mogelijke hypothesen, onder andere op basis van mechanismen die zijn beschreven in punt 1 en 2 (*Premature closure*).
8. Het veronderstellen van verbanden die in werkelijkheid niet worden aangetroffen (*Illusory correlation*).
9. Het overschatten van de kwaliteit van het eigen oordeelsvermogen, onder meer door achteraf het uitkomen van een gedane voorspelling als vrijwel onvermijdelijk op te vatten (*Overconfidence in own capability*).
10. Het te weinig rekening houden met de invloed van de manier waarop je keuzesituaties structureert; bijvoorbeeld: een positieve formulering van een keuzesituatie ('op deze manier heb je meer kans op succes') kan tot een andere beslissing leiden dan een negatieve formulering ('op deze manier heb je minder kans op mislukken') (*Framing effect*).

✔ *Op een juiste wijze onderzoeksuitkomsten kunnen evalueren*

In box 8.1 hebben we aangegeven dat we in de gedragswetenschappen doorgaans te maken hebben met kansrelaties tussen verschijnselen. Een diagnosticus moet daarom bij voorkeur - maar hij is daarvoor afhankelijk van de beschikbaarheid van wetenschappelijke gegevens - kennis hebben van de kans dat verschijnselen zich sowieso voordoen in de populatie (de base rates of relatieve basisfrequenties), maar ook van de kans dat twee verschijnselen samen zullen optreden. De onderzoeksuitkomsten zijn immers alleen te evalueren tegen de achtergrond van deze normen. Zie hiervoor de toelichting en het voorbeeld in box 8.1.

### 8.3.2 Het kunnen hanteren van de psychometrische voorwaarden die aan onderzoeksmiddelen worden gesteld

Bij de psychometrische voorwaarden gaat het primair om eisen aan de onderzoeksmiddelen: objectiviteit, validiteit, betrouwbaarheid en normering. De diagnosticus dient geschoold te zijn in het beoordelen en hanteren van deze eigenschappen. Hier volstaan we met een zeer beknopte omschrijving van deze voorwaarden. Voor meer informatie verwijzen we naar: De Bruyn (1985, p. 164-196), Evers e.a. (2000), Drenth en Sijtsma (1990). Overigens moeten de hier genoemde voorwaarden niet in al te absolute zin worden opgevat. Aan alle criteria kan immers slechts tot op zekere hoogte worden voldaan: geen enkel onderzoeksmiddel is volledig objectief, betrouwbaar en valide. Vanuit het standpunt van de diagnostiek als beslissingsproces is elk van deze eisen op te vatten als een ideaal kenmerk waarvan de realisering vaak niet volledig, maar wel voldoende mogelijk is.

*Objectiviteit* is een algemeen wetenschappelijke eis. Een diagnostisch instrument dient bij onafhankelijk gebruik door verschillende diagnostici bij dezelfde persoon tot dezelfde resultaten te leiden. De objectiviteit van een onderzoeksinstrument is onder andere afhankelijk van de mate waarin de wijze van afnemen en scoren gestandaardiseerd is.

De *betrouwbaarheid* van een instrument betreft de nauwkeurigheid waarmee een met het instrument gevonden score de werkelijke score benadert. Hoe betrouwbaarder het onderzoeksmiddel, hoe preciezer het meet. Een hoge betrouwbaarheid garandeert echter niet dat het instrument ook inhoudelijk meet wat men ermee beoogt vast te stellen: een betrouwbaar middel kan best het verkeerde begrip meten, dus niet-valide zijn.

*Validiteit* heeft betrekking op de vraag in hoeverre een instrument voldoet aan zijn doel: meten wat het moet meten. Een instrument moet begripsvalide zijn: het begrip dat de test pretendeert te meten, dient samen te vallen met de conditie uit de hypothese.

Door middel van *normen* kan de diagnosticus de kenmerken van een individu vergelijken met die van een bepaalde normpopulatie. Normen vormen hiermee een belangrijk referentiekader voor de evaluatie van de diagnostische gegevens.

### 8.3.3 Professionele voorwaarden

✔ *Beschikken over contactuele vaardigheden in het omgaan met cliënten*

Het spreekt voor zich dat in het bijzonder het toetsen van diagnostische verklaringen in direct contact met de cliënt vraagt om een ruim scala van gespreks- en omgangsvaardigheden, zoals: zowel afstand kunnen nemen van de cliënt en diens wijze van functioneren, als het creëren van een klimaat waarin deze zich veilig en geaccepteerd voelt; kunnen omgaan met sterke emoties; bewust zijn van eigen vooroordelen en ze opzij kunnen zetten; het kunnen tegengaan van natuurlijke reacties, zoals het geven van hulp als dat niet toegestaan is, het doorvragen als het niet nodig is of het suggestief reageren.

✔ *Kunnen lezen van wetenschappelijk onderzoek en beoordelen van wetenschappelijke kennis*

Het herkennen van wetenschappelijk verantwoorde (causale) kennis vraagt om toepassing van de in de academische opleiding geleerde methodologische en statistische kennis, alsook om zelfstandige oordeelsvorming over de relevantie voor dit individuele geval. Bij voorkeur (zie ook 8.3.1) heeft deze kennis betrekking op resultaten van experimenteel onderzoek, aangezien die causaal van aard zijn. Ook gegevens uit longitudinaal onderzoek laten veelal een causale interpretatie toe. In andere gevallen, bijvoorbeeld bij correlationele gegevens of bij gesystematiseerde praktijkervaring, zal de diagnosticus moeten kunnen inschatten in hoeverre er toch sprake is van een verklarende waarde. Al met al zal de diagnosticus intuïtieve kennis (klinische blik) en 'harde' kennis van elkaar moeten kunnen onderscheiden.

✔ *Beschikken over metakennis over de keuze van onderzoeksmiddelen en hun toepassing*

In 8.3.2 hebben we beschreven dat een diagnosticus de psychometrische voorwaarden aan onderzoeksmiddelen moet kennen en kunnen hanteren. Daarvoor is kennis nodig over statistiek in het algemeen en psychometrie in het bijzonder: weten wat meten is, wat normen zijn, hoe betrouwbaarheid wordt bepaald, wat meetfouten zijn, hoe je die verdisconteert in een betrouwbaarheidsinterval voor de ware score, enzovoort.

Een apart aspect vormen de toepassingsgerichte kennis en vaardigheden. Allereerst moet de diagnosticus vóór de keuze van het onderzoeksmiddel goed op de hoogte zijn van de praktijkrelevante kenmerken ervan, om het te kunnen laten aansluiten bij de omstandigheden en persoonskenmerken van déze cliënt. Dit houdt bijvoorbeeld in: op de hoogte zijn van de afname- en verwerkingstijd (gaat de afnametijd de aandachtsspanne niet te boven; is er nu wel genoeg tijd beschikbaar?) en van de verlangde gedragsmodaliteit (een kleuter laten we geen vragenlijst invullen, maar we kunnen met kleuters wel spelen of praten en ze observeren). Daarnaast moet de diagnosticus uiteraard bedreven zijn in de toepassing van het middel, zowel in de afname als in de scoring. Denk bijvoorbeeld aan de regels die in de WISC-III gelden voor doorvragen en afbreken – op een manier die niet ten koste gaat van het contact met de onderzochte – maar ook voor het waarderen van de verschillende typen antwoorden.

✔ *Kunnen omgaan met eigen lacunes*

Een belangrijke professionele voorwaarde is het kennen van de eigen mogelijkheden en beperkingen, zowel in kennis als vaardigheden. Het getuigt van professionaliteit – in de zin van de beroepsethiek serieus nemen en de kwaliteit van hulpverlening waarborgen – wanneer men voor de eigen beperkingen zoekt naar manieren om ontbrekende kennis of vaardigheden door verdere scholing te verwerven en/of door gebruik te maken van compensaties. Hier denken we dan aan het expliciet raadplegen van verantwoorde bronnen en het consulteren van een meer ervaren of meer gespecialiseerde vakgenoot.

## 8.4 **Werkwijze**

Bij het *formuleren* en *toetsen* van diagnostische verklaringen onderscheiden we tien stappen. Alvorens ze te bespreken vatten we ze samen in het volgende overzicht.

---

*Stappen in het formuleren van diagnostische verklaringen:*

1. Activeren van algemeen theoretische kennis
2. Opsporen van (wetenschappelijk geldige) relaties tussen probleem en condities
3. Ordenen van de relaties tussen probleem en condities in een voorlopig diagnostisch denkschema en prioritering
4. Opdelen van het voorlopig denkschema in deelbeweringen: onderzoekshypothesen
5. Nagaan of er kennis is die toetsing rechtvaardigt

*Stappen in het toetsen van diagnostische verklaringen:*

6. Operationaliseren van de onderzoekshypothesen in onderzoeksmiddelen in drie substappen: a) bepalen wat precies wordt geoperationaliseerd, b) inventariseren van de onderzoeksmiddelen, c) het meest geschikte middel daaruit kiezen

7. Vaststellen van de toetsingscriteria bij de middelen
8. Daadwerkelijk toetsen
9. Evalueren van de uitkomsten en bepalen van de mate van zekerheid: aannemen, aanhouden of verwerpen van de hypothesen
10. Verwerken van de toetsingsresultaten tot een integratief beeld



### 8.4.1 Het formuleren van diagnostische verklaringen

✔ *Stap 1: activeren van algemeen theoretische kennis*

In de gedragswetenschappen zijn we gewend aan het hanteren van een diversiteit van theorieën die complementaire verklaringen bieden voor waarneembare verschijnselen. Deze theorieën zijn in te delen in stromingen, waarbinnen op hun beurt weer alternatieven en varianten te onderkennen zijn. Theorieën verschillen van elkaar in de mate waarin sprake is van empirische evidentie. Omdat geen van de gevalideerde theorieën op voorhand uitgesloten kan worden, zal de diagnosticus dienen na te gaan welke van de theoretische oriëntaties een bijdrage zouden kunnen leveren aan de verklaring van het onderkende probleem. Onbekendheid met de theoretische alternatieven kan tot gevolg hebben dat verklaringen ten onrechte buiten beeld blijven.

Er zijn verschillende indelingen in theorieën mogelijk, zoals naar gedragsinhouden (waarnemen, aandacht, geheugen, leren, taal, motivatie, ...; lezen, spellen, rekenen, ...) of naar verklarende oriëntatie (neurobiologisch, psychoanalytisch, humanistisch, ontwikkelingspsychologisch, behavioristisch, ecologisch, ...; geesteswetenschappelijk, empirisch-analytisch, ...). De diagnosticus zal zich bij elke casus opnieuw moeten afvragen welke gedragsinhouden en theoretische visies relevant zijn. Algemeen theoretische handboeken zijn daarbij een hulpmiddel.

✔ *Stap 2: opsporen van (wetenschappelijk geldige) relaties tussen probleem en condities*

Bij het opsporen van specifieke kennis over de samenhang tussen condities en problemen beschikt de diagnosticus over kennisbestanden in de vorm van wetenschappelijke literatuur. Deze kan in twee zoekrichtingen worden geëxploreerd (zie ook 8.3.1): van probleem naar conditie en van conditie naar probleem. In het eerste geval (van probleem naar conditie) is de probleemclassificatie uit de probleemanalyse (zie hoofdstuk 7) het startpunt voor het zoeken naar verklarende theorieën. In het tweede geval (van conditie naar probleem; zie ook box 8.1) moet een beroep worden gedaan op de beschikbare kennis over verklarende condities en theorieën.

De zoekrichting *vanuit probleem naar conditie* sluit rechtstreeks aan bij de output van de vorige stap uit de diagnostische cyclus: het onderkende en benoemde probleem. Met name handboeken zijn vaak al ingedeeld naar typen problemen. Het voordeel van zo'n indeling is dat men via het label terecht kan komen bij een diversiteit van relaties tussen problemen en condities, dus bij een set (vaak alternatieve) verklarende hypothesen.

Soms is literatuur niet ingedeeld naar typen problemen, maar naar typen verklarende theorie. Het zoeken *vanuit conditie naar probleem* heeft als nadeel dat de diagnosticus telkens slechts één type verklarende conditie zal aantreffen, maar het voordeel is dat de verklarende theorie ook zicht kan geven op nog andere problemen van deze cliënt. Een tweede nadeel van deze zoekrichting is dat het aantal potentiële verklarende condities vrijwel onuitputtelijk is. Zo geven Ten Brink en Veerman (1998; vgl. Schoorl e.a., 2000) op basis van een geautomatiseerd literatuuronderzoek een lijst van 130 risico- en protectieve factoren die in verband worden gebracht met probleemgedrag van kinderen: factoren in het kind, factoren in de opvoeder-kindinteracties en in de overige gezinsinteracties, de gezinssituaties, de gezinsomstandigheden en factoren in de wijdere omgeving. Een eerste hulpmiddel om hierin enige ordening aan te brengen – zonder te pretenderen daarin volledig te zijn – is de indeling in velden van condities, die we in box 8.6 weergeven.

**Box 8.6** **Indeling in velden van verklarende condities (zowel uit het *verleden* als in het *heden*) en voorbeelden van termen of labels die bij het zoeken in de literatuur worden gebruikt.**

| | | |
|---|---|---|
| 1. Omgevingscondities: | Fysieke omgeving | Woon-/leefomstandigheden<br>Sociaal-economische status (SES)<br>Etnische gemeenschap |
| | Sociale omgeving | Gezinssituatie, school en klas, vriendenkring (peer relations), sociaal netwerk |
| | Pedagogische omgeving | Opvoedingsstijl<br>Pedagogisch klimaat<br>Draagkracht opvoeders |
| 2. Individugebonden condities: | Functioneel | Cognitie (intelligentie, leren)<br>Werkhouding en taakgedrag (aandacht, concentratie)<br>Persoonlijkheid (emoties, temperament, motivatie)<br>Relationele vaardigheden |
| | Structureel | Zintuiglijke conditie<br>Motorische en lichamelijke conditie<br>Biologische factoren<br>Neurologische, -fysiologische, -chemische condities |
| | Genetisch | Erfelijkheid |

De meest voor de hand liggende literatuurbronnen om naar vermoedelijke verklarende condities te zoeken, zijn (bij voorkeur recente) handboeken. In de trefwoordenindex of in de inhoudsopgave wordt vervolgens verder gezocht met de gekozen labels.

Via elektronische zoekmachines kunnen tegenwoordig in vrijwel alle universitaire bibliotheken handboeken opgezocht worden via trefwoorden. Als het gaat om onderwerpen die pas zeer recent in de wetenschappelijke belangstelling staan, is het verstandig op zoek te gaan naar een *reviewartikel* en eerst uit te zoeken welke zoektermen toelaatbaar zijn. In veel tijdschriften worden per artikel de belangrijkste trefwoorden vermeld. De meest toepasselijke internationaal georiënteerde literatuuropsporingssystemen zijn die van de APA (American Psychological Association) en ERIC (Educational Research Index Committee). Deze hebben elk voor hun eigen vakgebied (psychologie respectievelijk onderwijs en opvoeding) een eigen Thesaurus ontwikkeld: The Thesaurus of Psychological Index Terms respectievelijk The Thesaurus of ERIC Descriptors. Een Thesaurus (Latijn voor 'voorraadkamer') is een uitgebreide woordenlijst waarin elke term is voorzien van synoniemen waarmee het een ondergeschikte dan wel bovengeschikte relatie onderhoudt. De lopende bibliografie *Psychological Abstracts* is te raadplegen via het computerprogramma Psyclit (de cd-rom-versie van *Psychological Abstracts*), wat een grote variatie zoekstrategieën mogelijk maakt, zoals het gecombineerd gebruik van de eerder genoemde APA-Thesaurustermen. Voor meer specifieke literatuur over opvoedings- en onderwijsliteratuur is een vergelijkbaar cd-rom-systeem beschikbaar, namelijk dat van de lopende bibliografie *Current Index to Journals of Education*: CIJE van ERIC.

In box 8.7 geven we een voorbeeld van het opsporen van verklarende hypothesen via een reviewartikel.

**Box 8.7** **Voorbeeld van het opsporen van verklarende hypothesen.**

Stel dat het probleemgedrag van een kind op basis van het relaas van moeder en leerkracht als volgt is geschetst:

> Peter, een jongen van 10 jaar en twee maanden, woont sinds de echtscheiding van zijn ouders – nu ongeveer zeven jaar geleden – bij zijn moeder, samen met zijn 11-jarige zusje. Moeder heeft sinds de echtscheiding geen andere vaste partner meer gehad. Peter valt vrijwel over de hele linie uit op school: hij heeft erg veel moeite met rekenen, taal en lezen. Hij gedraagt zich tegenover andere kinderen meestal prikkelbaar, in de zin van dat hij snel zegt dat hij iets onaangenaam vindt, of is opvallend uitgelaten/roekeloos.

In de fase van de probleemanalyse besluiten we tot gebruik van de volgende thematisch-inhoudelijke labels: algehele leerachterstand en omgangsproblemen met leeftijdgenoten ('poor peer relations'). Overeenkomstig het schema gaan we op een zo breed mogelijk scala van verklaringsgebieden zoeken naar condities die een of meer van Peters probleemgedragingen zouden kunnen verklaren.

Eén van die gebieden is 'persoonlijkheid', dat we combineren met situaties uit de sociale omgeving. Het feit dat de ouders van Peter op zijn derde levensjaar zijn gescheiden, geeft aanleiding tot het volgende vermoeden:

> Peter heeft door de vroege echtscheiding een problematische persoonlijkheidsontwikkeling doorgemaakt, met als gevolg moeilijkheden in de omgang met andere kinderen en ook aandachtsproblemen bij gerichte (schoolse) leertaken, met als gevolg de onderkende algehele leerachterstand.

We gaan vervolgens op zoek naar een reviewartikel via *Psychological Abstracts* (Psyclit). Literatuuronderzoek naar de invloed van echtscheiding op later gedrag levert één reviewartikel op: Emery, R.E. (1982). Interparental conflict and the children of discord and divorce. *Psychological Bulletin, 92*, 310-330. Dit artikel stelt dat echtelijke conflicten voorafgaand aan de scheiding sterk gerelateerd zijn aan duidelijk herkenbaar onaangepast gedrag, vooral bij jongens; bij meisjes lijken volgens dit reviewartikel de problemen later naar boven te komen dan bij jongens, en zich ook in bijna tegengestelde gedragsvormen te uiten: angstig, teruggetrokken of juist heel oppassend en/of welgemanierd gedrag. Over een mogelijke relatie met het niveau van leerprestaties wordt niet gesproken (noch in positieve noch in negatieve zin). Daarvoor moeten we op zoek naar een andere literatuurbron. Uit het verrichte literatuuronderzoek kunnen we echter alvast concluderen dat het vermoeden over de verklarende rol van de conditie 'echtscheiding' een wetenschappelijke empirische basis heeft. Als we de toelichting van Emery bestuderen, verschaft deze ons bovendien een set van verklarende condities, omdat de auteur ook relaties tussen echtscheiding met condities op andere verklaringsgebieden legt:

- Peter heeft van een van zijn ouders het gedrag overgenomen dat door die ouder vertoond werd tijdens de echtelijke ruzies voor en tijdens en wellicht ook na de scheiding; het ontbreken van een vervangende vaderfiguur maakte het hem onmogelijk een beter 'model' te kiezen voor zijn persoonlijkheidsontwikkeling.
- Een van de ouders (i.c. de moeder als voogd) heeft een inadequate aanpak, bijvoorbeeld: inconsequent, gevoelsarm en/of weinig op rijpheid of eigen verantwoordelijkheid een beroep doen; ook is het mogelijk dat er nu en/of in het verleden een tegenstrijdige aanpak bestaat van de kant van de beide opvoeders.
- Peter verkeert in een stresssituatie, die nu door moeder onderschat wordt.
- Hij heeft vanaf het ontstaan van de echtelijke onenigheid 'het symptoom aangenomen' (Minuchin), op een wijze die geslachtsgebonden kan zijn (we moeten nagaan hoe vader en/of moeder zich in de periode rond de echtscheiding hebben gedragen).

### ✔ *Stap 3: ordenen van de relaties tussen probleem en condities in een voorlopig diagnostisch denkschema en prioritering*

De vorige stap leidt tot een aantal relaties tussen condities en het probleem. In box 8.2 hebben we voorbeelden gegeven van verschillende structuren in deze relaties. Voordat we overgaan tot het toetsen van de geldigheid van veronderstelde verklaringen kan het nodig zijn een prioritering in toetsbare condities aan te brengen. De reden daarvoor kan inhoudelijk van aard zijn (bijvoorbeeld: condities die via interventie nog te beïnvloeden zijn, kunnen eventueel een hogere prioriteit verdienen dan niet-beïnvloedbare verklaringen), maar ook praktisch (zoals: tijdgebrek). De prioritering verloopt bij voorkeur als volgt:

- Zoek naar verklarende condities die – in volgorde van voorkeur en prioriteit – ontleend zijn aan: experimentele kennis (aangezien die causaal van aard is), longitudinale kennis die causaal kan worden geïnterpreteerd, correlationele kennis of eventueel systematische praktijkkennis.
- Stem de keuze in eerste instantie af op de mate van overeenstemming tussen het probleem (in gedragstermen) en de verklarende condities zoals beschreven in de theorieën. Een duidelijke overeenstemming pleit voor een hoge prioriteit.
- Controleer of er condities zijn waarvan bij niet-toetsing een onaanvaardbaar risico voor het kind zelf of voor zijn/haar omgeving zou kunnen ontstaan. Geef die dan alsnog een hoge prioriteit.

### ✔ *Stap 4: opdelen van het voorlopig denkschema in deelbeweringen: onderzoekshypothesen*

De structuur van het voorlopig diagnostisch denkschema, zoals we in box 8.2 hebben geïllustreerd, kan worden uiteengelegd in enkelvoudige beweringen over de relatie tussen probleem en conditie. Zulke enkelvoudige deelbeweringen kunnen overigens op zichzelf theoretisch toch zeer complex zijn. Om een onderzoekshypothese begrijpelijk en hanteerbaar te houden, moet daarom worden verwezen naar de gebruikte wetenschappelijke bronnen die in principe voor iedereen raadpleegbaar zijn. In stap 6 komen we hierop terug.

Voorbeelden van beknopte, maar op een uitgebreide theoretische verantwoording gebaseerde hypothesen zijn:

> Victors dyslexie is gerelateerd aan een zwak ontwikkeld <u>fonologisch bewustzijn</u> (Bryant & Goswami, 1987; Wagner & Torgesen, 1987).
>
> Het hyperactieve gedrag van Joop is een gevolg van een proces waarin twee condities elkaar negatief versterkten: enerzijds leidde zijn persoonlijkheid (<u>moeilijk temperament</u>) van jongs af aan tot moeilijk gedrag, anderzijds schoten wat betreft <u>opvoedingsvaardigheden</u> de ouders tekort in het uitoefenen van de (meer dan normaal benodigde) duidelijkheid in de opvoeding (Mussen, 1983, p. 63).

Voor de weergave van een onderzoekshypothese in een gevalsbeschrijving geven we – zoals in deze twee voorbeelden door onderstreping is geaccentueerd – het advies om niet meer verklarende condities op te nemen dan nodig om de specifieke betekenis van de hypothese ten opzichte van andere plausibele hypothesen uit te laten komen. Voor de volgende stap in het diagnostisch proces (de *toetsing*) is het uitdrukkelijk wél van belang dat de diagnosticus voor zichzelf zoveel mogelijk relevant geachte condities uit elke hypothese expliciteert. Pas dan kan hij immers overgaan tot het operationaliseren (zie stap 6).

✔ *Stap 5: nagaan of er kennis is die toetsing rechtvaardigt*

Het baseren van verklarende hypothesen op bij voorkeur empirisch-wetenschappelijke kennis veronderstelt dat die kennis ook daadwerkelijk voorhanden is of kan worden opgespoord. Dit is niet altijd het geval. Strikt genomen heeft toetsing dan geen zin, aangezien er geen empirisch criterium is waartegen de resultaten kunnen worden afgezet. Wanneer er wel een theoretische basis is voor een hypothese, maar (nog) geen empirische data waaraan een toetsingscriterium kan worden ontleend, kan toetsing toch waardevol zijn met het oog op het opbouwen van empirische praktijkkennis. Voor het verzamelen van systematische praktijkkennis is het zinvol om – indien de omstandigheden het toelaten – op een beredeneerde wijze diagnostische middelen in te zetten die leiden tot een bruikbaar kennisbestand. Stel dat we vermoeden dat de dyslexie van Victor, uit het in stap 4 genoemde voorbeeld, samenhangt met een meer algemene trage informatieverwerking. Het valt op dat niet alleen zijn tempo van het lezen van letters en woorden laag is, maar ook het oproepen van de uitkomsten van de tafels van vermenigvuldiging en het maken van eenvoudige rekenopgaven ('plus' en 'min') met uitkomsten tot 20, ondanks enkele jaren onderwijs. Het toetsen van de snelheid van informatieverwerking (zoals met fluency-taken, benoemtaken en visuomotorische snelheidstaken) levert gegevens op die op een later moment, wanneer over meer leerlingen informatie bekend is, inzicht kunnen geven in de zinvolheid van het veronderstelde verband.

### 8.4.2 **Het toetsen van diagnostische verklaringen**

✔ *Stap 6: operationaliseren van de onderzoekshypothesen in onderzoeksmiddelen in drie substappen: a) bepalen wat precies wordt geoperationaliseerd, b) inventariseren van de onderzoeksmiddelen, c) het meest geschikte middel daaruit kiezen*

Elke onderzoekshypothese wordt zo goed mogelijk geoperationaliseerd in één of meer onderzoeksmiddelen (instrumenten, procedures). De operationalisatie moet zo zorgvuldig mogelijk worden voorbereid. Men moet er op voorhand al op bedacht zijn dat het onderzoek door bepaalde omstandigheden of storende factoren kan mislukken. Het onderzoeksinstrument kan weigeren (denk aan on-line-toetsen) of een foutieve uitslag geven, er kunnen fouten worden gemaakt in de afname en scoring of de responsen van de proefpersoon kunnen onvoldoende betrouwbaar zijn. Bij vragenlijsten moeten we bijvoorbeeld bedacht zijn op antwoordtendenties die de validiteit van de meting bedreigen (denk aan de neiging om bewust of onbewust sociaalwenselijke antwoorden te geven). Als achteraf blijkt dat dergelijke mankementen in het onderzoek opgetreden zijn, dan kan de vraag of de voorspelling is uitgekomen niet goed worden beantwoord. Bij het operationaliseren moet men dit proberen te voorkomen, bijvoorbeeld door naast een vragenlijst die gericht is op een bepaalde conditie, ook een vragenlijst af te nemen die het mogelijk maakt om te controleren of de proefpersoon 'eerlijke' antwoorden geeft.

Het operationaliseren gebeurt, zoals aangegeven, in drie substappen: (a) bepalen wat precies wordt geoperationaliseerd, (b) inventariseren van de onderzoeksmiddelen, en (c) uit de geïnventariseerde onderzoeksmiddelen het meest geschikte middel kiezen. In het navolgende beschrijven we deze substappen uitgebreider.

a. *Bepalen wat we precies willen operationaliseren*

Allereerst wordt gecontroleerd of de conditie in de onderzoekshypothese duidelijk omschreven is en om wat voor soort conditie het daarbij gaat. Deze informatie moet uiteraard te vinden zijn in de kennisbron(nen) waaraan de verklaring is ontleend. Daaruit is meestal af te leiden hoe een conditie waarneembaar wordt, bijvoorbeeld: als een gebeurtenis, observeerbaar gedrag in de omgeving van het kind, een vaardigheid, cognitie, emotie, beleving van het kind, of een kenmerk van het gezin of de school. We geven in box 8.8 een voorbeeld, aan de hand van één van de twee voorbeeldhypothesen die in stap 4 werden genoemd. Verder (zie box 8.9) werken we hetzelfde voorbeeld uit voor het formuleren van de toetsingscriteria.

**Box 8.8** **Voorbeeld van het bepalen van hoe een conditie waarneembaar is.**

Het hyperactieve gedrag van Joop is een gevolg van een proces waarin twee condities elkaar negatief versterkten: enerzijds leidde zijn persoonlijkheid (moeilijk temperament) van jongs af aan tot moeilijk gedrag, anderzijds schoten wat betreft de opvoedingsvaardigheden de ouders tekort in het uitoefenen van de (meer dan normaal benodigde) duidelijkheid in de opvoeding (Mussen, 1983, p. 63).

Er worden in dit voorbeeld twee condities genoemd: 'persoonlijkheid (moeilijk temperament)' van het kind en tekortschietende 'opvoedingsvaardigheden' van de ouders. De theorie waarin een relatie gelegd wordt tussen het temperament van het kind en de opvoeding door de ouders, is te vinden in Van der Kooij e.a. (1990). Deze staat de volgende omschrijving toe van de twee condities:

- *Moeilijk temperament*
  Een kind met een moeilijk temperament vertoont de volgende observeerbare gedragseigenschappen:
  - de intensiteit van het gedrag en het energieniveau van de responsen zijn hoog

- er is weinig aanpassingsvermogen aan veranderingen in de omgeving
- nieuwe indrukken van stimuli (mensen, situaties, voedsel, speelgoed, procedures) worden afgewezen
- er is weinig regelmaat in de fysiologische functies, zoals honger, slaap en stofwisseling
- een negatieve gemoedsstemming overheerst (onplezierige en onvriendelijke gedragingen).

- *Tekortschietende opvoedingsvaardigheden*
  Twee belangrijke opvoedingsvaardigheden zijn: 'sensitieve responsiviteit' en 'consequente opvoedingsstijl'. Sensitieve responsiviteit wordt omschreven als het vermogen van de ouder of verzorger om signalen van het kind te kunnen waarnemen, interpreteren en er adequaat op te reageren (Riksen-Walraven, 1989). Bij een inconsequente opvoedingsstijl vertonen de ouders onvoorspelbaar gedrag en inconsistentie in benadering en regelhantering (Van der Kooij e.a., 1990). Dit kan zich zowel binnen één ouder als tussen beide ouders voordoen. Belangrijke begrippen ter beoordeling hiervan – bijvoorbeeld via gestructureerd interview – zijn:
  - inconsequentheid: geen consequente hantering van opvoedingsstrategieën; wisselend gedrag van de ouders: dreigementen worden de ene keer wel en de andere keer niet uitgevoerd, dezelfde regelovertredingen worden de ene keer wel en de andere keer niet bestraft;
  - verwarring: het verwachtingspatroon van het kind met betrekking tot het gedrag van de ouder is verward; het kind heeft geen zekerheid;
  - onvoorspelbaarheid: het opvoedingsgedrag is slechts met een geringe mate van zekerheid te voorspellen (bijvoorbeeld: de ene keer leidt bepaald gedrag bij ouder 1 tot consequentie A, de andere keer tot B; ouder 2 reageert met C, maar soms ook helemaal niet);
  - inconsistentie: er ontbreekt constantie in vorm en inhoud van de pedagogische interacties.

b. *Inventarisatie van mogelijke onderzoeksmiddelen bij de conditie*

Er wordt nu als het ware eerst een lijstje van onderzoeksmiddelen aangelegd die voor het vaststellen van de conditie in principe in aanmerking komen, om daaruit later een verantwoorde keuze te kunnen maken.

b1. Aan de hand van de kennisbron (waaruit de conditie is afgeleid) kan bepaald worden welke onderzoeksmiddelen worden aanbevolen voor het operationaliseren van de conditie. De literatuur over de theorie achter een diagnostische hypothese geeft immers vaak aan welke, ook individueel toepasbare, onderzoeksmiddelen in het wetenschappelijk onderzoek gebruikt zijn. In dat geval ligt het voor de hand om die onderzoeksmiddelen ook in de klinische diagnostiek te gebruiken, aangezien de kans dan groot is dat ze begripsvalide zijn voor de bedoelde conditie. Bij een leertheoretische hypothese over de verklarende rol van een positief versterkende conditie in de huidige sociale omgeving van het kind (op bijvoorbeeld agressief gedrag) ligt het voor de hand om te kiezen voor functionele gedragsanalyse als operationalisatie. Dit kan dan via systematische gedragsobservatie of via een gestructureerd interview in antecedent-consequent-termen (zie bijvoorbeeld: Landsheer, Prins & Nijhoff-Huysse, 1993; Zwaan, 1982). Wil de diagnosticus een conditie uit het psychoanalytische kader operationaliseren, dan is hij in principe aangewezen op onderzoeksmiddelen die daarbinnen ontwikkeld zijn. Condities als onbewuste motieven, driften en lusten zijn bijvoorbeeld vast te stellen met projectieve technieken of spelobservatie (zie ook box 8.9).



b2. De voorlopige keuze van de onderzoeksmiddelen wordt mede bepaald door de soort conditie:

- In het geval van een *gebeurtenis* zal de diagnosticus in een gesprek of interview navragen of deze werkelijk is opgetreden.
- Betreft de conditie *waarneembaar gedrag*, dan is observatie als onderzoeksmiddel aangewezen. Het is tevens mogelijk dat de diagnosticus de betrokkene ondervraagt over dit gedrag en/of een vragenlijst of checklist afneemt die het gedrag inventariseert. De voorkeur gaat echter uit naar observatie, aangezien mensen niet altijd in staat zijn om goed te rapporteren over hun eigen gedrag en dat van anderen.
- Gaat het om het al dan niet beheersen van een *vaardigheid*, dan zal de prestatie van de onderzochte op bepaalde taken vastgesteld worden met een test, toets, interview, vragenlijst of door observatie.
- Indien de conditie een *cognitie, emotie of beleving* betreft, dan is de diagnosticus in principe op de persoon zelf als informatiebron aangewezen. Met als onderzoeksmiddel een interview, test of vragenlijst kan de persoon via zelfrapportage aangeven in hoeverre de conditie een kenmerk van hem of haar is. Als de persoon zelf te jong is, of om een andere reden niet in staat is tot zelfrapportage, dan is de diagnosticus aangewezen op direct bij de cliënt betrokkenen. Deze betrokkenen kunnen de informatie verschaffen via een interview, test of vragenlijst. De diagnosticus kan dan tevens gebruikmaken van een indirecte 'meting' van de belevingswereld, bijvoorbeeld via spel.
- Indien de conditie betrekking heeft op *onbewuste thema's*, dan is in principe een projectieve techniek aangewezen om inzicht te krijgen in deze thema's. Echter, zie voor een bedenking hieromtrent box 8.9.
- *Kenmerken van het gezin of de school* zijn vast te stellen in een gesprek of tijdens een observatie. Voor een aantal specifieke kenmerken van gezin en klas zijn tests beschikbaar.
- Heeft de conditie betrekking op het verleden, dan is de diagnosticus vaak aangewezen op het dossier of op een gesprek met de betrokkenen.

Een waardevol hulpmiddel bij de keuze van onderzoeksmiddelen, en tevens bij de volgende substappen, vormt het COTAN-boek (Evers, Van Vliet-Mulder & Groot, 2000). Het wijst de gebruiker via een beslisboom van soorten condities de weg naar specifieke instrumenten, waarvan ook een oordeel over de betrouwbaarheid en validiteit wordt gegeven (zie hierna onder c).

b3. Het kan zijn dat er geen enkel bestaand instrument te vinden is. Als dat het geval is, kan eventueel een middel-op-maat worden geconstrueerd om de aanwezigheid van de conditie in te schatten, bijvoorbeeld een zelfgemaakt proefje of een kort trainingsexperiment (zie De Bruyn, 1985, p. 42).

c. *Het meest geschikte onderzoeksmiddel kiezen*

c1. We kiezen het instrument dat het meest betrouwbaar en begripsvalide is. Op basis van de gegevens uit de handleiding over de psychometrische kwaliteit en met eventueel later verschenen onderzoeksliteratuur over het betreffende instrument kan dit worden gecontroleerd.

Uiteraard is deze substap het gemakkelijkst uitvoerbaar voor tests, omdat de handleiding daarvan doorgaans de vereiste onderzoeksgegevens uitvoerig documenteert. Ook het hierboven genoemde COTAN-boek kan goede diensten bewijzen. Het geeft bij alle opgenomen instrumenten een globaal psychometrisch oordeel, dat weliswaar niet het eigen oordeel van de diagnosticus volledig kan vervangen, maar toch bij een eerste zifting van instrumenten nuttig kan zijn. Verder geeft het literatuurreferenties en -samenvattingen over onderzoek dat met het instrument is verricht.

c2. Voor het kiezen tussen onderzoeksmiddelen met gelijke betrouwbaarheid en begripsvaliditeit wordt een kosten-batenanalyse uitgevoerd met betrekking tot hun praktijkrelevante eigenschappen. Hier wordt nagegaan hoeveel de afname en scoring van die onderzoeksmiddelen kosten in termen van tijd, geld en belasting voor de proefpersoon en/of de onderzoeker.

c3. Die onderzoeksmiddelen worden gekozen waarmee tegelijkertijd meerdere hypothesen getoetst kunnen worden. De diagnosticus kan bijvoorbeeld subtests of delen van een test bij verschillende hypothesen gebruiken, mits die delen (of subtests) betrouwbaar en begripsvalide zijn en aan een norm gerelateerd kunnen worden. Stel dat hij de WISC-III afneemt voor een onderzoekshypothese over beperkte intelligentie. Dan kan hij bij een onderzoekshypothese omtrent de rol van het concentratievermogen de subtests Cijferreeksen, Rekenen en Coderen kiezen en voor een onderzoekshypothese over het verbale begripsvermogen de subtests Overeenkomsten, Woordenschat en Begrijpen. Beide combinaties geven aan hoe het kind zich tot de norm verhoudt (via respectievelijk het F3IQ en VIQ). Overigens zijn zulke delen (of subtests) van een instrument in principe alleen bruikbaar indien het totale instrument is afgenomen. De scores zijn immers pas zinvol te interpreteren wanneer bekend is hoe de intra-individuele verhouding is. Zo kan een ten opzichte van de leeftijdsgroep gemiddeld F3IQ toch zeer laag zijn in verhouding tot overige eigen scores op een hoogbegaafd niveau.

Ook observatie en interview kunnen voor toetsing van meer onderzoekshypothesen worden gebruikt. Tijdens de afname van een intelligentietest, zoals de WISC-III, kan de observatie zowel gericht zijn op faalangst als op doorzettingsvermogen. In een interview met de ouders kan de diagnosticus zowel vragen naar hun reacties rond bedplassen (in verband met een onderzoekshypothese over ouderlijke bekrachtiging van het bedplassen), als naar bepaalde biografische gegevens (in verband met een onderzoekshypothese over een genetisch bepaalde taalontwikkelingsstoornis).



c4. Als niet één instrument aan de psychometrische eisen voldoet, moet worden nagegaan of misschien een combinatie van instrumenten daaraan kan voldoen. Als we een onderzoeksmiddel vinden dat al voldoende betrouwbaar, valide en praktisch is, kan de keuze natuurlijk tot dat ene middel beperkt worden. Het kan echter zijn dat alleen een combinatie van instrumenten aan onze voorwaarden tegemoetkomt. Indien men bijvoorbeeld twee valide tests in plaats van één afneemt, dan zou dat de mate van waarschijnlijkheid kunnen vergroten dat de onderzoekshypothese terecht wordt bevestigd of verworpen. Dit kan om twee tests gaan, of naast één test tevens om observatie of een interview. De diagnosticus kan een conditie als negatieve faalangst op deze manier operationaliseren door middel van een test (PMT-K, faalangstschaal), een gesprek met de leerling over diens beleving in situaties waarin hij of zij moet presteren in vergelijking met situaties waarin dat niet hoeft, een gesprek met de leerkracht over diens visie op de vermoede faalangst van de leerling of door eigen observatie van de leerling in diverse taaksituaties.

### ✔ *Stap 7: vaststellen van de toetsingscriteria bij de middelen*

De bij de gekozen onderzoeksmiddelen horende voorspellingen worden gegeven in de vorm van toetsingscriteria. Zonder vooraf gestelde toetsingscriteria zou de diagnosticus bij het verkrijgen van de onderzoeksuitkomsten willekeurig en ad hoc kunnen beslissen of ze overeenkomstig de verwachting zijn en of hij de hypothese aanneemt. De rol van de subjectiviteit en de persoonlijke voorkeur bij de toetsing wordt geringer wanneer de toetsing gebeurt door de expliciete koppeling tussen vooraf opgestelde criteria en pas daarna verzamelde resultaten. Het werken volgens toetsingscriteria maakt het toetsingsproces bovendien inzichtelijk en controleerbaar, zodat een buitenstaander kan nagaan waarop beslissingen omtrent bevestiging of verwerping zijn gebaseerd.

Desondanks blijft subjectiviteit een rol spelen. De ene diagnosticus kan veel strengere criteria hanteren dan de andere, waardoor dezelfde onderzoeksresultaten tot verschillende conclusies zullen leiden. Als de ene diagnosticus bij een hypothese omtrent cognitiezwakte als toetsingscriterium een IQ $< 90$ hanteert en de ander een IQ $< 80$, en het kind blijkt een IQ van 85 te behalen, dan zullen ze het er niet over eens zijn dat de hypothese verworpen dient te worden. Dat zal wel het geval zijn bij een gevonden IQ van 75.

Hoewel zo'n subjectieve invloed nooit geheel uitgesloten kan worden, moet zij minstens op twee manieren worden beperkt: door in de wetenschappelijke literatuur te zoeken naar de beste objectief vastgestelde gegevens over te hanteren toetsingscriteria bij het betreffende instrument, en door de waarschijnlijkheid van, of het vertrouwen in, de onderzoekshypothese mede af te laten hangen van de strengheid waarmee men de toetsingscriteria koos. Bij het bepalen van de toetsingscriteria moet de diagnosticus dus zoveel mogelijk afgaan op de criteria die worden verschaft in de kennisbron waaraan de diagnostische hypothese is ontleend. Wat men dan zoekt, is informatie van het type: 'Kinderen in de onderzoeksgroep met probleem X als gevolg van conditie Y scoorden op onderzoeksmiddel Z gemiddeld lager dan criterium x'. Vaak staan dergelijke criteria overigens ook in de handleiding van gestandaardiseerde onderzoeksmiddelen in de rubriek over de predictieve validiteit van het instrument voor dit type probleem. In box 8.9 zullen we meer gedetailleerd aangeven op welke wijze toetsingscriteria kunnen worden geformuleerd, al naargelang het soort onderzoeksmiddel dat men hanteert: test en vragenlijst, observatie, interview, projectieve technieken en dossieranalyse.

Het vaststellen van de toetsingscriteria bij de gekozen en beschikbare (!) middelen bepaalt in belangrijke mate de vraag of de operationalisatie geslaagd is. Wanneer geen duidelijke criteria mogelijk zijn, is toetsing weinig zinvol. Alleen de als 'voldoende toetsbaar' beoordeelde onderzoekshypothesen kunnen dus ook daadwerkelijk worden getoetst (zie stap 8), nadat nog wordt gecontroleerd of de operationalisatie van eventuele verschillende hypothesen voldoende tussen hen differentieert. Zonodig kan de operationalisatie worden bijgesteld.

**Box 8.9** **Toetsingscriteria bij diverse onderzoeksmiddelen.**

**Test (of genormeerde vragenlijst)**

Bij een test (of genormeerde vragenlijst) bestaat het toetsingscriterium uit het bereik van standaardscores die men verwacht te vinden als de onderzoekshypothese juist is. In de testhandleiding staan normeringstabellen om de ruwe score om te zetten in een standaardscore, waarmee de individuele score gerelateerd wordt aan een vergelijkings- of normgroep. Bij tests wordt meestal een van de volgende twee soorten normen gehanteerd:

a. Een vergelijking gebaseerd op rangorde: de zogenaamde percentielen en decielen. Als de scores in de normeringsgroep een normale verdeling volgen, dan wordt de diagnosticus doorgaans geadviseerd de volgende toetsingscriteria als richtlijn aan te houden (maar: zie ook de specificaties in de kennisbron):

| *Voorspeld bereik:* | *Toetsingscriteria:* |
|---|---|
| Ondergemiddeld | < 25ste percentiel |
| Gemiddeld | > 25ste en < 75ste percentiel |
| Bovengemiddeld | > 75ste percentiel |

Een voorbeeld hiervan: als we de onderzoekshypothese 'Jessica vermijdt sociale situaties omdat ze zichzelf in de sociale omgang als weinig competent beleeft (en daardoor op problemen in de sociale omgang anticipeert)' operationaliseren met de subschaal Sociale Omgang van de CompetentieBelevingsSchaal-voor-kinderen (CBS-K; Harter), dan is het geadviseerde toetsingscriterium bij 'Jessica scoort ondergemiddeld' een percentielscore van 25 of minder.

b. Een vergelijking van de standaardscore met het gemiddelde (M) en de standaarddeviatie (SD) van de populatie. De meest voorkomende genormaliseerde standaardscores zijn:
   - T-scores met een gemiddelde van 50 en een standaarddeviatie van 10;
   - stanines met een gemiddelde tussen 4 en 5 en een standaarddeviatie van 2;
   - (deviatie-)IQ met een gemiddelde van 100 en een standaarddeviatie van 15.

   Als de scores in de normeringsgroep een normale verdeling volgen, dan wordt de diagnosticus doorgaans geadviseerd de volgende toetsingscriteria als richtlijn aan te houden (let echter ook hier op de specificaties in de kennisbron):

| *Voorspeld bereik:* | *Toetsingscriteria:* |
|---|---|
| Ondergemiddeld | < [M - 1SD] |
| Gemiddeld | > [M - 1SD] en < [M + 1SD] |
| Bovengemiddeld | > [M + 1SD] |

In een eerder voorbeeld (zie box 8.8) omschreven we twee condities uit een diagnostische hypothese. In het volgende werken we dat voorbeeld verder uit voor het formuleren van de toetsingscriteria bij een instrument voor het meten van één conditie: het temperament.

Stel dat we het temperament van een kind van 3 jaar moeten onderzoeken en daarvoor de Toddler Temperament Scale (Fullard) hebben gekozen. Deze vragenlijst moet door de ouder worden ingevuld en bestaat uit 97 vragen die op een schaal van 1 (bijna nooit) tot 6 (bijna altijd) worden beantwoord. De verwerking van de antwoorden levert scores op de volgende schalen op: activiteit (laag of hoog), ritmiciteit (ritmisch of aritmisch), toenadering (toenaderend of terugtrekkend), aanpassing (aanpassend of niet-aanpassend), intensiteit (mild of intensief), stemming (positief of negatief), doorzetting (doorzettend of nietdoorzettend), afleidbaarheid (hoog of laag) en drempel (hoog of laag). Per schaal relateert men vervolgens de score aan het gemiddelde en de standaarddeviatie van de (Amerikaanse) normgroep. Dit leidt dan tot de indeling in een van de drie diagnostische clusters: makkelijk, moeilijk of langzaam warmlopend.

Voordat we deze vragenlijst afnemen, bepalen we de toetsingscriteria bij alle subschalen die relevant zijn voor de hypothese moeilijk temperament op < [M - 1SD] of > [M + 1SD]. In de handleiding zien we dat er dan sprake moet zijn van de volgende scores op de volgende subschalen:

| | |
|---|---|
| ritmiciteit (aritmisch) | < 3 |
| toenadering (terugtrekkend) | > 4 |
| aanpassing (niet-aanpassend) | > 4 |
| intensiteit (intensief) | > 5 |
| stemming (negatief) | > 4 |

Bij het formuleren van de toetsingscriteria dient overigens ook nog rekening gehouden te worden met de testbetrouwbaarheid. In de meeste testhandleidingen wordt hiervoor een praktisch bruikbare maat gegeven: de standaard-*meetfout* (niet te verwarren met de standaarddeviatie). Rekening houden met de standaardmeetfout kan bijvoorbeeld door als voorspeld bereik ≤ [M – 2SD – 2SM] te nemen (zie voor een meer gedetailleerde uitleg: Drenth & Sijtsma, 1990, hoofdstuk 5; De Zeeuw, 1981; ook in recente testhandleidingen wordt dit doorgaans uitgelegd).
Naast normgeoriënteerde tests zijn er ook criteriumgeoriënteerde tests. Daarbij wordt het resultaat niet, zoals in het voorgaande, vergeleken met een vergelijkings- of normgroep, maar met een absolute maatstaf voor het beheersen van een bepaalde vaardigheid, bijvoorbeeld een bepaald percentage correct beantwoorde items. Het toetsingscriterium bestaat dan uit het al dan niet behalen van die beheersingsscore.

**Observatie**

Toetsingscriteria bij observatie betreffen de absolute of relatieve frequentie van voorkomen, van duur of intensiteit van de voorspelde gedragsgebeurtenissen. Op grond van de conditie uit de onderzoekshypothese worden in de toetsingscriteria aantallen te veel of te weinig voorkomende gedragingen voorspeld, eventueel geformuleerd op grond van een interactieschema (Zwaan, 1982). Daarin wordt voorspeld welke verschillende antecedente en consequente gedragingen bij het probleemgedrag horen. Vervolgens stelt de diagnosticus vast hoe vaak (in relatieve betekenis) de contingenties mogen optreden gedurende een bepaalde periode. Deze gegevens zijn moeilijk te relateren aan normen als de omgeving per kind kan variëren. Observatiescores die bepaald zijn in een gestandaardiseerde omgeving, kunnen echter wél worden vergeleken met een normgroep die in eenzelfde situatie is geobserveerd.
In ons voorbeeld uit box 8.8 omschreven we twee condities uit een diagnostische hypothese: moeilijk temperament en tekortschietende opvoedingsvaardigheden. Hier gaan we nader in op de toetsingscriteria voor observatie gericht op de tweede conditie, hier gespecificeerd als: onvoldoende sensitieve responsiviteit.
Vanuit de omschrijvingen volgt dat de interactie tussen ouder en kind moet worden geobserveerd om na te gaan wat de mate van sensitieve responsiviteit is. Tijdens het uitvoeren van een opdracht (denk bij kleine kinderen ook aan de Strange Situation van Ainsworth of aan een observatie in de thuissituatie) kan de diagnosticus observeren of de ouder de signalen die het kind geeft, voldoende vaak waarneemt, vaak genoeg correct interpreteert en er vaak genoeg voldoende adequaat op reageert. Als toetsingscriteria kan de diagnosticus stellen dat de ouder minstens de helft van de signalen van het kind niet opmerkt, en ze in minstens de helft van de overige gevallen verkeerd interpreteert en/of er inadequaat op reageert.

**Interview**

Ook bij het voorbereiden van een interview neemt de diagnosticus een aantal beslissingen ten aanzien van de toetsingscriteria. De aard van het diagnostisch interview wordt bepaald door de doelstelling van het gesprek: informatie verschaffen over een bepaalde conditie. In de regel zal het interview gestructureerd zijn: hoe gedetailleerder en specifieker de informatie is die de diagnosti-

cus wil verzamelen, hoe meer gesloten de antwoordcategorieën zullen zijn. En op die antwoordcategorieën hebben de toetsingscriteria betrekking.
Bij een interview geeft de diagnosticus van tevoren aan met wie het interview zal worden gehouden, wat de gespreksonderwerpen en de gespreksvorm zullen zijn (niet-, semi- of gestructureerd). Als inhoudelijke toetsingscriteria bepaalt de diagnosticus welke antwoorden hij verwacht te krijgen als de onderzoekshypothese juist is. Deze kunnen soms specifiek, soms minder specifiek aangegeven worden. Indien het om een gestructureerd interview gaat, waarbij de antwoordmogelijkheden gesloten zijn, dan kan hij per vraag vermelden welk antwoord als toetsingscriterium geldt. Als het interview minder gestructureerd is en de antwoordmogelijkheden meer open zijn, dan kan de diagnosticus alleen globaal aangeven wat de aard en inhoud van de antwoorden zullen zijn.
Terug naar ons voorbeeld. Hier gaan we in op de toetsingscriteria bij een interview gericht op de conditie 'tekortschietende opvoedingsvaardigheden', deze maal gespecificeerd als 'onvoldoende consequente opvoedingsstijl'.

De diagnosticus legt in het interview de ouders denkbeeldige situaties voor en vraagt naar hun afzonderlijke gedragingen als het kind eenzelfde probleemgedrag op verschillende momenten vertoont. Hij vraagt bijvoorbeeld hoe vaak ze elk bepaald dreigement uiten bij regelovertredingen door het kind, hoe vaak ze straf uitvoeren en hoe vaak ze dat ook niet doen.

Het inhoudelijke aspect van de toetsingscriteria betreft dan de mate van consistentie in die gedragingen, zowel tussen de ouders als bij dezelfde ouder. Toetsingscriteria zijn dan bijvoorbeeld:

- één ouder reageert dagelijks minstens één keer op het ene tijdstip anders dan op het andere;
- de reacties van de ouders verschillen onderling minstens één keer per dag.

### Projectieve technieken

In psychometrisch georiënteerde handboeken over tests luidt de algemene conclusie dat projectieve technieken weinig betrouwbaar en valide zijn (zie bijvoorbeeld: Kline, 1993). Alleen in een enkel specifiek geval kan men spreken van een enigszins betrouwbaar en valide middel, zoals de Rorschachmethode 'Exner' (Exner & Weiner, 1995; zie ook Weiner, 1996). De meest betrouwbare en valide wijze om bij kinderen defensiemechanismen vast te stellen lijkt het systeem beschreven door Cramer (1991). Voor het meten van de ego-ontwikkeling is de Zinnenaanvullijst beschikbaar (Prakke-Greebe, 2001; Westenberg, 2002).

### Dossieranalyse

Een dossier kan verschillende typen informatie bevatten, zoals onderzoeksgegevens van andere deskundigen, anamnesegegevens, observatieverslagen, schoolrapporten en medische rapporten. Het betreft doorgaans biografische gegevens die betrekking hebben op de ontwikkelingsgeschiedenis van het kind. Bij het gebruik van een dossier als onderzoeksmiddel geeft men globaal aan welke gegevens men daarin onder de onderzoekshypothese verwacht te vinden. Zo zal men bij een hypothese omtrent een organisch cerebrale disfunctie gericht zoeken naar aanwijzingen voor pre-, peri- en/of postnatale complicaties, ongelukken of bepaalde ziektes in de kindertijd.

Een ander voorbeel: bij de onderzoekshypothese 'Gonnies paniekaanvallen bij het afscheid nemen van moeder zijn het gevolg van onveilige gehechtheid' (Bowlby, 1973) gaat het om de conditie 'onveilige gehechtheid' die het gevolg kan zijn van een scheiding van de verzorger in de eerste drie levensjaren, zonder dat daarvoor een goede verzorging in de plaats kwam. Stel dat de diagnosticus als operationalisatie kiest voor dossieranalyse (naast bijvoorbeeld observatie van de moeder-kindinteractie en gesprek met moeder), dan kan hij aan de kennisbron (Bowlby) de inhoudelijke toetsingscriteria ontlenen en ze bijvoorbeeld als volgt formuleren:

> 'Ik verwacht in het dossier, ten eerste, informatie te vinden die inhoudt dat het kind meer dan drie weken gescheiden is geweest van de belangrijkste ouder-opvoeder, bijvoorbeeld in de vorm van een langdurige couveuse-periode na de geboorte, een ziekenhuisopname van kind of ouder, emotionele of fysieke onbereikbaarheid van die ouder (bijvoorbeeld bij echtscheiding, depressiviteit, alcoholverslaving, of het niet gewenst hebben van het kind); ik verwacht, ten tweede, gedragsbeschrijvingen aan te treffen over het kind tijdens en vlak na die periode, die erop wijzen dat het deze scheiding als traumatisch heeft beleefd.'

Uit de klinische praktijk weten we dat de diagnosticus bij het gebruik van dossiergegevens ervoor moet oppassen dat hij niet vervalt in een cirkelredenering. Dit gevaar dient zich vooral aan als men bij het opstellen van de diagnostische hypothesen *niet* te werk is gegaan op de wijze die wij hier met de diagnostische cyclus bepleiten. Terwijl de diagnostische cyclus inhoudt dat diagnostische hypothesen (enkel en alleen) worden gefundeerd op basis van wetenschappelijke kennis over het 'geobjectiveerde' probleem, dus los van enige kennis over de achtergrond van het specifieke geval, baseert men in de klinische praktijk de diagnostische hypothesen vaak uitsluitend op aanwijzingen uit het dossier en de intake. Als men dan bijvoorbeeld op grond van medische rapportage over een lage APGAR-score en blauw zien vlak na de geboorte een diagnostische hypothese formuleert over hersenletsel als conditie, ontstaat een cirkelredenering als diezelfde rapportage wordt gebruikt als toetsingsmiddel. Bij een diagnostische hypothese die is opgesteld volgens de diagnostische cyclus, doet dit gevaar zich niet voor, omdat deze onafhankelijk van de reeds bekende informatie wordt getoetst.

### Toetsingscriteria bij meerdere onderzoeksmiddelen

Bij meerdere onderzoeksmiddelen voor één onderzoekshypothese dient, naast de toetsingscriteria per onderzoeksmiddel, tevens te worden aangegeven hoe de resultaten op de verschillende onderzoeksmiddelen zich tot elkaar moeten verhouden om de hypothese als bevestigd te kunnen beschouwen. Bijvoorbeeld: 'Als de resultaten op minstens twee van de drie onderzoeksmiddelen voldoen aan de bijbehorende toetsingscriteria, dan wordt de onderzoekshypothese aangenomen'. Ook kan de diagnosticus *vooraf* aangeven dat hij bij voorbaat aan de uitkomst van één bepaald instrument twee keer zoveel waarde zal toekennen dan aan die van een ander.

✔ *Stap 8: daadwerkelijk toetsen*

De onderzoeksmiddelen worden toegepast: het verzamelen van de onderzoeksuitkomsten in het diagnostisch onderzoek-in-enge-zin. Het spreekt voor zich dat hierbij alle regels van een correcte afname of toepassing (zowel in procedurele als in communicatieve betekenis) moeten worden gerespecteerd.

✔ *Stap 9: evalueren van de uitkomsten en bepalen van de mate van zekerheid: aannemen, aanhouden of verwerpen van de hypothesen*

De onderzoeksuitkomsten worden geëvalueerd tegen de toetsingscriteria, resulterend in aanname, aanhouding of verwerping van de onderzoekshypothesen. Nadat de onderzoeksresultaten zijn verzameld, kan de toetsing van de onderzoekshypothesen in principe worden afgesloten: de diagnosticus beoordeelt de mate van overeenkomst tussen de toetsingscriteria en de gevonden uitkomsten. De onderzoekshypothese wordt aangenomen als de voorspellingen uitkomen. Als er contra-evidentie wordt gevonden, besluiten we de onderzoekshypothese te verwerpen.

Bij deze stap is het van groot belang na te gaan of het onderzoeksmiddel, hoe verantwoord het bij de selectie ook bleek, niet onverhoopt gefaald heeft, bijvoorbeeld door onbedoelde schendingen van de afnameregels of door onverwachte externe condities die de betrouwbaarheid of validiteit van de toepassing van het onderzoeksmiddel negatief hebben beïnvloed. We geven een voorbeeld van zo'n schending.

> Onderzochte personen vertonen soms een *antwoordtendentie*: de neiging om een consistent antwoordpatroon te hanteren bij het beantwoorden van vragen, los van de inhoud van de vragen. Bekende antwoordpatronen zijn de neiging om in te stemmen (het systematisch eens zijn met de vragen), te ontkennen (het systematisch niet met de vragen eens zijn) of om meerkeuzevragen volgens een bepaalde regel te beantwoorden (bijvoorbeeld evenveel 'ja'- als 'nee'-antwoorden, ze systematisch afwisselen, alleen kiezen voor de neutraal geformuleerde antwoorden of juist alleen voor positief of negatief geformuleerde antwoorden). We benadrukken hier dat het gaat om systematische antwoordneigingen die de validiteit in gevaar brengen: niet de werkelijke situatie wordt vastgesteld, maar de neiging om op een bepaalde manier te antwoorden. Zijn ze daarentegen onsystematisch, dan behoren ze tot de meetfout en verlagen ze de betrouwbaarheid.
> Ook met de neiging om *sociaal wenselijk* te antwoorden dienen we rekening te houden. Door een sociaal-wenselijke invulling is immers de validiteit in gevaar. Sommige instrumenten, zoals de PMT-K (Prestatie Motivatie Test voor Kinderen) en de SVL (School Vragen-Lijst), hebben een sociale wenselijkheidsschaal als onderdeel om vast te stellen of de onderzochte de neiging heeft om sociaal wenselijk te antwoorden. De diagnosticus zal hiermee rekening moeten houden bij de beoordeling van de andere testscores (zie hiervoor de eventuele richtlijnen uit de testhandleiding) of meer waarde moeten hechten aan observatie en informatie uit andere bronnen dan de onderzochte zelf.

Alleen de verklarende hypothesen waarvan de onderzoekshypothesen zijn aangenomen, worden geaccepteerd. Van de aangenomen verklarende hypothesen bepaalt de diagnosticus welke mate van zekerheid/vertrouwen hij hierin stelt en hoe dit in de uiteindelijke verklarende diagnose zal worden verwoord.

Verklarende hypothesen waarvan nog onderzoekshypothesen zijn aangehouden en waarvan er geen zijn verworpen, worden aangehouden; die waarvan één of meer onderzoekshypothesen zijn verworpen, worden verworpen; die waarvan één of meer onderzoekshypothesen niet toetsbaar bleken, worden als zodanig vermeld in het integratief beeld (zie stap 10).

De aangehouden hypothesen worden ofwel opnieuw getoetst met herhaling van de voorgaande stappen totdat ze kunnen worden aangenomen of verworpen, ofwel – als dat nu niet kan – in de diagnostische conclusie expliciet als aangehouden hypothesen geformuleerd en aanbevolen voor verdere toetsing.

### ✔ *Stap 10: verwerken van de toetsingsresultaten tot een integratief beeld (de verklarende diagnose)*

De diagnosticus integreert de aangenomen verklaringen *tot een integratief beeld* van de cliënt en geeft daarin ook expliciet de status en de mogelijke implicaties aan zowel van de niet-toetsbaar gebleken als van de aangehouden hypothesen. In het integratief beeld worden alle onderzoeksuitkomsten samengevat en geïntegreerd in functie van de hulpvraag, klacht en onderkende problemen. Daarbij gelden de volgende deelstappen.

a. Beschrijf het onderkende probleem (de stoornis): de uitkomst van de stap van de probleemanalyse. Doe dat in termen van de geïdentificeerde problemen/gedragsclusters, hun aard en hun ernst.

b. Geef een overzicht van de aangenomen verklarende hypothesen (met vermelding van de kennisbron) in termen van meest aannemelijke 'losse' verklaringen voor het onderkende probleem. Let er daarbij op dat de aard van de verklarende relaties op dezelfde wijze onder woorden wordt gebracht als in de oorspronkelijke verklarende hypothesen, bijvoorbeeld: 'Conditie A houdt probleem P in stand', of: 'Conditie B lokte probleem P uit'. Geef bij elke aangenomen hypothese aan hoe zeker u bent van die verklaring ('waarschijnlijk', 'misschien', 'naar mijn stellig oordeel').

c. Formuleer op basis van de aangenomen verklarende hypothesen een integratief beeld voor het onderkende probleem van deze cliënt. Geef ten eerste aan welke condities in hoofdzaak verantwoordelijk zijn voor het ontstaan of in stand blijven van welk probleem (of welke problemen). Als is gebleken dat verschillende problemen verklaarbaar zijn vanuit één (combinatie van) conditie(s), en daarmee als het ware bij elkaar horen, dan is het zinvol om dat in het integratief beeld te benadrukken. In de literatuur over depressie kunnen we zo lezen dat ernstig depressieve stemmingen vaak gepaard gaan met slaap- en eetproblemen, met concentratiestoornissen en met leerproblemen. Als deze problemen allemaal toe te schrijven zijn aan bijvoorbeeld een recent verlies, dan kan dit voor de leerkracht van het kind die alleen de leer- en concentratieproblemen heeft onderkend, zeer onthullend zijn.

Geef ook aan welke causale verbanden of relaties er worden vermoed *tussen* de condities uit de aangenomen verklarende hypothesen *onderling* (zie box 8.2). Hiermee krijgt elke afzonderlijke hypothese als het ware een eigen weging en prioritering, en ontstaat een reconstructie van de wijze waarop het actuele probleem van deze specifieke casus kan zijn ontstaan. Bedenk hierbij echter steeds dat deze uitspraken over samenhangen tussen condities niet echt getoetst kunnen worden op hun geldigheid in dit individuele geval. Laat dit ook uit de gekozen bewoordingen blijken. Men kan dergelijke oorzaak-gevolgverbanden immers alleen maar ontlenen aan algemeen empirisch onderzoek, adequate theorieën of gesystematiseerde (eigen) ervaringskennis (vgl. Westmeyer, 1972).

Stel bijvoorbeeld dat het probleem van een kind onderkend is als separatieangst, tot uiting komend in onder meer schoolfobie en teruggetrokken gedrag tegenover personen buiten het gezin, en dat men heeft gevonden dat het kind een beperkte sociale intelligentie heeft én er in de gezinssituatie veel rolconflicten en loyaliteitsproblemen zijn. Dán kan men in *het integratief beeld* vermelden dat het voor een minder sociaalbegaafd persoon extra moeilijk is om conflicten tussen derden in te schatten en deze in verband te brengen met de eigen sociale rol, wat op zich tot loyaliteitsconflicten aanleiding kan geven. Juist de combinatie van beide condities zou kunnen verklaren waarom dit kind dit probleemgedrag vertoont. Hieronder geven we een concreet uitgewerkt voorbeeld van een (eerste deel van een) integratief beeld of verklarende diagnose:

Jan heeft sinds twee jaar een ernstige achterstand in het leren lezen, een achterstand die nu in groep 6 nog steeds aan het toenemen is. Bovendien gedraagt hij zich sinds ruim een jaar zowel thuis als op school in hoge mate afleidbaar als het om taken gaat die hem door zijn opvoeders worden opgedragen; hij vertoont dit gedrag niet of nauwelijks bij zelfgekozen activiteiten, zoals het alleen spelen met legoblokjes of buiten knikkeren met buurtkinderen. De leesproblemen lijken in hoofdzaak het gevolg van Jans zwakke passieve taalvaardigheid, die hij al ruim voor groep 3 moet hebben opgelopen (vgl. Dumont, 1990). Deze zwakke taalbeheersing lijkt niet zozeer het gevolg van een gebrekkige aanleg, als wel van de geringe taalstimulering die de ouders hem, als enig kind met aanvankelijk weinig contacten buitenshuis, kennelijk hebben geboden (vgl. Bus, 1990). Het afleidbare taakgedrag moet toegeschreven worden aan Jans besef van falen op leertaken die met lezen samenhangen, een besef dat sinds groep 4 duidelijk toeneemt, zijn zelfbeeld bepaalt en samengaat met extreem hoge negatieve faalangst (vgl. Poulie, 1991; Stanovich, 1986).

d. Vermeld daarna welke verklarende hypothesen zijn aangehouden voor verder onderzoek, geef aan wat hun belang is en geef zo mogelijk suggesties voor de uitvoering van dat onderzoek.

e. Vermeld welke hypothesen zijn verworpen, eveneens met een beknopte samenvatting van de toetsgegevens. Daar kan men bij latere onderzoeken baat bij hebben, omdat bepaalde verklaringen dan wellicht niet meer onderzocht hoeven te worden. Als voorbeeld van zo'n vermelding geldt: 'Het is uitgesloten dat de leesproblemen veroorzaakt worden door een gebrek aan algemene cognitieve vermogens (zie Totaal IQ-score op de WISC-III).'

f. Leg een relatie tussen het integratief beeld en de hulpvraag en klachten van de cliënt. Het integratief beeld is uiteindelijk immers totstandgekomen naar aanleiding van de hulpvraag en klachten. Hierop dient men antwoord te geven, respectievelijk daarvan moet men aangeven hoe ze 'psychologisch' passen binnen het beeld. Indien ouders bijvoorbeeld kwamen met de hulpvraag op welke manier bij de schoolkeuze rekening moet worden gehouden met de epilepsie van hun zesjarige zoon en in het integratief beeld uitsluitend de gezinsinteracties worden beschreven, dan zijn door de diagnosticus tussentijds kennelijk beslissingen genomen die deze wending rechtvaardigen.

g. Tot dusver is vooral ingegaan op de problematische aspecten van het gedrag. Een volledig integratief beeld vereist echter dat daarin ook de positieve ontwikkelingscondities, oftewel protectieve factoren, worden opgenomen. De belangrijkste in de literatuur genoemde protectieve factoren (Rutter, 1979; Groenendaal, Meyer, Veerman & de Wit, 1987; De Wit, 1994) kunnen in de onderstaande categorieën worden ingedeeld.

---

Kindfactoren
- Intelligentie
- Ego-veerkracht
- Gemakkelijk temperament

Opvoederfactoren
- Responsieve en ondersteunende opvoedingsstijl
- Goede partnerrelatie
- Afwezigheid van psychische stoornissen

Sociale omgevingsfactoren
- Responsieve en ondersteunende leerkrachten
- Vriendschapsrelaties
- Ondersteunend sociaal netwerk (familie, buurt, clubs e.d.)

---

Zoals uit de inhoud van de factoren afgeleid kan worden, is het raadzaam om pas bij de formulering van het integratief beeld nadrukkelijk op het vóórkomen van protectieve factoren te letten. Veel van de genoemde factoren kunnen immers al in hun tegengestelde formulering (bijvoorbeeld: moeilijk in plaats van makkelijk temperament) in het integratief beeld opgenomen zijn onder de vorm van verklarende diagnosen. Vergelijk daarom het overzicht van de verklarende diagnosen met de categorieënlijst van protectieve factoren. Ga vervolgens na of de resulterende factoren in deze casus bescherming of ontwikkelingskansen kunnen bieden. Is dit het geval, dan kan de negatieve ontwikkelingsverwachting in positieve zin worden bijgesteld. Vermeld dit aan het eind van het integratief beeld. In de praktijk is het meestal zo dat de diagnosticus tijdens de voorafgaande fasen reeds voldoende te weten is gekomen om de rol van protectieve factoren te kunnen inschatten. Als dit niet het geval is, dan biedt de bespreking van het integratief beeld het natuurlijke kader om dit alsnog te doen.

Ter afronding volgt hier een voorbeeld van een toevoeging aan het integratief beeld op grond van beschermende factoren. De toevoeging sluit aan bij het voorbeeld van een integratief beeld dat gegeven werd onder punt c. Daar was sprake van een jongen, Jan, met een ernstige achterstand in lezen en een grote mate van afleidbaarheid bij opgedragen taken. De verklarende diagnose was: zwakke passieve taalvaardigheid ten gevolge van geringe taalstimulering en hoge negatieve faalangst die generaliseert naar het zelfbeeld. Vanuit het perspectief van mogelijk protectieve factoren is evenwel de volgende informatie van belang, in zijn geheel afkomstig uit de eerdere fasen van het onderzoek:

> De generalisatie van negatieve faalangst maakt ego-veerkracht als protectieve factor niet aannemelijk. De ernstige leesachterstand doet ook vermoeden dat Jan op school het tekort aan taalstimulering niet met behulp van een behoorlijke intelligentie heeft kunnen compenseren. Dit wordt bevestigd door de gegevens van het intelligentieonderzoek. Jan is laaggemiddeld intelligent. In vergelijking met zijn leeftijdgenootjes bleek er bij Jan geen sprake te zijn van een uitgesproken aandachtsbevorderend temperament. In het gezin kwamen geen relatieproblemen voor. Er was evenmin sprake van psychische problematiek bij de ouders. De ouders waren emotioneel erg begaan met Jan, maar konden de problemen moeilijk begrijpen en voelden zich niet bij machte er goed mee om te gaan. De ouders konden deze problemen ook moeilijk met vrienden of familie bespreken. Wel hadden zij het gevoel gesteund te worden door de leerkracht van groep 6. Het was die leerkracht die het probleem van Jan bij hen had aangekaart. Ook Jan voelde zich door de leerkracht gesteund. Doordat deze het vertrouwen van Jan wist te winnen, durft Jan nu af en toe in de klas ook een antwoord te geven. Toch is hij nog steeds bang dat zijn vriendjes hem zullen uitlachen.

Als protectieve factoren kunnen in het geval van Jan dus drie factoren worden benoemd: de goede relatie tussen de ouders onderling, het gezonde leefklimaat in het gezin en de sensitieve en responsieve groepsleerkracht. Dit leidt tot de volgende toevoeging:

> Door toedoen van de leerkracht uit groep 6 lijkt de problematiek, met name de generalisatie van de faalangst, niet verder toe te nemen. De ouders van

Jan accepteren Jan zoals hij is en hebben onderling een goede relatie. Zij zijn evenwel afhankelijk van hulp van buitenaf, maar stellen veel vertrouwen in de leerkracht.

## 8.5 Aandachtspunten

*Ga na of de hypothesen* qua betekenis in voldoende mate *de onderscheiden condities* in het voorlopig diagnostisch denkschema dekken (box 8.2).

*Vermijd formulering van niet-wetenschappelijke hypothesen*: twee typen verklaringen kunnen nooit wetenschappelijk worden (Bunge, 1985): *tautologische verklaringen* en *metaforische verklaringen*. Voorbeelden daarvan zijn:

> 'Ans is zwak in rekenen, omdat zij daarin geen vaardigheid heeft' (hier wordt hetzelfde op een iets andere manier herhaald).
> 'De mentale accu van Ferdinand is leeg' (met deze beschrijvende metafoor wordt niets verklaard).

*Ga na of de aard van de verklarende relatie*, met name inzake het onderscheid tussen in gang zettend en instandhoudend, *uit de formulering van de hypothese valt op te maken*. Bijvoorbeeld:

> 'Jan haalt op school over de hele lijn onvoldoendes, *omdat* zijn mentale begripsvermogen minstens vanaf het schoolbegin benedengemiddeld is (auteur, publicatiejaar).'
> '*Als gevolg van* een te sterke faalangst voor hoofdrekenen, ontstaan *door* zijn negatieve ervaringen met de leerkracht in de beginperiode van het hoofdrekenonderwijs, presteert Jan, ondanks zijn goede rekeninzicht, bij dit vak heel zwak voor zijn leeftijd (auteur, publicatiejaar).'
> 'Het schoolweigeren van Marie wordt *instandgehouden* door de positieve gevolgen van het thuisblijven (auteur, publicatiejaar).'

*Laat u bij het formuleren van de hypothesen niet weerhouden door het feit dat oorzaak-gevolgrelaties vaak moeilijk te toetsen zijn.* Bijvoorbeeld, leiden de emotionele problemen tot de leerproblemen of omgekeerd? U komt dan immers al snel in het 'kip-of-ei'-probleem. Vaak kan men in de diagnostiek alleen maar de twee verschijnselen afzonderlijk aantonen of vaststellen. De oorzaak-gevolgrelatie is te beargumenteren op grond van de gehanteerde onderliggende theorie.

*Ga na of er hypothesen zijn voor elke stoornis (syndroom, cluster, probleem).*

*Ga na of elke hypothese minstens één stoornis (syndroom, cluster, probleem) dekt.*

*Ga na of er hypothesen zijn met dezelfde conditie(s) voor een andere stoornis (syndroom, cluster, probleem).* Maak daar één hypothese van.

*Ga na of er geen hypothesen bij zijn die strijdig zijn met een andere stoornis (syndroom, cluster, probleem)*. Zo ja, laat ze achterwege.

*Ga na of de hypothesen zo onafhankelijk mogelijk geformuleerd zijn*. Is de ene hypothese niet gewoon een parafrasering van een andere? Is de ene niet gewoon een specificering van een (algemenere) andere?

*Ga na of uw persoonlijke voorkeur, onafhankelijk van de problematiek, ten onrechte heeft bepaald uit welke theoretische richtingen de hypothesen voortkomen.*

*Ga na of je kunt verantwoorden waarom hypothesen niet zijn opgenomen* die wel voor de hand liggend zijn gezien de probleembeschrijving en/of de theorie behorende bij een bepaald probleemgebied. Indien deze voor de hand liggende verklaringen *niet* in hypothesen worden omgezet, moeten de redenen daarvoor, bijvoorbeeld uit de voorinformatie, duidelijk worden gemaakt. In feite vindt in de klinische praktijk bij de analyse van die voorinformatie al een proces van toetsing van veronderstellingen plaats. Dit proces (van verwerping van impliciet gestelde hypothesen) moet echter op een te controleren wijze, expliciet, worden weergegeven. Dit kan ook door simpelweg de hypothese toch te formuleren en bij de toetsing te verwerpen: op grond van falsifiërende informatie uit de anamnese.

*Ga na of het theoretische referentiekader van alle hypothesen* zo *volledig is gerefereerd* dat derden zich daarvan onafhankelijk van u op de hoogte kunnen stellen (liefst door verwijzing naar zowel de auteursnaam/-namen als de titel van de publicatie, de titel van de bron, bijvoorbeeld: de naam van het tijdschrift, en het jaar van publicatie).

*Ga na of in geval van niet erg gangbare theorieën een korte samenvatting van de theorie is toegevoegd*, waarin de aard van de oorzakelijke relaties wordt toegelicht, alsook de verklarende mechanismen (bij voorkeur in een bijlage bij de casusbeschrijving).

*Ga na of de 'a priori'-waarschijnlijkheid van de hypothese is aangegeven.*

*Controleer of bij het zoeken in de literatuur wel goed onderscheid wordt gemaakt tussen 'verklaringen' die eigenlijk syndromen zijn en 'echte' verklaringen*, die het ontstaan of instandhouden van syndromen verantwoorden. Als de literatuur bijvoorbeeld bij een bepaald lees-plus-rekenprobleem de hypothese oplevert van 'zwakke taakwerkhouding', dan moet de diagnosticus besluiten door te zoeken. Dit is immers een tautologische hypothese (een herhaling van hetzelfde). De diagnosticus kan dan ter verklaring van de zwakke taakwerkhouding eventueel gaan zoeken naar een omgevingsconditie, bijvoorbeeld: de taakmoeilijkheidsgraad of de aanwezigheid van aantrekkelijke stimuli in de omgeving, of een neurofysiologisch mechanisme, bijvoorbeeld: een verstoord dopaminergisch mechanisme.

*Loop de volgende vragen na alvorens met de afname van de onderzoeksmiddelen te beginnen:*

- Is de te operationaliseren conditie zo duidelijk omschreven dat de begrippen erin objectief vast te stellen zijn?
- Hebben we inzicht in alle mogelijke geschikte onderzoeksmiddelen, gezien de conditie?
- Zijn de onderzoeksmiddelen consistent met het theoretische referentiekader van waaruit de hypothese geformuleerd is?
- Zijn het soort onderzoeksmiddel en de gekozen informatiebron geoorloofd, gezien het soort informatie dat we willen verzamelen?
- Is de informatie die we gaan verzamelen, relevant voor de toetsing?
- Vertegenwoordigt het onderzoeksmiddel de vast te stellen conditie in voldoende mate?
- Voldoen de onderzoeksmiddelen in voldoende mate aan de psychometrische eisen van objectiviteit en validiteit en, indien van toepassing, aan de specifieke eisen van betrouwbaarheid en normering?
- Voldoen de onderzoeksmiddelen aan de praktische eisen: zijn ze praktisch haalbaar, leveren ze voldoende diagnostische informatie op, wegen de baten op tegen de kosten?
- Worden er per hypothese meer onderzoeksmiddelen gebruikt? Zo ja, leidt de afname van beide onderzoeksmiddelen dan tot meer zekerheid betreffende de waarschijnlijkheid van de hypothese dan in het geval er slechts één onderzoeksmiddel wordt afgenomen? Zijn de onderzoeksmiddelen zo onafhankelijk mogelijk?
- Gebruikt de diagnosticus hetzelfde onderzoeksmiddel om meer dan één hypothese te toetsen? Zo ja, zijn de subtests begripsvalide en aan een norm te relateren?
- Zijn de toetsingscriteria correct, objectief en duidelijk geformuleerd?
- Differentiëren de toetsingscriteria tussen bevestiging en verwerping?
- Zijn de toetsingscriteria consistent met de omschrijving van de conditie en met het theoretische kader van de hypothese?
- Als er meer onderzoeksmiddelen worden gehanteerd per hypothese, is dan telkens de relatie met het toetsingscriterium geformuleerd?
- Werd er rekening gehouden met mogelijk storende invloeden?
- Werd er gecontroleerd op protectieve factoren?

*Loop het voorlopig diagnostisch denkschema na om vast te stellen of het integratief beeld antwoord geeft op de hulpvraag.* Controleer daarvoor de kwaliteit van de overgangen:

- van hulpvraag en klacht naar probleembeschrijving,
- van probleembeschrijving naar clustering,
- van clustering naar diagnostische hypothesen,
- van diagnostische hypothesen naar onderzoeksmiddelen,
- van onderzoeksresultaten naar conclusie van de toetsing.

Dekt een volgende stap de voorgaande (is er niets weggelaten en is niets nieuws toegevoegd)? Zo ja, dan zal het integratief beeld goed aansluiten bij de hulpvraag en klachten. Het is echter ook mogelijk dat bij één of meerdere stappen de 'dekking' verwaarloosd is: men heeft bepaalde aspecten of gegevens weggelaten of nieuwe aspecten toegevoegd. Dan zal men aan het einde van het onderzoek niet meer in staat zijn om antwoord te geven op de door de cliënt gestelde hulpvraag (ongetwijfeld wel op andere interessante vragen). Er is dan immers informatie verzameld die niet meer verantwoord aan de oorspronkelijke vraag gerelateerd kan worden.

# 9. Indicatieanalyse

„In de voorgaande stappen is zicht verkregen op de problematiek van de cliënt. Het resultaat daarvan, het integratief beeld of de verklarende diagnose, heeft betrekking op de klachten en problemen van de cliënt, alsook op hoe de actuele situatie is ontstaan en in stand blijft. Het integratief beeld is de input voor de indicatieanalyse.

Het doel van de indicatieanalyse is te komen tot een verantwoorde, liefst wetenschappelijk gefundeerde aanbeveling voor de best passende aanpak van het probleem, bij voorkeur als resultaat van toetsing van indicerende hypothesen. Deze aanbeveling kan op een later moment – en in veel gevallen door iemand anders dan de diagnosticus – nader worden gespecificeerd ten behoeve van de interventie.

In de stap van de indicatieanalyse richten diagnosticus en cliënt zich expliciet op de toekomst, met als vraag: op welke wijze kan dít probleem van déze cliënt het best aangepakt worden? Bovendien moet zicht bestaan op de eventuele rol van beschermende (protectieve) en bedreigende (risico)factoren die een negatieve (belemmerende) of positieve (faciliterende) invloed op het succes van de interventie kunnen hebben.

De uitkomst van de indicatieanalyse is de indicerende diagnose: een lijst van één of meer aanbevelingen die het uitgangspunt zijn voor de advisering.

## 9.1 Verantwoording

De indicatieanalyse geeft antwoord op de vraag wat het best passende type aanpak is, gegeven dít probleem van déze cliënt. De analyse van de klacht, de onderkennende diagnose en de verklarende diagnose zijn voor deze beslissing niet toereikend. Er blijven immers verschillende oplossingen voor het probleem denkbaar. De uitkomsten van de probleemanalyse en de verklaringsanalyse geven weliswaar de richting van een interventie aan, maar nog niet de precieze weg die daarbij gevolgd zal worden. Vóór de start van de behandelingscyclus zullen nog de globale doelen moeten worden bepaald, is het nodig een verantwoording te geven van een eerste keuze van aanpak en is een inschatting gewenst door de diagnosticus van de daarbij passende indicaties en contra-indicaties.

> Een voorbeeld. Een kind lijdt onder zijn eenzaamheid en angst voor andere kinderen (klacht), wat deel lijkt uit te maken van een schoolfobie (probleem), opgeroepen en instandgehouden door het pestgedrag van zijn klasgenoten (verklarende conditie). Deze relatie tussen probleem en conditie (de diagnostische verklaring) wijst op verschillende mogelijkheden voor een interventie. De schoolfobie kan doelwit van de aanpak zijn, zodat het kind beter opgewassen is tegen dit soort situaties. Dat kan volgens een individuele gedragsgerichte benadering, maar bijvoorbeeld ook via het vergroten van de weerbaarheid van het kind aan de hand van spelsituaties. Een keuze kan ook zijn om het pestgedrag te laten afnemen. Maar hoe moet dit dan? Is het voldoende om de pesters afzonderlijk te benaderen of is het beter een meer groepsgerichte aanpak te volgen waarin aan de hand van rollenspel de pesters en meelopers worden geconfronteerd met de gevolgen van hun gedrag?

Dat de diagnosticus bij de indicatieanalyse in ieder geval altijd met de onderkennende diagnose (onderkende stoornis/probleem) rekening houdt, spreekt voor zich. De cliënt vraagt daarvoor immers om hulp. Maar de diagnostische cyclus gaat, in het meest volledige geval, uit van een scenario waarin tussen probleemanalyse en indicatieanalyse diagnostische verklaringen worden getoetst. Omdat de uitslag van deze toetsing van invloed kan zijn op de noodzaak tot en keuze van het type interventie, is het raadzaam om de indicatieanalyse in principe pas na het formuleren van de verklarende diagnose te laten plaatsvinden. Enkel als er bij de uitkomst van de probleemanalyse al zekerheid over bestaat dat er geen voor de indicatieanalyse te benutten verklaringen gevonden worden, vervalt voor de interventie het directe belang van de verklaringsanalyse. In zo'n geval sluit de indicatieanalyse rechtstreeks aan bij de uitkomst van de probleemanalyse (zie ook hoofdstuk 3). Maar ook dán geldt dat een keuze van het type interventie wordt voorafgegaan door de afweging van de noodzaak ervan en, indien van toepassing, door de prioritering van de globale doelen.

Het voorgaande maakt duidelijk dat we in de diagnostische cyclus *in principe* uitgaan van een ruim indicatiebegrip. De indicatieanalyse omvat zowel informatie uit de klachtanalyse, de probleemanalyse en de verklaringsanalyse, als kennis over de best passende interventie voor dit probleem met deze diagnostische verklaring. Een vergelijkbare ruime opvatting van het begrip 'indicatie' is te vinden bij Jäger (1986), Seidenstücker (1988) en Vertommen (1985). Ook de vraaggestuurde indicatiestelling in de jeugdzorg, zoals door Van Yperen en Pameijer (2000) uitgewerkt, is in overeenstemming met deze ruime opvatting van indicatiestelling. We wijzen er echter op dat het in het geval van een niet volledig diagnostisch scenario (zie hoofdstuk 3) in een beperktere betekenis wordt gebruikt. Om die reden spraken we in het voorgaande van 'in principe'. Zo wordt voor de toekenning van zorgbudgetten in het kader van leerlinggebonden financiering in het speciaal onderwijs een beroep gedaan op indicatiecommissies (Van Rijswijk, 1999, 2002) die vaststellen welke stoornis een leerling heeft, welke beperkingen dat met zich meebrengt en – vanaf 2005/2006 – wat de hoogte van het benodigde budget is voor extra onderwijszorg. Een verklarende diagnose is daarbij niet vereist. Een ander voorbeeld van een minder ruime betekenis is de indicatiestelling binnen de diagnostiek door de Raad voor de Kinderbescherming en de Gezinsvoogdij (Scholte, 1997). Een maatregel om de jeugdige in diens ontwikkeling te beschermen (bijvoorbeeld ondertoezichtstelling) wordt minimaal onderbouwd door een klacht-, situatie- en probleemanalyse. Ook in dit geval is de stap van de diagnostische verklaring in strikte zin niet een voorwaarde voor de keuze van de interventie. Het voorgaande betekent dat de diagnosticus zich altijd dient te realiseren in welke betekenis het begrip 'indicatie' in een specifieke situatie wordt gebruikt.

Tot slot zal de diagnosticus ook bedacht moeten zijn op het verschil tussen een gesloten indicerende hulpvraag (bijvoorbeeld: 'Is een sociale-vaardigheidstraining geïndiceerd om de omgangsproblemen van dit kind op te lossen/te reduceren?') en een open indicerende hulpvraag (zoals: 'Welke interventie is het best/meest geschikt om de omgangsproblemen van dit kind op te lossen/te reduceren?').

Na een bespreking van de belangrijkste begrippen gaan we in het vervolg van dit hoofdstuk in op de voorwaarden, werkwijze en belangrijkste aandachtspunten waar we in de stap van de indicatieanalyse mee te maken hebben.

## 9.2 Begrippen

indicatieanalyse (leidend tot de indicerende diagnose) en indicatiestelling • interventie en het globale doel van de interventie • theoretisch of empirisch onderbouwde aanbevelingen • (contra-)indicatiecriteria • verwacht nut • overleg met de cliënt

Voorafgaand aan de inhoudelijke bespreking van de begrippen geven we in figuur 9.1 de belangrijkste stappen van de indicatieanalyse weer, waarin ook de relatie tussen de verschillende begrippen wordt afgebeeld. De inbreng van de cliënt duiden we aan met C, die van de diagnosticus met D. In paragraaf 9.4 (Werkwijze) komen de stappen uitgebreider aan bod.

1. Nagaan of een interventie ingezet kan worden (D en C)

↓

2. Formuleren en prioriteren van doelen (D en C)

↓

3. Selecteren van de in aanmerking komende typen interventies (D en C)

↓

4. Bepalen van het nut en de kans van slagen per geselecteerde aanpak (D)

↓

5. Controle op de uitvoerbaarheid van een type interventie (D en C) (hoofdstuk 10)

**Figuur 9.1.** De indicatieanalyse: hoofdstappen en inbreng van cliënt (C) en diagnosticus (D).

### 9.2.1 Indicatieanalyse (leidend tot de indicerende diagnose) en indicatiestelling

Indicatieanalyse is het komen tot een beslissing over het best passende type interventie voor een probleem, gelet op de aard van het probleem en gebaseerd op de theoretische of empirische kennis over het verwachte nut van deze aanpak in zo'n situatie. De uitkomst van de indicatieanalyse is de indicerende diagnose: een lijst van één of meer aanbevelingen voor een type interventie, afgestemd op het ook door de cliënt gewenste algemene doel en rekening houdend met eventuele (contra-)indicatiecriteria. Aangezien we de nadruk leggen op de *analyse* als activiteit van de diagnosticus, spreken we bij voorkeur van *indicatieanalyse* en vatten we het begrip 'indicatiestelling' op als het eindresultaat daarvan, overeenkomend met de ruime betekenis die het in de klinische praktijk heeft.

### 9.2.2 Interventie en het globale doel van de interventie

De term 'interventie' wordt hier als overkoepelende term gehanteerd voor alle vormen van professioneel-gedragswetenschappelijke hulpverlening. De neutrale term 'interventie' kan afhankelijk van de situatie een meer specifieke betekenis krijgen, zoals: therapie, behandeling, (in)directe begeleiding. Aansluitend bij de terminologie en beschrijving van de behandelingscyclus als onderdeel van de klinische cyclus gebruiken we zelf de termen 'interventie' en 'behandeling' dikwijls als uitwisselbaar.

Het uiteindelijke, globale doel van interventies is het opheffen of reduceren van een probleem en het tot stand brengen van een positieve verandering. Twee aspecten spelen daarbij in ieder geval een rol: de aansluiting bij het onderkende probleem en de theoretische oriëntatie ten aanzien van ontstaans- en veranderingsprocessen.

Doelen kunnen algemeen en specifiek worden geformuleerd. In de stap van de indicatieanalyse zal de diagnosticus zich vooral beperken tot een meer algemene formulering, zoals 'het opheffen van de schoolfobie' of 'het reduceren van de oppositionele gedragsstoornis tot een voor de ouders hanteerbaar niveau'. De uitwerking in specifieke tussendoelen – bij voorkeur geformuleerd op het niveau van concrete situaties en gedragingen, zoals 'hardop lezen in de klas zonder gevoel van ademnood' – vindt later plaats binnen de behandelingscyclus. In veel gevallen gebeurt dat door een behandelaar of een team met een eigen professionaliteit en verantwoordelijkheid. De voorbeelden laten zien dat in het globale doel van een interventie wordt verwezen naar het in de stap van de probleemanalyse onderkende probleem. Zo correspondeert met het probleem 'angstig teruggetrokken gedrag' het algemeen geformuleerde doel 'realiseren van minder angstig interactief gedrag'; bij 'dyslexie' als onderkende stoornis ligt 'het verbeteren van de directe woordidentificatie' als globaal doel voor de hand.

Maar niet alleen het onderkende probleem speelt een rol bij het formuleren van het globale doel. Er kunnen immers als middel om het doel te bereiken verschillende typen interventies inzetbaar zijn, met een eigen theoretische oriëntatie en gerichtheid op relevante ontstaans- en veranderingsprocessen. Voorbeelden zijn: 'analytische speltherapie', 'systeem- en communicatiegerichte gezinstherapie', 'cognitief-psychologisch georiënteerde rekenbehandeling'.

De combinatie van de beide voorgaande aspecten (doel en middel) kan in één globaal doel tot uitdrukking komen, zoals 'het middels analytische speltherapie realiseren van minder angstig interactief gedrag'.

Tot slot is een opmerking over de aard van de formulering van doelen hier op haar plaats. In principe verdient het in de communicatie met de cliënt de voorkeur om doelen positief te formuleren (wat wordt bijvoorbeeld aangeleerd) in plaats van negatief (zoals het storende gedrag dat moet worden afgeleerd).

### 9.2.3 Theoretisch of empirisch onderbouwde aanbevelingen

De aanbevelingen steunen op theoretische en empirische argumenten. Theoretische argumenten verwijzen bij voorkeur naar de ontstaans- en veranderingsprocessen van klachten en problemen, omdat die inzicht kunnen geven in de werkzame principes van de voorgestelde behandeling. Over het algemeen zullen deze al in beeld zijn geweest in de stap van de verklaringsanalyse. Empirische argumenten betreffen feitelijke kennis over, onder andere, de uitkomsten van een interventie bij (groepen van) cliënten met gelijkaardige klachten, problemen en verklaringen, maar bijvoorbeeld ook kennis over de werkwijze, gemiddelde duur en omvang van een interventie.

### 9.2.4 Indicatie- en contra-indicatiecriteria

Elk kenmerk dat positief gerelateerd is aan het succes van een interventie, kunnen we beschouwen als een indicatie (of faciliterende factor): de aanwezigheid van dit kenmerk verhoogt de kans van slagen. Op analoge wijze kan elk kenmerk dat negatief gerelateerd is aan het succes van de behandeling, gelden als contra-indicatie (of belemmerende factor): bij aanwezigheid neemt de kans van falen toe. De in de literatuur genoemde kenmerken (zie bijvoorbeeld De Bruyn & Van den Akker, 1992) zijn overigens zeer divers van aard. Binnen de doelstelling van de diagnostische cyclus zijn voor de eerste selectie van kandidaat-interventies die criteria het belangrijkst die betrekking hebben op het soort probleem en de daarbij vastgestelde verklaring. Voorbeelden zijn: de invloed van dominante gedragskenmerken bij ADHD (probleem) op de uitvoerbaarheid van een interventie; of: de mate waarin een neurologische factor (verklaring) beperkingen met zich meebrengt ten aanzien van de beïnvloedbaarheid. In een latere fase, bijvoorbeeld bij het concreet vorm geven van een aanpak in de behandelingscyclus (vgl. Ruijssenaars, 2001), kunnen andere criteria worden meegewogen, zoals contextfactoren (bijvoorbeeld: de wenselijkheid van ouderlijke steun, het type groep waarin de cliënt functioneert) en kenmerken van een specifieke behandeling (bijvoorbeeld: een vereiste regelmaat van sessies, de mogelijkheid van thuisopdrachten).

Criteria waarvan is vastgesteld dat zij de kans van slagen van de behandeling beïnvloeden, zijn empirische criteria. Criteria waarvan dit slechts verondersteld wordt, zijn hypothetische criteria. Hypothetische criteria zijn afkomstig uit theorieën over het ontstaan en veranderen van problemen (klinische theorie), uit theorieën over de voorwaarden waaraan voldaan moet zijn om een behandelingseffect te bereiken (behandelingstheorie) en uit klinische ervaring (praktijktheorie).

### 9.2.5 Verwacht nut

De term 'nut' ('utility') is afkomstig uit de (economische) besliskunde. In de spreektaal heeft nut een positieve betekenis. In de besliskunde kan de nutswaarde echter variëren van positief tot negatief of nul zijn. Het nut wordt berekend door de baten te verminderen met de kosten.

In de indicatieanalyse is een zo goed mogelijke inschatting nodig van de baten en kosten van een behandeling. De *baten* zijn afhankelijk van de mate waarin de gestelde doelen zullen worden bereikt en van eventuele positieve bij-effecten. De *kosten* zijn af te meten aan factoren als benodigde tijd, geld, gevraagde inspanning en negatieve bij-effecten (bijvoorbeeld: de ouders worden radeloos bij het uitblijven van een positief effect). De waardering van de baten en kosten is echter subjectief. Zo kan een vergelijkbare vooruitgang op gedragsniveau door twee cliënten geheel verschillend gewaardeerd worden of zijn de materiële kosten voor de ene cliënt níet, maar voor de andere wel acceptabel.

Een analyse in termen van kosten en baten gaat overigens verder dan het inschatten van de effectiviteit van de interventie. Een gekozen aanpak kan immers tóch nut hebben, ook al is het effect op het probleem zelf beperkt. Bijvoorbeeld: een adolescent met spellingproblemen neemt deel aan een groepsgewijze training met leeftijdgenoten. Na afloop blijken de spellingproblemen nog altijd hardnekkig, maar heeft hij geleerd er sociaal adequaat mee om te gaan en ervaart hij ze niet meer als belastend. In termen van een objectieve verbetering van de spellingvaardigheid was de training niet effectief, maar subjectief beschouwd heeft deze wél nut.

Bij de bespreking van de indicatie- en contra-indicatiecriteria (zie 9.2.4) kwam de term 'kans' ter sprake. Een behandeling kan uiteindelijk een positief, negatief of geen nut opleveren, maar ze moet eerst nog worden uitgevoerd. Tot die tijd is er dus slechts een verwacht nut en een subjectieve inschatting van een kans. Bij het ontbreken van empirische gegevens om tot een objectieve inschatting te komen zal de diagnosticus een beroep moeten doen op theoretische en ervaringskennis om tussen behandelingen te kiezen. Gegevens over indicatie- en contra-indicatiecriteria zijn daarbij belangrijk.

### 9.2.6 Overleg met de cliënt

Het formuleren van het globale behandeldoel en het bepalen van het verwachte nut van de behandeling vereisen kennis van de voorkeuren en waardeoordelen van de cliënt. In de fase van de indicatieanalyse heeft het overleg met de cliënt het karakter van een uitlokkend gesprek. De diagnosticus stimuleert de cliënt tot het uitspreken van een voorkeursvolgorde wat de geformuleerde doelen betreft en helpt bij het onder woorden brengen van het verwachte nut zoals dit door de cliënt wordt ervaren.

## 9.3 Voorwaarden

Het doel van de indicatieanalyse is te komen tot een verantwoorde, liefst wetenschappelijk gefundeerde aanbeveling voor een interventie. Deze aanbeveling zal het uitgangspunt zijn voor de afsluitende stap van de advisering. In de indicatieanalyse is het belang van de dialoog met de cliënt groot. De diagnosticus streeft naar een aanbeveling waarin een zo optimaal mogelijke afstemming plaatsvindt tussen de opbrengst van de voorafgaande stappen, de kennis over behandelingscriteria en de voorkeuren en waarderingen van de cliënt. Idealiter moet hierbij aan een aantal voorwaarden voldaan worden. Het volgende overzicht vat de belangrijkste methodologische, psychometrische en professionele voorwaarden samen.

---

*Methodologische voorwaarden* aan het handelen van de diagnosticus:

- Zodanig kunnen specificeren van het globale behandeldoel en het type interventie dat later (empirische) controle mogelijk is over de mate waarin deze zijn gerealiseerd.
- Kunnen formuleren van indicatie- en contra-indicatiecriteria die conceptueel helder en eensluidend te operationaliseren zijn (vergelijkbaar met de methodologische voorwaarde van het kunnen formuleren van toetsbare diagnostische onderzoekshypothese(n); zie paragraaf 8.3.1). De criteria moeten empirisch gefundeerd en theoretisch doorzichtig zijn.
- Correct uitvoeren van de daadwerkelijke toetsing ten aanzien van de indicatie- en contra-indicatiecriteria.
- Tegengaan van fouten (zoals het volgen van de eigen voorkeuren).

Het kunnen hanteren van de *psychometrische voorwaarden* van objectiviteit en betrouwbaarheid die van toepassing zijn op de middelen om de aanwezigheid van indicatie- en contra-indicatiecriteria in het individuele geval te controleren. Indien deze informatie nog niet bekend is uit de voorafgaande stappen, kan afzonderlijke toetsing nodig zijn (zie voor deze voorwaarden ook paragraaf 8.3.1).

*Professionele voorwaarden* aan het handelen van de diagnosticus:

- Kunnen lezen en beoordelen van wetenschappelijke publicaties over effectiviteitsonderzoek.
- Beschikken over vaardigheid in het ontlokken en expliciteren van het perspectief van de cliënt (Van Audenhove & Vertommen, 1984).
- Op de hoogte zijn van technieken om informatie over waarden en kansen uit te lokken en op inzichtelijke wijze weer te geven.
- In staat zijn om waarden en kansen op consistente wijze met elkaar te combineren. Ter ondersteuning hiervan is kennis nodig van de hiervoor geschikte besliskundige technieken (Akkerman, 1982).
- Kennis hebben van de vakinhoudelijk te beargumenteren kosten en baten van de behandelingen, maar ook van de kosten en baten zoals die doorgaans door andere cliënten beleefd zijn.
- In staat zijn de vorm, inhoud en werkwijze van de behandeling op een heldere en beknopte wijze te formuleren en uit te leggen.
- Op de hoogte zijn van het algemene en lokale aanbod van typen interventies.
- Kunnen omgaan met eigen lacunes.

---

We werken na deze samenvatting de voorwaarden, in tegenstelling tot de gevolgde opbouw in de andere hoofdstukken, hier niet expliciet uit. Deels verwijzen we naar eerder geformuleerde voorwaarden (zie in het bijzonder hoofdstuk 8), deels komen ze ook in de volgende paragraaf 'Werkwijze' nog uitgebreid aan bod.



## 9.4 Werkwijze

Het basisschema voor de werkwijze bij indicatieanalyse ligt voor de hand en bestaat uit de volgende hoofdstappen: nagaan of een interventie ingezet kan worden, formuleren en ordenen van de doelen, selecteren van de in aanmerking komende typen interventies en bepalen van het nut en de kans van slagen per geselecteerde aanpak, rekening houdend met de uitvoerbaarheid. Het resultaat is de keuze voor een type interventie in termen van het maximaal te verwachten nut. In het onderstaande schema geven we de hoofdstappen weer, met de bijbehorende substappen geformuleerd als vragen. Vervolgens werken we de verschillende stappen gedetailleerder uit.

---

Hoofd- en substappen in de indicatiestelling

1. Nagaan of een interventie ingezet kan worden:
   - Is behandeling nodig?
   - Is behandeling mogelijk?
   - Is behandeling wenselijk?

2. Formuleren en prioriteren van doelen:
   - Wat is het uiteindelijke globale interventiedoel?
   - Wat zijn eventueel de specifieke doelen (soms in de zin van tussendoelen)?

3. Selecteren van de in aanmerking komende typen interventies:
   - Welk theoretisch referentiekader wordt gekozen?
   - In welk type setting vindt uitvoering plaats (bijvoorbeeld: ambulant of residentieel)?
   - Direct (bijvoorbeeld: kind of systeemgericht) of indirect (bijvoorbeeld: opvoedergericht)?
   - Zijn er eisen ten aanzien van de interventieduur?

4. Bepalen van het nut en de kans van slagen per geselecteerde aanpak:
   - Wat is het positieve en negatieve nut (kosten-baten)?
   - Wat is de kans van slagen en falen (indicaties en contra-indicaties)?
   - Wat is de uitkomst van de weging van nut met de kans van slagen (verwacht nut)?

(5. Controle op de uitvoerbaarheid van een type interventie: zie hoofdstuk 10)

---

Voordat we de werkwijze toelichten, wijzen we in box 9.1 op twee kanttekeningen. De eerste betreft de beperkingen die in de praktijkomgeving van de diagnosticus aan de indicatiestelling kunnen worden opgelegd. De tweede heeft betrekking op het niveau van specificatie dat in de praktijk in elk van de stappen gevolgd moet of kan worden. Immers, in veel gevallen zal de interventie op een later tijdstip, onder verantwoordelijkheid van anderen dan de diagnosticus en wellicht ook elders plaatsvinden.

**Box 9.1 Beperkingen in de praktijk en niveau van specificatie.**

De diagnosticus werkt in een *praktijkomgeving* waarin niet alle mogelijke typen interventies zijn vertegenwoordigd. In het beste geval is wel een 'sociale behandelingskaart' voorhanden: een systematisch overzicht van de beschikbare typen behandelingen, met vermelding van de verantwoordelijke personen of instellingen, de aanmeldingsprocedure en het bestaan van wachtlijsten. Zo'n kaart brengt de zoekruimte goed in beeld, maar beperkt ook vooraf de mogelijkheden van de diagnosticus. Vaak zal niet de in principe best mogelijke aanpak, maar het zo goed mogelijk te realiseren type interventie in aanmerking worden genomen.
Toch doet zo'n beperking niets af aan het belang van het zoekproces dat rekening houdt met het verwachte nut. Ook als de diagnosticus over de ideale behandelingskaart zou beschikken (alle typen behandelingen komen voor en zijn toegankelijk), blijft indicatieanalyse lastig. Als eenmaal de beslissing is genomen dat interventie op haar plaats is, is de vraag naar de effectiviteit van de kandidaat-behandelingen niet te ontwijken. Uitgerekend op dit punt ontbreekt harde of minstens overtuigende *empirische kennis*. Kritische commentaren in de literatuur (Garfield & Bergin, 1986; Lipsey & Wilson, 1993) wijzen erop dat de meeste onderzoeken naar de effectiviteit van interventies methodologisch zwak zijn. Als ze al redelijk zijn opgezet, wordt vaak geen differentieel effect vastgesteld (zie ook de overzichten van Schagen, 1983, 1994). Bovendien is er soms een groot verschil tussen de effectiviteit in een gecontroleerde experimentele opzet en de dagelijkse klinische praktijk (vgl.Veerman, 1997), gaat het om gemiddelde effecten bij groepen proefpersonen, is de leeftijd van de onderzoekspopulatie niet altijd adequaat en zijn de uitgevoerde interventies dikwijls van korte duur. Het gevolg is dat empirisch onderbouwde indicatie- en contra-indicatiecriteria veelal ontbreken, laat staan dat de kans op het optreden van een effect op objectieve gronden kan worden ingeschat. De diagnosticus zal het daarom vaak moeten doen met criteria die stoelen op theoretisch inzicht en ervaringskennis. Hij kiest een behandeling, omdat hij inzichtelijk kan maken dat de behandeling goed bij de cliënt past. Hierdoor verandert in feite de strategie van indicatieanalyse. In plaats van een selectie uit vooraf gegeven opties met kennis van hun consequenties, vindt er nu een afstemming plaats van kenmerken van de cliënt en diens omgeving met kenmerken van de behandelingen, inclusief de persoon van de hulpverlener. Overigens moet benadrukt worden dat de indicatieanalyse mede gestuurd wordt door de waarden en normen van de cliënt. Zo kan het verlangen actief aan de problemen iets te doen in dialoog met een begrijpend en ervaren deskundige voor de cliënt voldoende grondslag zijn om in een behandeling te participeren.

Een tweede kanttekening betreft het vereiste *specificatieniveau*. Bij de beschrijving van de begrippen is onderscheid gemaakt tussen beschrijvingen van interventies op globaal en op specifiek niveau. Het is over het algemeen in de stap van de indicatiestelling nog niet nodig de besluitvorming op zowel globaal als specifiek niveau te doorlopen. In de hier voorgestane werkwijze gaat het immers primair om de vraag naar de inzetbaarheid van een *type* interventie of behandeling. In de verdere besluitvorming – wanneer het in de behandelingscyclus daadwerkelijk op de uitvoering van een aanpak aankomt – kunnen op (zeer) specifiek niveau keuzes gemaakt worden ten aanzien van inhoud en vorm van een aanpak.



### 9.4.1 Nagaan of een interventie ingezet kan worden

We gaan achtereenvolgens in op de eerder gestelde vragen: is behandeling nodig? Is behandeling mogelijk? Is behandeling wenselijk?

✔ *Is behandeling nodig?*

De diagnosticus dient zich eerst af te vragen of behandeling in principe wel aan te bevelen is. Behandeling is bijvoorbeeld niet nodig als de problematiek van voorbijgaande aard is en/of door de cliënt zonder hulp kan worden opgelost.

Het startpunt is het integratief beeld van de cliënt dat op het eind van de fase van de verklaringsanalyse is geformuleerd. Dit beeld, de verklarende diagnose, geeft een overzicht van zowel de problematische aspecten als van de positieve ontwikkelingsmogelijkheden van de cliënt (zie paragraaf 8.4). De positieve mogelijkheden zijn op te vatten als protectieve (of faciliterende) factoren, de negatieve als risico- (of belemmerende) factoren. In termen van de diagnostische cyclus: de kans op een geslaagde interventie is voor de cliënt groter naarmate de klacht minder intens, de ernst van het probleem geringer en de oproepende of instandhoudende condities beter beïnvloedbaar zijn. Meer algemeen uitgedrukt: de diagnosticus vormt zich een beeld van de verhouding tussen draagkracht (positieve factoren) en draaglast (negatieve factoren) van de cliënt. Een voorbeeld van een instrument ter ondersteuning van het diagnostisch proces op dit punt is de Nijmeegse Vragenlijst voor de Opvoedingssituatie (NVOS; Wels & Robbroeckx, 1991).

De kans dat de problematiek 'vanzelf' overgaat, moet de diagnosticus inschatten op grond van beschikbare kennis over de 'gewone' ontwikkelings- en opvoedingsmoeilijkheden (zie bijvoorbeeld: Van der Ploeg, 1998; Hellinckx, Grietens & Geeraert, 2002) en over ontwikkelingspsychopathologie (bijvoorbeeld: Van Lieshout, 2002).

**Box 9.2** **'Normale problemen' versus pathologie.**

Bij de inschatting of problemen vanzelf overgaan, heeft de diagnosticus baat bij de classificatiesystemen voor het probleemgedrag zoals die in de fase van de probleemanalyse zijn gebruikt (zie hoofdstuk 7). In die fase waren dergelijke systemen een hulpmiddel bij het onderkennen van het soort probleem. Een nadeel van de classificatiesystemen is echter dat zij geen rekening houden met het ontwikkelingspsychologische en -pedagogische perspectief: het omgaan met de successievelijke ontwikkelings- en opvoedingstaken die hun normale spanning en reactie oproepen. Daarom is het, als een kind volgens de regels van deze systemen niet tot een klinische groep (met een soortgelijk syndroom) behoort, raadzaam om na te gaan of de problemen niet tot normale opvoedingssituaties behoren en als zodanig aan te pakken zijn. Een hulp hierbij zijn de algemene handboeken over ontwikkelingspsychologie en pedagogiek waarin typeringen worden gegeven van 'normale' problematiek. Deze typeringen kunnen beschrijvend en inventariserend van aard zijn of aansluiten bij een theoretisch ontwikkelingspsychologisch of -pedagogisch model. Een voorbeeld is het beoordelingsschema dat Greenspan, Nover en Scheuer (1984) in het kader van hun ontwikkelingsdiagnostiek hebben uitgewerkt. Maar ook in het geval dat bij een kind een klinisch relevant syndroom wordt onderkend, zal de diagnosticus moeten nagaan wat de plaats van dit probleemgedrag is ten opzichte van de normale draaglast en draagkracht die men in die specifieke ontwikkelings- en opvoedingsfase verwacht.

### ✔ *Is behandeling mogelijk?*

Als de diagnosticus tot de conclusie komt dat interventie aangewezen is, dan is het nodig om na te gaan of dit op vakinhoudelijke gronden in principe ook mogelijk is. In deze stap van de indicatieanalyse is het voldoende om te bepalen of de in de klinische literatuur beschreven behandelingstypen en -modaliteiten van toepassing zijn. Hulpbronnen hiervoor zijn klinische handboeken die expliciet handelen over de koppeling tussen de aard van de problematiek en het type behandeling. Een mogelijke keuze valt af als het beeld van de cliënt niet past binnen het toepassingsgebied van dit type interventie.

Twee typen klinische handboeken zijn te onderscheiden. Het eerste type kiest de soort problematiek als ingang, het tweede de soort behandeling. Een illustratie van het eerste type is het door Reynolds (1992) geredigeerde boek *Internalizing disorders in children and adolescents*, dat onder meer een systematische beschrijving geeft van een aantal internaliserende stoornissen, per stoornis verschillende behandelingsmogelijkheden bespreekt en gevalsbeschrijvingen presenteert. Een voorbeeld van het tweede type is het *Handbook of treatment approaches in childhood psychopathology*, geredigeerd door Matson (1988). Dit boek geeft een overzicht van verschillende behandelingsbenaderingen en laat de mogelijkheden van deze benaderingen zien voor een aantal problemen.

### ✔ *Is behandeling wenselijk?*

Dát een type interventie of behandeling in principe in aanmerking komt, betekent niet dat deze daarom ook noodzakelijkerwijs zo moet worden uitgevoerd. De diagnosticus moet in ieder individueel geval nagaan of aan een bepaalde aanpak geen onoverkomelijke nadelen kleven. De literatuur (die al bij de vorige stap geraadpleegd is) kan houvast bieden om te controleren of er geen bijzondere omstandigheden zijn die tegen uitvoering pleiten. Ter illustratie: de vraag kan gesteld worden in hoeverre gangbare kinderpsychotherapie gericht op traumaverwerking (van bijvoorbeeld seksueel misbruik) zin heeft zolang de trauma-oproepende conditie (het misbruik) nog bestaat. Soms is een alternatief te overwegen, bijvoorbeeld in de vorm van een kortdurende interventie waarin het kind zich in elk geval geaccepteerd weet (vgl. Lynch, 2000). Het is zelfs denkbaar dat de omstandigheden voor een interventie zó slecht zijn of dat er zoveel belemmerende factoren zijn, dat het starten ervan geen zin heeft.

Voor haalbare kandidaat-interventies geldt als algemeen principe dat ze mede bijdragen tot de verhoging van de draagkracht van de cliënt. Om dit te kunnen beoordelen moet de diagnosticus in overleg met de cliënt een overzicht maken van de materiële grenzen (bijvoorbeeld: financiële lasten), alsook de sociale (bijvoorbeeld: bij scheiding kind-opvoeder), persoonlijke (bijvoorbeeld: de bespreekbaarheid van het verleden) en ethische grenzen (bijvoorbeeld: het respect voor levensvisie) die bij de uiteindelijke keuze een rol kunnen spelen.

Tot dusver doorloopt de diagnosticus de analyse aan de hand van globale termen en criteria zoals deze in de klinische vakliteratuur omschreven staan. Ook de daarmee corresponderende typen beslissingen hebben een globaal karakter, hoe ingrijpend ze ook kunnen zijn. Het is goed deze fase af te ronden met een gesprek waarin aangegeven wordt dat behandeling nodig, mogelijk en wenselijk is. Meer gedetailleerde beslissingen zullen doorgaans pas in de behandelingscyclus worden genomen en uitgewerkt.

### 9.4.2 **Formuleren en prioriteren van doelen**

Uitgangspunt voor het formuleren van de doelen is het integratief beeld. Hierin zijn zowel de klachten, problemen en verklarende condities als de positieve factoren en mogelijkheden samengebracht. De diagnosticus formuleert de globale interventiedoelen en stelt een voorlopige prioritering op. Deze doelen kúnnen – maar hoeven in deze fase niet per se – meer specifiek worden beschreven in de vorm van doelgedragingen. Vervolgens bespreekt de diagnosticus het voorstel met de cliënt die uiteindelijk de prioriteiten vaststelt. De rol van de diagnosticus is die van moderator. Eventueel worden zowel de formulering als de prioritering geheel in overleg met de cliënt uitgevoerd.

✔ *Wat is het uiteindelijke globale interventiedoel?*

De formulering van het uiteindelijke doel wordt vooral gestuurd door de globale inhoud van klacht, probleem en verklaring. Een voorbeeld: het door het kind als onbestemd ervaren opgejaagde en gespannen gevoel (klacht) gaat samen met disfunctioneel sociaal gedrag (probleem), wat waarschijnlijk zijn oorzaak vindt in een te grote gevoeligheid voor publieke afkeuring (verklarende conditie). De hierbij aansluitende globale doelen zijn dan: het verminderen van de onaangename gevoelens, het verbeteren van het sociale functioneren en het verminderen van de gevoeligheid voor negatieve reacties.

✔ *Wat zijn eventueel de specifieke doelen?*

Globale interventiedoelen kúnnen nader worden gespecificeerd ten behoeve van de daadwerkelijke behandeling, maar over het algemeen zal dat pas op een later moment plaatsvinden bij het doorlopen van de behandelingscyclus. Daarbij gaat het om concrete gedragingen (gevoelens, gedachten of handelingen) in welomschreven situaties. Indien van toepassing worden ook de specifieke doelen in overleg met de cliënt geprioriteerd. De meer specifieke doelen kunnen soms gelden als tussendoelen.

In de dialoog tussen cliënt en diagnosticus geldt de voorkeur van de cliënt als uitgangspunt. De diagnosticus kan het toekennen van prioriteiten door de cliënt ondersteunen door te vragen welk (deel)probleem deze graag het eerst wil aanpakken en wat het doel daarbij is. Dit stelt de diagnosticus in staat eventuele misvattingen en onrealistische verwachtingen bij de cliënt weg te nemen. Vervolgens zal de diagnosticus nagaan of de prioriteitsvolgorde van de cliënt wellicht om nader gesprek en aanpassing vraagt, bijvoorbeeld als de cliënt een hoge prioriteit geeft aan een doel waarvan de diagnosticus weet dat de daarvoor vereiste condities moeilijk beïnvloedbaar zijn. Eventueel moet het globale doel worden bijgesteld, vanzelfsprekend op basis van goede argumenten. Deze stap wordt afgerond met een gemeenschappelijke afspraak over het gewenste en realistisch haalbare interventiedoel.

### 9.4.3 Selecteren van de in aanmerking komende typen interventies

De vragen die hier moeten worden beantwoord, zijn: welk theoretisch referentiekader wordt gekozen? In welk type setting vindt uitvoering plaats? Gaat het om een directe of een indirecte vorm van interventie? Zijn er eisen ten aanzien van de interventieduur?

✔ *Welk theoretisch referentiekader wordt gekozen?*

Bij de precisering van de aanpak gaat de diagnosticus na of er factoren zijn die een bepaald type interventie noodzakelijk maken. Deze betreffen onder andere het type probleem en de gevonden verklaringen, naast bijvoorbeeld kennis over effectiviteit. Nu moet nog worden vastgelegd volgens welk referentiekader de interventie het beste kan worden opgezet.

Interventieprincipes zijn gebaseerd op theoretische inzichten omtrent het ontstaan, in stand blijven en veranderen van problemen. Deze inzichten representeren de theoretische relatie tussen enerzijds kenmerken van de cliënt en diens context (in termen van beschermende kenmerken en risicodragende klacht-probleem-verklaringkoppelingen) en anderzijds de te bereiken doelen. Het is voor de diagnosticus onbegonnen werk om alle theoretische varianten op hun implicaties te analyseren, maar het is wel mogelijk om de pretenties en werkingsprincipes van de hoofdrichtingen te inventariseren en te vergelijken met de genoemde kenmerken van de cliënt en diens context. Het ligt voor de hand dat dit in ieder geval gebeurt voor het theoretische kader dat in de fase van de formulering en toetsing van diagnostische verklaringen is gekozen (zie hoofdstuk 8), uiteraard voorzover het om nog te beïnvloeden condities gaat.

**Box 9.3 De keuze uit verschillende theoretische oriëntaties.**

De hoofdrichtingen in en benamingen voor typen interventies en behandelingen worden in de literatuur wisselend benoemd. De volgende opsomming geeft daarvan veelvoorkomende voorbeelden: psychodynamische aanpak, gedragsmodificatie, directieve aanpak, cliëntgerichte aanpak, sociaal-cognitieve aanpak, systeemgerichte benadering, taakanalytische benadering, cognitief-psychologische aanpak.
Ter illustratie van de vergelijking tussen het theoretische kader en de kenmerken van de cliënt geldt het volgende voorbeeld. De psychodynamische aanpak van gedragsproblemen pretendeert herstel dan wel versterking van de integratieve ego-functies. Het werkingsprincipe is het tot inzicht brengen van verdrongen conflicten en de verankering van dit nieuwe inzicht in de psychologische structuur van de persoon. De keuze voor een dergelijke aanpak vereist dat in de voorgaande stappen inderdaad evidentie is gevonden voor deformaties van de ego-functies en voor verdrongen conflicten. Net als in dit voorbeeld moet de diagnosticus de basale kenmerken van een hoofdrichting kunnen omschrijven en vergelijken met de kenmerken van de cliënt. Deze vergelijkingen leveren meestal meerdere mogelijkheden op, bijvoorbeeld wanneer de beschikbare informatie over de cliënt past bij zowel de pretenties en werkingsprincipes van de directieve aanpak, de sociaal-cognitieve aanpak als die van de gedragsmodificatie. Het antwoord op de andere hier gestelde vragen zal dan mede bepalen welke keuzes uiteindelijk het meest passend lijken.

✔ *In welk type setting vindt uitvoering plaats?*

Bij de afweging van een mogelijke setting doet de diagnosticus er goed aan steeds uit te gaan van een voorkeur voor het instandhouden van de natuurlijke opvoedingssituatie. Dit algemene principe wordt in de literatuur meestal verwoord met verwijzing naar het gezin als prototype van deze situatie (Palmer, 1983; Hellinckx, Grietens & Geeraert, 2002). In het onderwijs gaat het om het streven naar inclusie en integratie, waarbij leerlingen zoveel mogelijk (met extra zorg) in het regulier onderwijs blijven. Besliskundig houdt dit in dat de diagnosticus doorslaggevende argumenten moet hebben om te kiezen voor behandeling in bijvoorbeeld een residentiële setting of een speciale school.

De argumenten voor een interventie buiten de natuurlijke gezins- of onderwijscontext dienen gebaseerd te zijn op een inschatting van de ernst van de problematiek en van de positieve mogelijkheden van de cliënt om de problemen binnen de eigen levenssituatie op te lossen. Bij deze inschatting kan soms gebruik worden gemaakt van daarvoor ontwikkelde hulpmiddelen. Bijvoorbeeld: de noodzaak van residentiële behandeling dringt zich op als het kind of het gezin zó disfunctioneert dat binnen de gezinscontext zelf geen behandelingsmogelijkheden realiseerbaar zijn. Een voorbeeld van een methodiek die hier van toepassing lijkt, wordt gegeven door Scholte (1993). Aan de hand van de door hem ontwikkelde Vragenlijst Sociale en Pedagogische Situatie (VSPS) kan onder andere de indicatiestelling voor residentiële plaatsing onderbouwd worden.

Deze stap dient in ieder geval in overleg met de cliënt te worden afgesloten. In dit gesprek expliciteert de diagnosticus zijn overwegingen pro dan wel contra een gekozen setting en controleert hij de door hem ingeschatte behandelingsmogelijkheden.

✔ *Gaat het om een directe (individueel of groepsgericht) of een indirecte vorm van interventie?*

Algemeen gesproken kunnen we drie hoofdvarianten van aanpak onderscheiden: de individuele aanpak (direct gericht op het kind/de jeugdige), de groepsaanpak (direct gericht op de leefgroep of de klasgroep) en de 'opvoedersaanpak' (indirect ten opzichte van het kind/de jeugdige en gericht op een ouder, groepsleider of leerkracht). De laatste variant wordt ook wel als mediatietherapie aangeduid.

Voor een deel is de vraag naar de beste interventievorm te beantwoorden op grond van de inhoud van het globale doel. Soms is dit op individueel niveau geformuleerd (bijvoorbeeld: het kind voelt zich minder gespannen), soms op groepsniveau (bijvoorbeeld: de leefgroep kan expliciete spelregels hanteren) of gericht op het gedrag van de opvoeder (bijvoorbeeld: de leerkracht hanteert ten opzichte van het kind een positieve, persoonsgerichte vorm van feedback). Overigens mag duidelijk zijn dat een doel op individueel niveau ook indirect via een groepsaanpak of mediatietherapie kan worden nagestreefd. De diagnosticus zal in de besluitvorming daarom criteria moeten betrekken die onderscheid maken tussen de verschillende hoofdvarianten.

✔ *Zijn er eisen ten aanzien van de interventieduur?*

Er kunnen omstandigheden zijn die dwingen tot een expliciete beslissing over de interventieduur, ook al geldt vanzelfsprekend als algemeen (economisch en ethisch) principe dat een interventie niet langer moet duren dan strikt nodig. In acute situaties of ter voorkoming daarvan kan echter behoefte bestaan aan kortdurende (eerste) hulp, mogelijk gevolgd door een interventievorm die meer tijd in beslag neemt.

Tot dusver had de besluitvorming in deze fase een globaal karakter. De uitvoerbaarheid van dit besluitvormingsproces vereist uiteraard dat de diagnosticus beschikt over globale indicatie- en contra-indicatiecriteria met betrekking tot de mogelijke varianten. In de literatuur is, voorzover voor de auteurs bekend, geen systematisch en compleet overzicht van dergelijke globale criteria voorhanden. Het systematiseren van de eigen ervaringskennis is hier derhalve nodig.

**Box 9.4** **Palmer (zie ook paragraaf 9.4.4 en box 9.7).**

Een van de weinige auteurs die dit onderwerp inhoudelijk op een systematische wijze bespreekt, is Palmer (1983). Hij onderscheidt vijf hoofdtypen van individuele behandeling (individualized therapy) en twee typen groepsbehandeling (in een groep van leeftijdgenoten en gezinstherapie). Voor de individuele typen formuleert hij alleen specifieke indicatie- en contra-indicatiecriteria. Voor groepsbehandeling formuleert hij naast specifieke ook globale criteria. De diverse varianten van mediatietherapie beschrijft Palmer als varianten van tussenkomsten in de omgeving (environmental interventions). Alleen voor de opvoedersaanpak noemt hij een viertal globale criteria (bijvoorbeeld: de problemen van het kind zijn mild en de ouders hebben openlijke conflicten over de aanpak van het kind).

De laatste stap in de indicatieanalyse is het afwegen van het verwachte nut van elk van de in aanmerking komende typen interventie.

### 9.4.4 Bepalen van het nut en de kans van slagen per geselecteerde aanpak

We bespreken de substappen hierbij aan de hand van de drie eerder genoemde vragen: wat is het positieve en negatieve nut? Wat is de kans van slagen en falen? Wat is de uitkomst van de weging van nut met de kans van slagen?

✔ *Wat is het positieve en negatieve nut (kosten-baten)?*

Formeel gezien is het nut de optelsom van de positieve en de negatieve gevolgen van een gebeurtenis, in casu de positieve en negatieve opbrengsten van de behandeling. Een te verantwoorden vereenvoudiging van dit idee is om uit te gaan van de veronderstelling dat het nut van slagen positief is en dat van falen negatief. Het nut kunnen we in een getal uitdrukken, bijvoorbeeld op een schaal van +10 (positief nut) tot -10 (negatief nut) (Akkerman, 1982).

**Box 9.5 Positief en negatief nut van behandeling.**

In de klinische praktijk is het niet eenvoudig de economische begrippen van positief en negatief nut van behandeling in verantwoorde uitspraken om te zetten. De complexiteit van het afwegingsproces en de kennis die hierbij in principe gevergd wordt, gaan de mogelijkheden van de diagnosticus meestal te boven. Het is typerend dat de voorbeelden die in de klinische literatuur gepresenteerd worden, meestal aan de onderliggende inhoudelijke afweging voorbijgaan. Toch is het mogelijk enkele principes van de besliskunde in deze fase toe te passen. Van belang hierbij is dat de kandidaat-behandelingen niet zomaar uit het niets komen, maar het resultaat zijn van een voorafgaand proces van op een steeds specifieker niveau te kijken naar de geschiktheid en mogelijkheden van een eventuele aanpak. De veronderstelling is dat hierdoor de keuzes van behandelingen met een negatieve opbrengst als het ware worden geëlimineerd. Het nut van de dan geselecteerde behandeling varieert op die wijze tussen 0 en +10. De diagnosticus kan vervolgens de verdere keuze afstemmen op het preciseren van het positieve nut.
Het positieve nut van een behandeling bestaat uit verschillende componenten. De belangrijkste daarvan is de *effectiviteit*. De effectiviteit is immers bepalend voor de mate waarin het vooraf geformuleerde doel bereikt wordt, al zijn harde uitspraken over de effectiviteit van bepaalde typen behandelingen bij bepaalde typen problemen in de literatuur nauwelijks te vinden. De andere component van het positieve nut wordt gevormd door de *positieve bijwerkingen*. In de afweging van de verschillende componenten zal de verwachte opbrengst vanuit het perspectief van de cliënt gewaardeerd moeten worden.

Als werkwijze worden drie deelstappen voorgesteld.

De eerste stap is het afmeten van het positieve nut aan de mate waarin de klacht-probleem-verklaringkoppelingen van de cliënt en de daarop afgestemde doelen door de pretenties en werkingsprincipes van de behandeling gedekt lijken. Vallen slechts enkele aspecten binnen het bereik van de behandeling, dan is er sprake van weinig positief nut. Wordt het totale bereik van de klacht-probleem-verklaringkoppelingen en hun behandelingsdoelen aangesproken, dan is er een maximaal nut.

Als tweede stap inventariseert de diagnosticus het nut voor de cliënt. In deze fase is het mogelijk dat de cliënt ook negatieve bijwerkingen voorziet. De vraag is echter steeds of de cliënt per saldo bij de voorgestelde behandeling een positief nut verwacht. Voor behandelingen waar dit niet het geval is, zal de diagnosticus vanuit zijn vakinhoudelijke expertise wijzen op de voordelen die de betrokken behandeling toch kan bieden. Is dit voor de cliënt niet overtuigend, dan vervalt deze behandeling alsnog als keuzemogelijkheid.

Tot slot worden voor de resterende opties het theoretische en het subjectieve nut gecombineerd in een schatting. Deze schatting kán getalsmatig worden uitgedrukt op een schaal van 0 tot 10.



**Box 9.6 Het schatten van het nut van interventies.**

Het toekennen van getallen aan subjectieve schattingen wordt door diagnostici vaak als kunstmatig ervaren. Een hulpmiddel bij het toekennen van het nut is uitgaan van de eigen verbale omschrijving van de mate van nut (bijvoorbeeld: 'erg weinig', 'voldoende') met een daaraan gekoppelde getalsmatige omzetting. Een ander hulpmiddel is de behandelingen te ordenen naar hun nut. Die met het grootste nut wordt bovenaan geplaatst, de behandeling met het kleinste nut onderaan. Een handige werkwijze is dan om een waarde voor de behandeling met het kleinste nut te kiezen (met als vuistregel daar een waarde van 0.3 aan toe te kennen) en de andere waarden weer te geven als een veelvoud hiervan. De diagnosticus die dergelijke getalsmatige schattingen niet zinvol vindt, kan zich tot een verbale inschaling beperken.

✔ *Wat is de kans van slagen en falen (indicaties en contra-indicaties)?*

Bij de afweging van het nut van een interventie gaat de diagnosticus er als het ware van uit dat deze ook slaagt. Het slagen is echter afhankelijk van een groot aantal factoren en er blijft altijd een kans dat een behandeling niet lukt. In formele zin, bekeken vanuit besliskundig oogpunt, heeft dit tot gevolg dat de diagnosticus het nut nog moet wegen (door het te vermenigvuldigen) met de kans van slagen. Het resultaat van deze weging wordt het verwachte nut genoemd (we komen daar verder op terug). Getalsmatig lijkt deze werkwijze eenvoudig (bijvoorbeeld: een nut van 10 en een kans van slagen van 0.9 leidt tot een hoog verwacht nut van 9), maar in de praktijk blijkt het moeilijk te realiseren. Een belangrijke reden is dat er geen tabellen bestaan waarbij de kans op slagen van behandeling bij specifieke klacht-probleem-verklaringcombinaties en doelen kan worden afgelezen. De praktische oplossing die hier gevolgd wordt, is om de inschatting van de kans van slagen te baseren op de mate waarin de problematiek van de cliënt past bij de indicatie- en contra-indicatiecriteria voor de desbetreffende behandeling.

De lijst van kandidaat-behandelingen in deze stap is mede totstandgekomen door gebruik te maken van indicatie- en contra-indicatiecriteria. Daarbij ging het steeds om de vraag welke behandelingen bij het voorliggende type problematiek (klacht-probleem-verklaringcombinaties) van toepassing waren. De criteria die daarbij een rol speelden, hadden betrekking op kenmerken van de problematiek en op de protectieve of faciliterende factoren. Bij de inschatting van de kans op slagen van de resulterende lijst van behandelingen moet enkel gelet worden op criteria die in het keuzeproces nog niet aan de orde zijn geweest en betrekking hebben op kenmerken die de cliënt of diens situatie meer of minder geschikt maken voor een bepaalde aanpak.

Het beantwoorden van de vraag in welke mate de cliënt aan de criteria voldoet, begint uiteraard met het inventariseren van de criteria. Daarna bekijkt de diagnosticus welke informatie nodig is om vast te stellen of de cliënt eraan beantwoordt en beoordeelt hij of de criteria in dit individuele geval van toepassing zijn. Op grond daarvan zal de diagnosticus ten slotte een oordeel kunnen formuleren over de kans op slagen van de in aanmerking komende behandelingen. We lichten het inventariseren en beoordelen van de criteria in twee punten toe, gebruikmakend van het eerder genoemde boek van Palmer (1983).

a. *Het inventariseren van criteria.* Stel dat de diagnosticus voor de aanpak van extreem teruggetrokken en verlegen gedrag van een vierjarig kind aarzelt tussen een psychodynamische en een cliëntgerichte individuele benadering en zijn oordeel wil baseren op het overzicht van Palmer (1983, p. 541-548). Palmer (zie ook box 9.4) noemt vier criteria voor een psychodynamische aanpak: het kind moet beschikken over voldoende ego-ontwikkeling, over een meer dan gemiddelde intelligentie, het moet liefst deel uitmaken van een intact gezin en een meer dan gemiddelde potentie vertonen om zich tot een creatieve en productieve volwassene te ontwikkelen. Ten aanzien van de cliëntgerichte aanpak noemt Palmer de volgende drie criteria: het kind moet affectief voldoende ontwikkeld zijn, gevoelig zijn voor het omgaan met affecten en over 'bespreekbare' affectgebieden beschikken. Gelet op het voorafgaand diagnostisch proces is de kans groot dat de diagnosticus hieromtrent reeds alle relevante informatie verzameld heeft. Op basis van de verzamelde informatie kan hij zich althans een verantwoord oordeel vormen over de kenmerken die in de indicatie- en contra-indicatiecriteria beschreven staan. Is dat niet het geval, dan moet de informatie alsnog worden verzameld (door toetsing van indicerende hypothesen).

b. *Het beoordelen van criteria.* In strikt formele zin is het onderzoek van de indicatie- en contra-indicatiecriteria vergelijkbaar met het toetsen van verklarende hypothesen en kunnen we spreken van indicerende hypothesen. Al heeft een 'echte' toetsing onze voorkeur, hier volstaan we met een procedure waarbij de diagnosticus in strikte zin niet toetst, maar zich een gegrond oordeel vormt op basis van het verzamelde materiaal. Daarbij wordt aanbevolen de kandidaat-behandelingen eerst op contra-indicaties te checken. De beoordeling van de indicatiecriteria wordt zo beperkt tot die behandelingen waarvoor geen contra-indicaties gelden.

Hoewel de literatuur over indicaties en contra-indicaties complex is, gaan we uit van de vuistregel dat er sprake is van contra-indicaties als er evidentie is dat aanwezige condities het falen van de behandeling in de hand werken. Indicatiecriteria verwijzen dan naar condities waarvan verondersteld wordt dat zij het slagen van de behandeling bevorderen. Hierbij wordt nagegaan aan welke minimale eisen de cliënt moet voldoen om voor de behandeling in aanmerking te komen. Zijn er meer indicatiecriteria, dan kunnen ze eerst op hun belang beoordeeld worden. Een stelregel kan zijn dat de cliënt minimaal moet voldoen aan de criteria die direct gerelateerd zijn aan de theorie en/of de techniek van de behandeling, bij wijze van kerncriteria. In box 9.7 lichten we dit aan de hand van een voorbeeld toe.

**Box 9.7 Indicatiecriteria volgens Palmer (zie ook box 9.4).**

Van de vier criteria die Palmer voor individuele psychodynamische therapie bij kinderen noemt (zie in het voorgaande onder a.), zijn de twee eerste het sterkst gerelateerd aan de theorie en de praktijk van de psychodynamische therapie en fungeren ze daarom als kerncriteria. In plaats van de vier criteria uitgebreid te toetsen, is het voldoende na te gaan of het kind over voldoende ego-ontwikkeling en meer dan gemiddelde intelligentie beschikt.
Met het criterium van de ego-ontwikkeling bedoelt Palmer (1983, p. 546) dat het kind enigszins in staat moet zijn om gevoelens en motivaties te internaliseren en om onmiddellijke bevrediging van gevoelens uit te stellen. Dit criterium is niet zo moeilijk te beoordelen. In het grootste aantal gevallen van een eerstelijnspraktijk volstaat een analyse van de reacties van het kind op de grenzen die vanuit opvoeders en leeftijdgenoten aan het gedrag gesteld worden. Zijn deze reacties opvallend inadequaat, dan eist de psychodynamische aard van het criterium dat de diagnosticus remmingen van en regressies in de ego-ontwikkeling opspoort, bijvoorbeeld via projectieve technieken, volgens de daarvoor geldende regels (zie ook box 8.9). Is dergelijke informatie nog niet in de loop van het diagnostisch onderzoek verzameld, dan dient dit alsnog te gebeuren.
Met het criterium van de meer dan gemiddelde intelligentie bedoelt Palmer dat het kind vlot kan verbaliseren en eenvoudige abstracties en generalisaties kan begrijpen. Gegevens over de intelligentie van het kind zijn meestal al in de voorafgaande fasen van de besluitvorming verzameld. Is dit niet zo, dan is het niet per se nodig een extra test af te nemen als de diagnosticus reeds beschikt over voldoende gegevens om te kunnen beoordelen of het kind aan de intellectuele voorwaarden voldoet.

Typen interventies waarvoor contra-indicaties gelden of die niet voldoen aan de minimale eisen die vervat zijn in de kerncriteria, komen te vervallen. Van de overige gaat de diagnosticus na in welke mate zij voldoen aan de resterende indicatiecriteria. Ook deze oordelen kunnen globaal worden geformuleerd en ook hier is het zo dat de diagnosticus doorgaans alle benodigde informatie al zal hebben verzameld om het oordeel op te baseren. Is dit niet het geval, dan moet alsnog informatie worden verzameld.

✔ *Wat is de uitkomst van de weging van nut met de kans van slagen (verwacht nut)?*

In de voorgaande stappen heeft de diagnosticus een of meerdere behandelingen 'uitgefilterd' en voor iedere optie is er een nut bepaald op een schaal van 0 tot 10. De diagnosticus kan vervolgens ook de mate van vertrouwen in het slagen van elk type interventie omzetten in een getal: de kans van slagen per behandeling. Per definitie ligt deze kans tussen 0.0 en 1.0. Wanneer deze kans te laag is (met als vuistregel een ondergrens bij 0.3), is er geen vertrouwen op succes.

De bedoeling van het in een getal uitdrukken van de mate van geloof in succes is het ondersteunen van de interne consistentie van het beslissingsproces. In principe is er immers geen verschil tussen een geschatte kans met bijvoorbeeld een waarde 0.7 en de verbaal geformuleerde overtuiging dat 'men er redelijk zeker van is dat de behandeling zal aanslaan'. Als hulpmiddel kan de diagnosticus dan ook in eerste instantie uitgaan van de eigen verbale formulering en deze vervolgens expliciteren door er een getal aan toe te kennen. In het geval van meer kandidaat-behandelingen is de werkwijze dat de diagnosticus eerst een globale ordening aanbrengt, met de optie die het meest kans van slagen lijkt te hebben bovenaan en de behandeling met de laagste subjectieve kans onderaan. De onderste krijgt bij afspraak de kans van 0.3 en de andere opties krijgen als waarde een veelvoud daarvan.

Voor iedere behandeling beschikt de diagnosticus nu in principe over twee getallen: een positief *nut* en een *kans* van slagen. Door vermenigvuldiging levert dit, zoals we eerder zagen, per behandeling het *verwachte nut* op (zie ook: Akkerman, 1982; De Bruyn, 1984). In box 9.8 geven we een rekenvoorbeeld. Op een eerder moment zijn behandelingen met een negatief nut en een redelijke kans van falen al uitgeschakeld. We kunnen nu alle kandidaat-behandelingen ordenen. De ervaring leert echter dat het omzetten van subjectieve schattingen in getallen voor veel diagnostici gekunsteld aandoet, zoals ook gold voor de inschatting van het nut. In plaats van het gebruik van getallen kan de diagnosticus ook een verbale omzettingstabel voor verwacht nut opzetten (zie hiervoor ook box 9.8). Hierin krijgt een uitspraak als 'een matig nut en een hoge kans van slagen' een hogere positie dan de combinatie van 'een matig nut en een lage kans van slagen'. Het belangrijkste is dat de diagnosticus zich bewust is van de verschillende typen informatie die voor het nemen van de beslissingen doorslaggevend zijn. Het eindresultaat van de gemaakte keuzes zal met inhoudelijke argumenten moeten worden onderbouwd.

**Box 9.8** **'Verwacht nut' in een cijfermatige en een verbale uitwerking.**

Ter illustratie van de cijfermatige weging:
Na screening van de indicatiecriteria en na overleg met moeder en dochter heeft de diagnosticus twee typen interventie geselecteerd: individuele speltherapie en opvoedkundige begeleiding van moeder. Het nut van de individuele speltherapie wordt op de nutschaal (die loopt van 0 tot en met +10) op 6 geschat. Die van de opvoedkundige begeleiding op 9. De kans van slagen van individuele speltherapie wordt op de kansschaal (die loopt van 0 tot en met 1) op 0.8 geschat, die van de opvoedkundige begeleiding op 0.3. Het verwachte nut per behandeling is het product van het nut en de kans van slagen van de behandeling. Het nut van de individuele speltherapie (6) is matig te noemen, dat van de pedagogische begeleiding hoog (9). De kans van slagen van de individuele speltherapie is hoog (0.8), die van de pedagogische begeleiding is laag (0.3). Een hoge verwachting en een matig hoog nut (individuele speltherapie) leveren een matig verwacht nut op (0.8 x 6 = 4.8). Een redelijk lage verwachting en een hoog nut (opvoedkundige begeleiding) leiden tot een laag verwacht nut (0.3 x 9 = 2.7). Stel dat slechts één van de behandelingen kan worden ingesteld, dan verdient in dit geval de individuele speltherapie de voorkeur. Haar verwachte nut (4.8) ligt hoger dan die van de opvoedkundige begeleiding (2.7).

Ter illustratie van een verbale omzettingstabel:
Stel dat we voor het *nut* van interventies uitgaan van drie 'verbale' waarden: hoog, matig en laag. Ook de kans van slagen kunnen we omschrijven als hoog, matig en laag. Dit is om te zetten in de volgende matrix:

| | | Kans van slagen van de behandeling | | |
|---|---|---|---|---|
| | | Hoog (+) | Matig (±) | Laag (-) |
| | Hoog (+) | + + (a) | + ± (b) | + - (c) |
| Nut van de behandeling | Matig (±) | ± + (d) | ± ± (e) | ± - (f) |
| | Laag (-) | - + (g) | - ± (h) | - - (i) |

Op basis van deze omzetting en de combinatie van nut en kans van slagen ontstaat een voorkeursvolgorde, gaande van interventies die overeenkomen met de oordelen in cel a (+ +) tot die in cel i (- -). De totale reeks wordt dan: a, b/d, e, c/g, f/h, i.

Het voordeel van een cijfermatige weging is dat het een heldere prioritering toelaat. Een ordening op basis van uitsluitend verbale weging is minder eenduidig. Besliskundig gezien verdient in de werkwijze van de diagnosticus de helderheid van een getalsmatige afweging ter bewaking van de interne consistentie dan ook onze voorkeur. In het contact met de cliënt telt uiteraard de inhoudelijke toelichting van de prioritering.

Het eindproduct van de indicatieanalyse is een lijst van aanbevelingen. Deze zijn geordend van het type interventie met het hoogste verwachte nut tot die met het laagste verwachte nut. Deze lijst wordt in de volgende stap, de advisering (hoofdstuk 10), aan de cliënt voorgelegd en gecontroleerd op uitvoerbaarheid.

## 9.5 Aandachtspunten

*Raadpleeg regelmatig de literatuur.* Verzamel reviewartikelen en handboeken waarin typen interventies, behandelingsrichtingen en indicatie- en contra-indicatiecriteria worden beschreven.

*Raadpleeg een goede sociale behandelingskaart.* Controleer regelmatig het overzicht van behandelaars, van behandelingsvarianten, -voorzieningen en -instellingen, van wachtlijsten en toelatingsprocedures.

*Let erop onderscheid te maken tussen indicatie- en contra-indicatiecriteria* die inhoudelijk betrekking hebben op kenmerken van het probleem of op de diagnose (op te vatten als primaire criteria) en op kenmerken die betrekking hebben op andere condities (secundaire criteria) die van invloed geacht kunnen worden op het slagen of falen van de behandeling.

*Maak bij de primaire criteria duidelijk onderscheid tussen criteria die op het type probleem betrekking hebben en criteria die verwijzen naar de verklaring van het probleem.*

*Maak bij de secundaire criteria minstens onderscheid tussen voorwaarden die voor de therapie aan de cliënt of diens omgeving gesteld worden en voorwaarden die betrekking hebben op externe materiële aspecten.*

*Maak gebruik van opeenvolgende werkbladen voor iedere stap van de indicatieanalyse.* Spaar deze werkbladen. Na verloop van tijd kan kennis verzameld bij overeenkomstige problematiek samengevoegd worden tot probleemgeoriënteerde kennisbestanden. Nog beter is dit te doen in samenwerking met collega's.

*Maak een overzicht van instrumenten en technieken die ter operationalisering van de criteria gebruikt worden.* Streep díe instrumenten en technieken aan die ook voor de beschrijving van het probleem of ter toetsing van verklarende hypothesen bruikbaar blijken. Ook hier is overleg met collega's aan te bevelen.

*Neem kennis van een aantal basale begrippen en procedures uit de klinische besliskunde* (bijvoorbeeld: Von Wintersfeldt & Edwards, 1986). Tracht als leerervaring het inschatten van het verwachte nut in besliskundige termen uit te voeren. Zonder formele regels worden anders al snel absoluut lijkende beslissingen genomen in termen van 'deze behandeling is prima en leidt tot succes bij dit probleem en deze verklarende diagnose'.

*Zorg ervoor dat iedere beslissing in elke stap van de indicatieanalyse inhoudelijk helder verwoord wordt.* Uiteindelijk is heldere, vakinhoudelijke argumentatie belangrijker dan cijfermatige uitwerkingen.

*Houd een overzicht bij van de waarderingen door de cliënten ten aanzien van de aard en opbrengst van de gedane interventievoorstellen.* Ook dit leidt op termijn tot een kennisbestand dat op de achtergrond van dienst kan zijn bij gesprekken met cliënten.

*Blijf kritisch op de gevoeligheid voor signalen in het contact met cliënten.* Laat, indien mogelijk, een collega of stagiair af en toe observeren en bespreek dit.

# 10. Advisering

”Het diagnostisch proces start bij de aanmelding van de cliënt en eindigt met de advisering. De diagnosticus geeft de cliënt hierin een beargumenteerd antwoord dat aansluit bij zijn hulpvraag. Was de hulpvraag alleen onderkennend en/of verklarend van aard, dan is het antwoord (een onderkenning en/of verklaring) verwoord in het integratief beeld. Dit beeld wordt in de adviesfase met de cliënt besproken. Was de hulpvraag (ook) indicerend van aard, dan is het antwoord het resultaat van de indicatieanalyse: een lijst met één of meer aanbevelingen die zijn geordend naar voorkeur van diagnosticus en cliënt. Deze aanbevelingen vormen het uitgangspunt (de ‘input’) voor de adviesfase bij een indicerende vraagstelling. De reactie van de cliënt hierop geldt als een vorm van controle op de uitvoerbaarheid van de aanbevelingen. De cliënt maakt een keuze: hij geeft aan welke aanbeveling hij als advies zal opvolgen. Het eindproduct (de ‘output’) van de advisering bestaat uit een concretisering van het gekozen advies en afspraken over de evaluatie van de diagnose(n) en/of het gekozen advies. Met het verslag van de adviesfase sluit de diagnosticus deze fase af. Het gehele diagnostisch proces rondt hij af met twee diagnostische verslagen. In het professionele verslag legt hij verantwoording af aan collega’s en in het cliëntverslag aan de cliënt(en) en andere direct betrokkenen. In hoofdstuk 11 bespreken we de verslaglegging van het gehele diagnostisch proces.

## 10.1 Verantwoording

Een veelgehoorde klacht in de praktijk is dat diagnostische uitspraken niet aansluiten bij de hulpvragen van cliënten (Pameijer & Van Beukering, 1997). Diagnosen zouden lang niet altijd vertaald zijn naar het referentiekader van de cliënt en door het vele jargon voor hen moeilijk te begrijpen zijn. De adviezen zouden de gebruiker onvoldoende concrete aanknopingspunten voor handelen bieden. Soms geven diagnostici antwoorden op niet-gestelde vragen, terwijl ze de wel gestelde vragen niet beantwoorden. Cliënten zelf geven aan dat ze vaak onvoldoende bij de advisering worden betrokken. Zij ervaren dat een advies hun wordt 'opgelegd' in plaats van 'voorgelegd' en dat ze niet kunnen kiezen uit alternatieven. Het lijkt aannemelijk dat een cliënt zich minder zal inzetten voor een 'opgelegd' advies dan voor een advies dat hij zelf heeft gekozen, bijvoorbeeld omdat hij het nut ervan inziet.

Bij de indicatieanalyse zijn duidelijke aanbevelingen in goed overleg met de cliënt opgesteld. Uit deze aanbevelingen kiest de cliënt in de adviesfase het uiteindelijke advies: de aanbeveling die voor hem zowel wenselijk als uitvoerbaar is. Om zo'n keuze te kunnen maken is aanvullende – en een ander type – informatie nodig dan uit de voorafgaande stappen beschikbaar is. De tot dusver verzamelde informatie is noodzakelijk, maar niet toereikend. Een goed advies houdt immers minstens ook rekening met de uitvoerbaarheid van de voorgestelde alternatieven. De informatie over de uitvoerbaarheid, en dan met name vanuit het oogpunt van de cliënt, komt in de adviesfase aan de orde.

Samenwerking met ouders en school is een essentieel aspect van verantwoord adviseren (Ruijssenaars, Schoorl & Van der Ploeg, 1995). Dit uitgangspunt, gekenmerkt door dialoog en tweerichtingsverkeer, betekent dat ouders en school 'partners' in plaats van 'partijen' zijn. Samenwerken in de adviesfase vereist wederzijdse erkenning van elkaars verantwoordelijkheden. Het vergt ook een zodanig gemeenschappelijk referentiekader dat de diagnosticus op de hoogte is van de 'theorie' van de ouders en de school en dat de school en de ouders op de hoogte zijn van de 'theorie' van de diagnosticus.

Na bespreking van de centrale begrippen uit dit hoofdstuk gaan we in op de voorwaarden, werkwijze en belangrijkste aandachtspunten met betrekking tot de advisering.

## 10.2 Begrippen

advies • adviesgesprek • gespreksmodus

### 10.2.1 Advies

Zoals de aanmelding van de cliënt kan worden opgevat als de input van de diagnostische cyclus, zo kan het advies worden beschouwd als de output. Letterlijk betekent advies: raadgeving of bericht. In de diagnostiek is het een raadgeving of bericht op verzoek. Het advies is immers uiteindelijk het antwoord op de hulpvraag van de cliënt.

Bij de bespreking van de advisering moeten we direct wijzen op het onderscheid tussen de in eerste instantie gedane aanbevelingen van de diagnosticus en de definitieve vorm van het advies na het overleg tussen diagnosticus en cliënt. De cliënt geeft in dit overleg immers nog informatie en corrigeert indien nodig. Diens reacties kunnen iets zeggen over de waarde van de uitspraken van de diagnosticus en fungeren daarmee als nieuwe input. Het diagnostisch proces is pas afgerond met het geven van het definitieve advies.

### 10.2.2 Adviesgesprek

Adviesgesprekken variëren naar opzet, inhoud en doel. We lichten elk aspect hier kort toe.

De *opzet* betreft onder andere de samenstelling van deelnemende personen, bijvoorbeeld alleen de ouders, de ouders samen met het kind, het kind apart of de leerkracht. Wanneer de cliënt-jeugdige een jong kind is, dan zal het adviesgesprek meestal plaatsvinden met de cliënt-opvoeder (de ouder, verzorger of leerkracht). Oudere cliënt-jeugdigen kunnen zelf deelnemen aan het gesprek (zie hoofdstuk 4). Verder heeft de opzet te maken met de locatie waar het gesprek plaats zal vinden, de duur ervan, de indeling in stappen, de te hanteren gesprekstechnieken, enzovoort.

De *inhoud* geeft aan waarop het gesprek betrekking heeft, bijvoorbeeld op de onderkenning en verklaring van het probleem en/of op de argumenten van de indicatieanalyse en de aanbevelingen van de diagnosticus.

Adviesgesprekken hebben globaal gesproken vier *doelen*. Ten eerste verschaft de diagnosticus informatie over de onderkennende en verklarende diagnose (het integratief beeld), over de argumenten uit de indicatieanalyse en de uiteindelijke aanbeveling. Het tweede doel is het controleren van het door de diagnosticus verrichte werk aan de hand van de reacties van de cliënt. Ten derde tracht de diagnosticus via overleg tot overeenstemming te komen omtrent zijn aanbevelingen en de voorkeur van de cliënt. Het vierde doel bestaat uit het verzamelen van informatie met het oog op de concrete invulling van het gekozen advies.

### 10.2.3 Gespreksmodus

De diagnosticus voert in de loop van de diagnostische cyclus een aantal gesprekken met de cliënt, gericht op het bereiken van verschillende doelen.

In navolging van Schoorl en Kousemaker (1984) onderscheiden we hierbij als doelen: het uitwisselen van informatie, het bereiken van consensus of het op gang brengen van verandering. Elk doel geeft een ander karakter aan het gesprek: de gespreksmodus.

## 10.3 Voorwaarden ten aanzien van de advisering

Het eindproduct van de indicatieanalyse was een lijst van aanbevelingen die geordend zijn van het type interventie met het hoogste verwachte nut tot die met het laagste verwachte nut. Deze lijst wordt in deze stap aan de cliënt voorgelegd en gecontroleerd op uitvoerbaarheid. De diagnosticus moet hierbij informatie helder kunnen overdragen aan de cliënt en hij moet in staat zijn om in dialoog met de cliënt te treden, zodat deze een keuze kan maken uit de aanbevelingen. Het volgende overzicht, gevolgd door een beknopte uitwerking, vat de belangrijkste methodologische en professionele voorwaarden samen. Psychometrische voorwaarden zijn in deze fase minder van toepassing.

---

*Methodologische voorwaarden:*
- Een controleerbaar en inzichtelijk antwoord kunnen geven op hulpvragen
- Aantoonbaar kunnen verantwoorden van aanbevelingen

*Professionele voorwaarden:*
- Kunnen hanteren van verschillende gespreksvaardigheden
- Beschikken over goede relationele vaardigheden
- Kunnen omgaan met emoties van anderen
- Zich kunnen inleven in het perspectief van de cliënt
- Informatie helder en objectief kunnen overdragen
- Kunnen aansluiten bij het taalgebruik en referentiekader van de cliënt
- Op de hoogte zijn van wettelijke en beroepsethische richtlijnen

---

### 10.3.1 Methodologische voorwaarden

Als belangrijkste methodologische voorwaarden noemen we puntsgewijs:
- De diagnosticus moet met zijn diagnose en aanbevelingen op controleerbare en inzichtelijke wijze antwoord geven op de hulpvragen van de cliënt.
- De diagnosticus moet zijn diagnose en aanbevelingen (en de bijstellingen daarin) kunnen verantwoorden op basis van theoretische en/of empirische kennis, of op grond van systematisch verzamelde ervaringskennis.

### 10.3.2 **Professionele voorwaarden**



De volgende professionele voorwaarden spelen in deze fase een belangrijke rol:

- De rol van gespreksleider vereist van de diagnosticus verschillende gespreksvaardigheden, zoals informeren, informatie inwinnen, overleggen en heldere afspraken maken. Afhankelijk van het doel van het adviesgesprek zal de diagnosticus de verschillende vaardigheden moeten kunnen toepassen. Hij zal met andere woorden van rol moeten kunnen wisselen. De diagnosticus moet in staat zijn om zijn gespreksmodus af te stemmen op de verschillende fasen van het adviesgesprek (zie box 10.1).
- De diagnosticus moet in staat zijn tot een luisterende, empathische, ondersteunende en integere houding. Wij gaan ervan uit dat deze relationele kwaliteit ook een methodologisch profijt oplevert, omdat daardoor het vertrouwen van de cliënt in de diagnosticus toeneemt. De kans is dan groter dat de cliënt zijn diagnose zal aanvaarden en de aanbevelingen zal opvolgen.
- Het is van belang dat de diagnosticus goed let op de emotionele reacties van de cliënt, en dat hij hier adequaat op kan reageren (zoals: hoe om te gaan met weerstand of een defensieve houding van de cliënt).
- De diagnosticus dient steeds rekening te houden met het feit dat hetzelfde adviesgesprek voor hem en de cliënt een verschillende betekenis heeft. Voor de diagnosticus gaat het om:
  - het geven van een antwoord op de hulpvraag;
  - het overdragen van informatie uit de verklaringsanalyse en indicatieanalyse;
  - het voorstellen van een plan;
  - het letten op de emotionele reacties van de cliënt;
  - het verwerken van wat besproken is;
  - overleg over zijn aanbevelingen, leidend tot een keuze van de cliënt;
  - het nemen van besluiten over de concrete uitwerking en uitvoering.

  Voor de cliënt gaat het om de 'uitslag' waarin de eigen situatie herkenbaar is, waarin de cliënt zich erkend en begrepen voelt en om een plan waaraan hij steun heeft bij het oplossen van zijn problemen.
- Op zakelijk vlak moet de diagnosticus in staat zijn om correcte informatie te verstrekken over zijn diagnose en aanbevelingen. Deze informatie moet goed afgestemd zijn op het referentiekader van de cliënt. Heldere en onpartijdige informatieverstrekking voorkomt verkeerde keuzen.
- Het uiteindelijke advies dient helder geformuleerd te zijn, waarbij de terminologie afgestemd is op het referentiekader van de gebruiker (bijvoorbeeld: ouders, leerkracht, schoolbegeleider, logopedist, therapeut).
- De diagnosticus dient op de hoogte te zijn van wettelijke en beroepsethische richtlijnen ten aanzien van het informeren van de cliënt en andere betrokkenen.

**Box 10.1** **Gespreksvaardigheden en gespreksmodi (zie ook paragraaf 10.4).**

Over gespreksvaardigheden bestaat een uitgebreide literatuur. We verwijzen naar Truax en Carkhuff (1967) voor client-centered principes, naar Minuchin en Fishman (1983) voor systeemgeoriënteerde technieken en naar Lange (1994) voor meer directieve principes. Voor gesprekstechnieken verwijzen we naar Vrolijk, Dijkema en Timmerman (1972), Van der Molen, Kluytmans en Kramer (1995), Lang en Van der Molen (1998) en Hellendoorn (1990). Van der Pas (1993) bespreekt het adviesgesprek in het kader van ouderbegeleiding.

Schoorl en Kousemaker (1984) onderscheiden drie gespreksmodi: de informatie-, consensus- en beïnvloedingsmodus.

- De *informatiemodus*: praten met als doel het uitwisselen van informatie; het overdragen en verzamelen van zowel objectieve als subjectieve informatie.
- De *consensusmodus*: overleg met consensus als doel. De consensus heeft zowel betrekking op de verklaringsanalyse als op de aanbevelingen. Zowel diagnosticus als cliënt moeten bereid zijn zich te laten beïnvloeden door de rationele argumenten van de ander.
- De *beïnvloedingsmodus*: praten met als doel het handelen van een ander te beïnvloeden en te veranderen; hem of haar ertoe krijgen om op een bepaalde (andere) manier te denken of te handelen.

Relateren we deze drie modi aan onze stappen van het adviesgesprek (zie paragraaf 10.4: Werkwijze), dan zien we dat ze van toepassing zijn in stappen 2 tot en met 5.

In stap 2, de voorlichting, is de informatiemodus van toepassing. Ook het controleren van het verrichte werk door de diagnosticus in stap 3 vereist de informatiemodus. De consensusmodus is van toepassing in stap 4, de overlegfase. In deze fase moet de diagnosticus in staat zijn tot dialogisch onderhandelen en overleggen met de cliënt naar aanleiding van zijn aanbevelingen. De beïnvloedingsmodus kan hierbij eveneens van pas komen. Bij het concretiseren van het gekozen advies, stap 5, zijn wederom de informatie- en consensusmodus van toepassing.

## 10.4 Werkwijze

In deze fase van de diagnostische cyclus vindt een verschuiving plaats van het verzamelen en interpreteren van gegevens naar het overdragen van die gegevens en de betekenis ervan aan de cliënt. De diagnosticus verandert daarmee van rol: van verzamelaar van gegevens naar gespreksleider en 'hulpverlener'. Ook de cliënt verandert van rol: van informatiebron en medeonderzoeker naar overlegpartner (zie hoofdstuk 4). Net als bij de klachtanalyse en de indicatieanalyse treedt de diagnosticus in deze fase in overleg met de cliënt. Maar ook hier voldoet de praktijk niet altijd aan de voorwaarden die we in de vorige paragraaf formuleerden (zie box 10.2).

**Box 10.2** **In hoeverre kan de praktijk voldoen aan de voorwaarden die gelden voor de advisering?**

In paragraaf 10.3 stelden we een aantal voorwaarden aan de advisering. Maar ook in deze fase kan de praktijk vaak niet aan elke voorwaarde voldoen. Zo is de methodologische voorwaarde van de theoretische en empirische fundering niet altijd haalbaar. In de klinische praktijk blijkt het geven van adviezen niet zozeer te worden beïnvloed door theorie en onderzoek, dan wel door factoren zoals de ervaring van de diagnosticus met verschillende interventies, zijn ervaring met bepaalde hulpverleners, en de eigen kennis over alternatieve vormen van interventie. Dit gebrek aan een relatie met theoretische of empirische kennis kan veroorzaakt worden door een gebrek aan kennis van de diagnosticus, maar dikwijls ook door het feitelijk niet beschikbaar zijn van deze kennis (bijvoorbeeld: kennis over wat de kans is op het verdwijnen van agressief gedrag bij plaatsing in een ander schooltype).
Een ander probleem is dat het in de praktijk lang niet altijd gebruikelijk is om de juistheid van de gestelde diagnose en het gekozen advies te evalueren. Hierdoor ontbreekt het vaak aan systematisch verzamelde ervaringskennis. Een mogelijke oplossing hiervoor ligt in het volgen van een vaste procedure waarbij evaluaties worden teruggekoppeld naar de diagnosticus.

De werkwijze tijdens de stap van de advisering sluit aan bij de vier doelen van het adviesgesprek die we in paragraaf 10.2 noemden:

- het verschaffen van informatie over de onderkennende en verklarende diagnose, over de argumenten uit de indicatieanalyse en de uiteindelijke aanbevelingen;
- het controleren van het door de diagnosticus verrichte werk aan de hand van de reacties van de cliënt;
- het via overleg tot overeenstemming komen omtrent zijn aanbevelingen en de voorkeur van de cliënt;
- het verzamelen van informatie met het oog op de concrete invulling van het gekozen advies.

Analoog aan de bovenstaande vier doelen onderscheiden we globaal vier fasen in het adviesgesprek: de voorlichting, de controle, het overleg en het concretiseren van het advies. Daarnaast maken we onderscheid tussen de voorbereiding van het adviesgesprek, het daadwerkelijke adviesgesprek en de afronding ervan (zie ook Mostert, Schoorl & Sigmond-De Bruin, 1984; Schoorl & Kousemaker, 1984; Hellendoorn, 1990), zowel middels afsluiting van het gesprek als de schriftelijke verslaglegging van het gesprek. Dit leidt tot een werkwijze in zes (deel)stappen:

1. de voorbereiding van het adviesgesprek door de diagnosticus;
2. de voorlichting aan de cliënt;
3. de controle door de diagnosticus;
4. het overleg tussen diagnosticus en cliënt;

5. het concretiseren van het advies door de diagnosticus;
6. de afronding van het adviesgesprek.

In het geval van een onderkennende en/of verklarende vraagstelling (zie hoofdstuk 6: Diagnostisch scenario) zijn alleen de stappen 1, 2, 3 en 6 van toepassing. De diagnosticus informeert de cliënt over het integratief beeld (stap 2), waarin de onderkenning van de problemen en de verklaring ervan zijn beschreven. Vervolgens (stap 3) controleert hij zijn diagnose aan de reactie van de cliënt en rondt hij het adviesgesprek af (stap 6). Wanneer er (eveneens) een indicerende vraagstelling is, dan doorlopen diagnosticus en cliënt de zes stappen. Met de verslaggeving van de adviesfase rondt de diagnosticus deze fase af. In hoofdstuk 11 bespreken we het verslag van het gehele diagnostisch proces van aanmelding tot en met advisering.

### 10.4.1 Stap 1: de voorbereiding van het adviesgesprek door de diagnosticus

Belangrijk is dat de diagnosticus bij de aanvang van het adviesgesprek een voorlopig schriftelijk cliëntverslag heeft opgesteld dat met de cliënt kan worden besproken. Het bevat in ieder geval het integratief beeld en eventueel de relevante gegevens uit de indicatieanalyse. Dit voorlopige verslag staat ter discussie en moet mogelijk bijgesteld en aangepast worden.

Bij de voorbereiding van het adviesgesprek bepaalt de diagnosticus zijn te volgen strategie. Hij loopt hierbij de volgende vragen na.

□ *Wie zal er bij het adviesgesprek aanwezig zijn en waar vindt het plaats?*
In principe wordt het advies eerst met de hulpvrager of cliënt (de persoon waarop het diagnostisch onderzoek betrekking heeft; zie hoofdstuk 4) besproken, dus met de ouders (cliënt-opvoeder) en/of met het kind zelf (cliënt-opvoedeling). Wanneer de leerkracht fungeerde als hulpvrager, kan deze ook bij het adviesgesprek aanwezig zijn, mits de ouders daarmee akkoord gaan. Een jongvolwassene (in de leeftijd tussen de 16 en 18 jaar) heeft dezelfde status als een volwassene: de diagnosticus zal met hem een adviesgesprek houden. Kinderen tussen 12 en 16 jaar kunnen desgewenst aanwezig zijn bij het adviesgesprek met hun ouders of een eigen adviesgesprek met de diagnosticus hebben. Voor jongere kinderen heeft het alleen zin dat ze bij het gesprek aanwezig zijn als de indruk bestaat dat ze het kunnen begrijpen. Wanneer dit niet het geval is, zal de diagnosticus met de ouders bespreken hoe zij hun kind informeren over de uitkomsten van het onderzoek. Men bespreekt hierbij hoe ze het kind kunnen informeren over wat er gaat gebeuren en waarom, zonder daarbij gevoelens van schuld of teleurstelling over te dragen.

Als locatie van het adviesgesprek kan men denken aan de instelling waar het onderzoek heeft plaatsgevonden, thuis bij de ouders of op de school van de leerkracht en de leerling.

□ *Hoe kan ik de cliënt het beste voorlichten?* Welke informatie wordt gepresenteerd en op welke wijze? Hoeveel tijd besteed ik aan het integratief beeld en hoeveel tijd aan de argumenten uit de indicatieanalyse en de aanbevelingen?

De diagnosticus sluit in zijn voorlichting aan bij het referentiekader van de cliënt: de klachten en problemen die deze beleeft en diens bijbehorende hulpvragen (zie hoofdstuk 5). De diagnosticus moet niet alleen een juist beeld hebben van de klachten, onderkende problemen, verklaringen en bijbehorende aanbevelingen, maar hij moet ook een beeld hebben van de mogelijke reacties van de cliënt hierop: verwacht de cliënt deze informatie, is hij erop voorbereid of is het helemaal nieuw voor hem? Zijn de diagnose en de aanbevelingen 'goed of slecht nieuws' voor deze cliënt?

Als er meer diagnostici aanwezig zijn, is een (ook voor de cliënt duidelijke) taakverdeling nodig.

□ *Welke van mijn conclusies wil ik controleren aan de cliënt?* Als de informatie uit het integratief beeld al besproken en gecontroleerd is in de stap van de indicatieanalyse (zie hoofdstuk 9), dan zal de diagnosticus zich nu vooral richten op het overdragen en controleren van zijn aanbevelingen. Is het integratief beeld nog niet besproken (bij een onderkennende of verklarende vraagstelling), dan zal de diagnosticus ook de uitspraken uit dit beeld moeten controleren. Per conclusie bereidt hij de wijze voor waarop deze gecontroleerd worden: welke informatie is vereist? Bij wie en hoe verzamel ik deze informatie?

□ *Op welke wijze presenteer ik mijn aanbeveling zodat de cliënt een goede keuze kan maken?* Welke gespreksmodi en technieken kunnen er gebruikt worden (zie box 10.1)? Hoe kan de kans op overeenstemming met de cliënt worden verhoogd? Welke reacties op de aanbeveling verwacht ik bij deze cliënt? Welke keuze zal de cliënt maken? Wat doe ik als de cliënt geen van de aanbevelingen kiest? Wat zijn mijn professionele grenzen aan het overleg? Tot hoever stel ik een aanbeveling bij?

□ *Welke informatie heb ik nodig voor de concretisering van het gekozen advies?* Wat moet ik nog weten zodat het gekozen advies uitgevoerd kan worden? Hoe zijn deze gegevens te verzamelen? Welke vragen worden aan wie gesteld?

□ *Hoe rond ik het adviesgesprek af?* Wanneer kan ik het gesprek afronden en welke doelen moeten bereikt zijn? Welke keuzen moeten we maken? Welke afspraken horen bij de afronding: wat spreken we af over de evaluatie en wie moet er nog geïnformeerd worden over de uitkomsten van het onderzoek? Geeft de cliënt hiervoor toestemming?

### 10.4.2 Stap 2: de voorlichting aan de cliënt

Het adviesgesprek begint, indien nodig, met de kennismaking en introductie. De diagnosticus vertelt de cliënt hoe het adviesgesprek is ingedeeld, wat het doel ervan is, hoe lang het gaat duren en hij gaat na of de cliënt hiermee instemt. Hij begint daarna meteen over datgene waarvoor de cliënt is gekomen: een antwoord op diens hulpvraag. Uitstel hiervan, bijvoorbeeld door 'social talk', leidt alleen maar tot meer spanning (Maas, 1992). Het doel van deze fase is de cliënt op een begrijpelijke manier informatie te verstrekken over de uitkomst van de verklaringsanalyse en de indicatieanalyse. Als informatie uit de verklaringsanalyse al tijdens de indicatieanalyse besproken is (met het oog op het gezamenlijk formuleren van de interventiedoelen), dan ligt de nadruk nu op de gegevens uit de indicatieanalyse en dan met name op de uitvoerbaarheid van de aanbevelingen die hieruit zijn voortgekomen. Herhaling van informatie uit het integratief beeld kan echter geen kwaad. De cliënt hoorde bij de eerdere bespreking daarvan immers voor de eerste keer veel – en waarschijnlijk emotioneel beladen – informatie.

De overheersende gespreksmodus in deze tweede stap is de *informatiemodus*. De diagnosticus heeft als doel het geven van informatie. Hij maakt hierbij onderscheid tussen objectieve informatie en het expertoordeel. Objectieve informatie ('kale feiten') is bijvoorbeeld de behaalde score op een test of vragenlijst (bijvoorbeeld een IQ). Een expertoordeel betreft de gefundeerde mening van de diagnosticus (bijvoorbeeld: 'Dat onderwijsaanbod is naar onze ervaring niet goed afgestemd op de intellectuele capaciteiten van een kind als dit.'). Het moet voor de cliënt duidelijk zijn welke objectieve gegevens en welke expertoordelen aan de oordeelsvorming ten grondslag liggen. Over de objectieve gegevens zelf, zoals een score op een test, valt niet te discussiëren, maar experts kunnen bijvoorbeeld over de interpretatie ervan van mening verschillen en verschillende inschattingen maken. Onze ervaring is dat cliënten dit onderscheid goed begrijpen en respecteren.

#### ✔ *Informatie uit de verklaringsanalyse: aard, ontstaan en instandhouding van de problemen*

Wanneer de diagnosticus begint met een korte samenvatting van de verhelderde klachten, de bijbehorende hulpvragen en het gekozen diagnostisch scenario, dan wordt het diagnostisch proces inzichtelijk voor de cliënt. De diagnosticus controleert uitdrukkelijk bij de cliënt of over de oorspronkelijke hulpvraag nog overeenstemming bestaat. Vervolgens bespreekt hij de onderkende problemen, de verklaring(en) en de protectieve factoren. Hij probeert de cliënt zodanig inzicht te geven in de problematiek dat deze, indien nodig, daarin ook zelf actief verandering kan en wil brengen.

De diagnosticus presenteert de onderzoeksresultaten op een voor de cliënt begrijpelijke wijze. De conclusies van het onderzoek krijgen in deze fase de meeste aandacht. Het is belangrijk een aantal conclusies met onderzoeksgegevens te onderbouwen, bijvoorbeeld met een testuitslag, een observatie of een antwoord van het kind. Hiermee krijgt de cliënt zicht op het besluitvormingsproces van de diagnosticus. Bovendien zijn de conclusies hierdoor beter herkenbaar voor de cliënt en gaan ze 'meer leven'.

✔ *Informatie uit de indicatieanalyse: de argumenten voor de mogelijke interventies en de aanbeveling*

Tijdens de indicatieanalyse is een aantal beslissingen genomen, al dan niet in overleg met de cliënt. In deze fase van het adviesgesprek worden deze beslissingen expliciet toegelicht aan de hand van de beslissingsmogelijkheden die er toen waren, de gehanteerde argumenten voor en tegen en de uiteindelijke keuze. Als het goed is, zal de aanbeveling hiervan het logische gevolg zijn.

Als richtlijn kan bij de voorlichting de volgende indeling worden gevolgd, die analoog is aan de werkwijze bij de indicatieanalyse:

- het gegeven dat de interventie door de diagnosticus nodig, mogelijk en wenselijk wordt gevonden;
- de in het overleg met de cliënt geformuleerde en geprioriteerde interventiedoelen;
- de specificatie van de in aanmerking komende interventies (theoretisch referentiekader, setting, direct of indirect en interventieduur);
- de prioritering in interventies op basis van het verwachte nut (de kosten en baten, de kans van slagen en falen, de indicatie- en contra-indicatiecriteria);
- de uiteindelijke aanbeveling.

Tijdens het geven van de informatie moet vaktaal worden vermeden en is het raadzaam het taalgebruik af te stemmen op dat van de cliënt. Hiertoe kunnen bepaalde uitdrukkingen van de cliënt worden onthouden (opgeschreven) en later weer gebruikt. Ook is het aan te bevelen om aan te sluiten bij de verhalen, interesses en voorbeelden van de cliënt zelf. Door voor de ouders of leerkracht begrijpelijke en herkenbare voorbeelden te geven, neemt de betrokkenheid bij de informatie toe. Verder is het met name voor ouders plezierig als wordt begonnen met een positief aspect van hun kind, bijvoorbeeld: een leuke reactie of uitspraak tijdens het onderzoek.

### 10.4.3 Stap 3: de controle door de diagnosticus

Het adviesgesprek is, zoals vermeld, in zekere zin een evaluatie van het diagnostisch proces. Het scheiden in verschillende stappen doet enigszins kunstmatig aan, in werkelijkheid zullen ze door elkaar lopen. In principe *controleert* de diagnosticus immers *voortdurend* zijn uitspraken aan de reacties van de cliënt. De reacties van de cliënt fungeren hierbij als een *vorm van toetsing*: bevestigt deze reactie de juistheid van de uitspraak of niet? In het laatste geval moet de diagnosticus overwegen zijn visie bij te stellen. Daar de meeste conclusies uit de fase van de verklaringsanalyse al gecontroleerd zijn tijdens de indicatieanalyse, zal nu het accent liggen op de controle van de conclusies uit de indicatieanalyse. Zo controleert de diagnosticus de uitvoerbaarheid van zijn aanbevelingen: hoe is de attitude van de cliënt ten opzichte van de aanbevelingen en wat zijn de materiële implicaties ervan (bijvoorbeeld: qua tijd, inzet en geld)? Ook al zijn deze onderwerpen reeds aan bod gekomen bij de afweging van de kosten en de baten (bij de indicatieanalyse), nu controleert de diagnosticus of hij de informatie van de cliënt goed heeft ingeschat en correct verwerkt in zijn aanbevelingen. Ook nu is de *informatiemodus* de overheersende gespreksmodus, waarbij het vooral gaat om de informatie die de cliënt verschaft.

### 10.4.4 Stap 4: het overleg over de aanbeveling

Het doel van deze deelstap is het bereiken van overeenstemming tussen diagnosticus en cliënt ten aanzien van de aanbevelingen van de diagnosticus. Hierbij zijn de *consensus- en beïnvloedingsmodi* de gespreksmodus. Wanneer de cliënt heeft ingestemd, wil hij zich ervoor inzetten en heeft het zin de aanbeveling te concretiseren. Door het diagnostisch onderzoek af te stemmen op de hulpvraag van de cliënt en door de wensen en verwachtingen van de cliënt – voorzover mogelijk – in de aanbeveling te betrekken, beoogt men de kans op overeenstemming te verhogen. Deze kans kan ook verhoogd worden door de cliënt inzicht te geven in de verklarings- en indicatieanalyse. Toch is het lang niet altijd mogelijk om tot volledige overeenstemming te komen. Het is dan, althans in de vrijwillige hulpverlening, uiteindelijk de cliënt die beslist wat hij zal doen.

De diagnosticus leidt in deze fase het gesprek, maar laat ruimte voor overleg. Hij benadrukt dat overleg op dit moment nog belang heeft voor eventuele bijstelling en vraagt na het voorleggen van de aanbeveling naar de mening van de cliënt en of deze de aanbeveling zal overnemen. Er zijn dan meerdere mogelijkheden:

- De cliënt neemt de aanbeveling over. De aanbeveling wordt het advies. De diagnosticus kan door naar deelstap 5: het concretiseren van het advies.
- De cliënt is het ten dele, of in het geheel, niet met de aanbeveling eens, zodat verder overleg nodig is. Dit overleg kan de twee volgende situaties opleveren:

- De cliënt en de diagnosticus worden het alsnog met elkaar eens: de cliënt neemt de aanbeveling over. De diagnosticus gaat verder met deelstap 5 (het concretiseren van het advies).
- Er ontstaat geen overeenstemming. De cliënt wil bijvoorbeeld alleen een deel van de aanbeveling opvolgen (een 'afgezwakte versie') of zelfs ook dat niet. Het is ook mogelijk dat de cliënt een bepaalde bijstelling of verandering in de aanbeveling wenst (een 'gewijzigde versie'). Het gaat er nu om in hoeverre de diagnosticus akkoord kan gaan met de wens of met het tegenvoorstel van de cliënt. Het al dan niet hiermee akkoord kunnen gaan, wordt bepaald door beroepsethische en professionele verantwoordelijkheden. Er zijn ook nu weer meer mogelijkheden, waaronder de twee volgende:
  - De diagnosticus gaat akkoord met de wens (of het tegenvoorstel) van de cliënt en de aanbeveling wordt (indien noodzakelijk) bijgesteld of veranderd. Ook nu wordt doorgegaan naar deelstap 5 (het concretiseren van het advies).
  - De diagnosticus kan niet akkoord gaan met de wens (of het tegenvoorstel) van de cliënt en het advies wordt niet bijgesteld, omdat dit het belang van de cliënt-jeugdige zou kunnen schaden. Zo is het bijvoorbeeld mogelijk dat de ouders niet akkoord gaan met de verwijzing van hun kind naar een school voor speciaal onderwijs of met het advies voor een bepaalde therapie, terwijl de diagnosticus ervan overtuigd is dat het kind deze hulp (dringend) nodig heeft. In deze situatie doen zich eveneens verschillende mogelijkheden voor, zoals het raadplegen van een collega, het meewerken aan een tijdelijke acceptabele oplossing of het adviseren van een second-opinion-onderzoek bij een onafhankelijke instelling.

In de hier beschreven situaties dient de diagnosticus zich steeds te realiseren dat hij als beslissingsondersteuner fungeert en niet als beslisser: het blijft uiteindelijk de cliënt die beslist. Anders is het echter wanneer het welzijn van de cliënt-jeugdige in gevaar is, want dan is het zijn verantwoordelijkheid als professional om stappen te ondernemen in het belang van het kind, bijvoorbeeld door met de ouders te onderhandelen en ze eventueel zelfs onder druk te zetten. Als ouders bijvoorbeeld hun kind steeds thuis houden en niet naar school sturen, geeft de diagnosticus aan dat hij de leerplichtambtenaar zal moeten inschakelen. Wanneer de ouders bijvoorbeeld weigeren om hun kind verder te laten onderzoeken in verband met vermoedens van kindermishandeling, dan geeft de diagnosticus aan dat hij – als belangenbehartiger van het kind – genoodzaakt is met een Advies en Meldpunt Kindermishandeling (AMK) te overleggen. In zulke gevallen zal meer dan één adviesgesprek nodig zijn. Ieder adviesgesprek rondt men dan af met afspraken voor de volgende. Leveren verschillende adviesgesprekken onvoldoende consensus op, dan zijn de grenzen van het overleg voor de diagnosticus bereikt. Hij moet dan drastischer maatregelen overwegen, zoals het inschakelen van de leerplichtambtenaar of een melding bij het AMK. In alle gevallen wordt zo'n stap duidelijk aan de ouders gemeld en toegelicht.

Het belang van overeenstemming is tevens afhankelijk van de situatie waarin de diagnosticus zich bevindt: is hij zelf de behandelaar/begeleider of verwijst hij de cliënt door? In het eerste geval is de overeenstemming een voorwaarde voor het beginnen van de begeleiding of behandeling. In het tweede geval zal hij moeten nagaan waar zijn verantwoordelijkheden eindigen en of hij nog andere stappen moet ondernemen.

### 10.4.5 Stap 5: het concretiseren van het gekozen advies

Is in stap 4 eenmaal gezamenlijk voor een bepaald advies gekozen, dan is het vervolgens zaak om deze, eventueel samen met de cliënt, weliswaar globaal maar toch enigszins concreet in te vullen. De *informatiemodus* is hierbij de gespreksmodus. Het specifieke interventieplan zal de behandelaar of begeleider in de volgende cyclus – de therapeutische of behandelingscyclus – opstellen.

Bij de concrete invulling van het gekozen advies zijn vooral praktische omstandigheden van belang, zoals de afstand tussen cliënt en (be)handelaar of begeleider, en eventuele financiële aspecten. In hoofdstuk 9 (Indicatieanalyse) noemden we dit de pragmatische indicatiecriteria. Door rekening te houden met deze criteria neemt de uitvoerbaarheid van het advies toe. Het heeft immers weinig zin een begeleider te adviseren die veel te ver weg woont of van wie de hulp niet wordt vergoed bij ouders die weinig financiële middelen hebben. Veel van deze gegevens zijn reeds verzameld bij de indicatieanalyse en in de vorige stap. De nog benodigde informatie moet men in deze fase van het adviesgesprek verkrijgen.

Ook nu weer geldt dat de praktische situatie waarin de diagnosticus zich bevindt, bepaalt hoe concreet en gedetailleerd hij het gekozen advies dient uit te werken, en of hier één of meer adviesgesprekken voor nodig zijn. Wanneer hij de cliënt verwijst naar een externe behandelaar of begeleider, dan zal die hulpverlener het plan zelf opzetten. Wanneer hij zelf de interventie zal uitvoeren, dan moet hij een concreet en gedetailleerd interventieplan uitwerken vooraleer hij met de interventie kan beginnen. We verwijzen hiervoor naar Ruijssenaars (1995, 1997a, 1997b, 2001). Om aan te geven welke informatie nu nog nodig kan zijn, bespreken we hier de mogelijke inhoud van een interventieplan.

✔ *Een interventieplan*

We presenteren hier tien onderwerpen die in een interventieplan uitgewerkt worden. Wanneer de diagnosticus de cliënt verwijst naar een externe behandelaar of begeleider, dan zal hij alleen de punten 1, 2, 3 en 4 uitwerken.

Vaak is deze informatie al verzameld bij de indicatieanalyse. Daar is immers per aanbeveling al het volgende aangegeven:

- het theoretische referentiekader en het type interventie;
- een (globaal) interventiedoel;
- het type setting;
- of het gaat om directe of indirecte interventie;
- de interventieduur.

De behandelaar of begeleider zal de punten 5, 6, 7, 8, 9 en 10 uitwerken. Deze vallen dan dus niet meer onder de verantwoordelijkheid van de verwijzende diagnosticus. Wanneer hij zelf de interventie uitvoert, dan zal hij alle tien punten concreet en gedetailleerd uit moeten werken vooraleer hij met de interventie kan beginnen.

In het interventieplan worden de volgende tien aspecten gespecificeerd:

1. *Het interventiedoel*: globaal (op lange termijn) en specifiek (op korte termijn). Bijvoorbeeld: deel uitmaken van een stabiele vriendenkring (lange termijn) en hanteren van de eigen gevoelens van afhankelijkheid en afgunst (korte termijn).
2. *Het type interventie*. Bijvoorbeeld: residentiële opname, plaatsing in een semi-residentiële voorziening, bieden van ambulante hulpverlening, bieden van aangepast onderwijs.
3. *De vorm van de interventie* en zo mogelijk het theoretische referentiekader. Bijvoorbeeld: psychoanalyse, gedragstherapie, speltherapie, onderwijs op een school voor zeer moeilijk lerende kinderen (ZMLK), leerkrachtbegeleiding, een oudercursus, deelname aan een sportclub. Indien van toepassing, wordt aangegeven of de interventie individueel of in groepsverband plaatsvindt en of dit direct of indirect van aard is.
4. *De locatie of setting waar de interventie zal worden uitgevoerd*. Bijvoorbeeld: in een RIAGG, in een reguliere school of een school voor speciaal (basis)onderwijs, in een particuliere praktijk.
5. *De te hanteren methoden, technieken en procedures* met het oog op het behalen van de doelstelling van de interventie. Bijvoorbeeld: vrije associatie (psychotherapie); systematische desensitisatie, assertiviteitstraining en shaping (gedragstherapie); consultatieve leerkrachtbegeleiding; training van de auditieve synthese; toepassing van het droge-bedprogramma.
6. *De persoon die de interventie toepast en contact met de cliënt onderhoudt*. Bijvoorbeeld: ouderbegeleider, systeem- of psychotherapeut, 'zelfstandig' werkende psycholoog of orthopedagoog, logopedist, remedial teacher.
7. *De personen uit het cliëntsysteem die bij de interventie worden betrokken en de wijze waarop dit zal gebeuren*. Bijvoorbeeld: beide ouders en de leerkracht in een tweewekelijks voortgangsgesprek.

8. *Een inschatting van de frequentie en duur van de (be)handeling of begeleiding.* Bijvoorbeeld: gedurende één jaar één keer per week speltherapie of één keer per week sociale-vaardigheidstraining gedurende vier maanden.
9. *De urgentie van de interventiedoelen en een eventuele prioritering daarbinnen* met gevolgen voor verschillende stappen. Het is immers denkbaar dat een aanbeveling uit meer onderdelen bestaat, maar dat het in de praktijk niet haalbaar is deze allemaal tegelijkertijd te realiseren of dat (om welke reden dan ook) de kans van slagen van de verschillende onderdelen sterk verschilt. De behandelaar/begeleider geeft daarom de gewenste volgorde aan: wat in elk geval eerst moet worden gedaan en welke stappen later kunnen worden gezet of toegevoegd. Zo kan men in eerste instantie kiezen voor een advies dat verlichting geeft bij een nijpend probleem. Door hier eerst aandacht aan te besteden, sluit men het meest direct aan bij de beleving van de cliënt, die als gevolg van het verminderen van het probleem sterker gemotiveerd kan raken voor verdere behandeling. Soms is het slagen van het eerste doel een voorwaarde voor het kunnen slagen van een tweede. Zo is het bijvoorbeeld noodzakelijk dat de druk van ouders op hun kind om hoog te presteren verdwijnt vooraleer de faalangst van het kind succesvol kan worden gereduceerd. Reductie van sociale angst kan bijvoorbeeld een voorwaarde zijn voor het kunnen aanleren van nieuw sociaalvaardig gedrag. Soms ook wordt vooruitgelopen op mogelijk nieuwe situaties ('Als geval X zich voordoet in de loop van de behandeling, dan is het nodig om over te gaan op...'). Verder kan men adviseren interventie A gedurende een bepaalde periode toe te passen, waarna evaluatie volgt. Is het beoogde succes niet behaald, dan wordt interventie B toegepast en geëvalueerd. Uiteraard dienen dergelijke aanbevelingen expliciet gemotiveerd en gefundeerd te worden met theoretische, empirische en/of ervaringskennis.
10. *De evaluatie van het plan.* In het interventieplan dient duidelijk aangegeven te zijn op welke doelgebieden vooruitgang wordt verwacht en wat de criteria zijn om van een positief resultaat te kunnen spreken. De behandelaar of begeleider stelt voor zichzelf een prognose op over de te verwachten uitkomsten na een vastgestelde tijdsperiode en controleert op een later moment deze voorwaardelijke voorspelling. Voor het proces van interventie-evaluatie verwijzen we naar Harinck (1997) en Ruijssenaars (1995, 1997a, 1997b, 2001).

Soms zal het gekozen advies 'aanvullend onderzoek' luiden. Het is van belang dat dit dan duidelijk wordt vermeld. De diagnosticus geeft daarbij aan welke stappen dit omvat, wie het uitvoert, op welke termijn dat moet plaatsvinden en wat de gevolgen kunnen zijn voor de getrokken conclusies. Hij geeft tevens aan waarom het belangrijk is om verder onderzoek uit te (laten) voeren en wat de precieze vraagstelling en doelstelling zijn. Bijvoorbeeld:

‘Om een organische factor uit te sluiten, wordt volgende maand een neurologisch onderzoek door Dr. De V. uitgevoerd. De uitslag daarvan is mogelijk bepalend voor het wel of niet overgaan tot medicatie, naast de andere (voorgenomen) vormen van interventie.’ Of: ‘Gehooronderzoek bij het audiologisch centrum in verband met het vermoeden van gehooruitval links.’ Men kan met betrekking tot het aanvullende onderzoek suggesties geven ten aanzien van de te formuleren hypothesen en de operationalisering daarvan, en eventueel zelfs ten aanzien van de toetsingscriteria.



### 10.4.6 Stap 6: de afsluiting

Indien er in het adviesgesprek nieuwe - voorheen nog onbekende gegevens - naar voren komen, dan keert de diagnosticus terug naar een eerdere fase van de diagnostische cyclus. Zie voor dit cyclische aspect hoofdstuk 3.

Nadat de verschillende stappen van het adviesgesprek zijn doorlopen, sluit de diagnosticus het gesprek af. Hiertoe vat hij eerst de genomen besluiten samen en controleert hij vervolgens of de cliënt deze heeft begrepen en ermee instemt. Daarna wordt nagegaan wie over de uitkomsten van het onderzoek geïnformeerd moet worden en komen ten slotte de afspraken over de evaluatie aan de orde. In deze stap zijn de *informatie- en consensusmodi* van toepassing.

✔ *Begrijpen van de samenvatting*

Het is van belang dat de cliënt goed begrijpt wat het advies precies inhoudt en welke volgende stappen er moeten worden gezet. Om na te gaan of dit het geval is, kan hij de cliënt vragen om zelf concreet uit te leggen waardoor de problemen komen en hoe ze moeten worden aangepakt. Wanneer blijkt dat de cliënt dit voldoende kan verwoorden, worden er afspraken gemaakt over de uitvoering en taakverdeling: wie doet wat, hoe en wanneer? Als er verwezen wordt, is het de taak van de diagnosticus om deze verwijzing te begeleiden, bijvoorbeeld door het schrijven van een verwijsbrief. In alle gevallen zal de diagnosticus de cliënt attenderen op de mogelijkheid om in de nabije toekomst nog contact met hem op te nemen bij vragen of onduidelijkheden.

✔ *Wie dient er nog geïnformeerd te worden over de uitkomsten van het onderzoek?*

In het adviesgesprek zijn de cliënten mondeling geïnformeerd. Met het cliëntverslag worden zij ook schriftelijk geïnformeerd over de gegevens uit de verklaringsanalyse en indicatieanalyse. Daarnaast zijn er vaak ook anderen die over de uitkomsten van het onderzoek geïnformeerd dienen te worden. Als het goed is, is dit ook al besproken in de aanmeldingsfase (hoofdstuk 4). Daar zijn immers de formele posities van de betrokkenen geformuleerd. Toen is ook besproken welke betrokkenen (direct en indirect) op de hoogte moeten worden gebracht van het resultaat van het onderzoek (en waarom). Bovendien is aangegeven of dit informeren mondeling en/of schriftelijk diende te gebeuren. Deze afspraken zijn opgenomen in het aanmeldingsverslag of -contract. De diagnosticus zal deze afspraken nagaan en controleren of ze nog van toepassing zijn. De diagnosticus kan daarnaast – samen met de cliënt – het volgende rijtje van personen doornemen, om te bezien of ze geïnformeerd moeten worden:

- de *verwijzer*: de persoon die de cliënt vanuit een professionele relatie heeft gewezen naar de diagnosticus (bijvoorbeeld: een huisarts, leerkracht, raadsman of pastor);
- de *aanmelder*: de persoon die daadwerkelijk met de diagnosticus contact heeft opgenomen met het verzoek aandacht te besteden aan de problematiek van de cliënt;
- de *opdrachtgever*: de persoon die krachtens een wettelijk-professionele bevoegdheid de opdracht heeft gegeven tot het uitvoeren van een diagnostisch onderzoek;
- de *betrokkenen*: alle overige personen of instanties die zodanig aan de aanmelding en het vervolgtraject zijn gerelateerd dat zij – binnen de vigerende regels en rekening houdend met de wensen van de cliënt – op enigerlei wijze over de uitkomsten van het onderzoek op de hoogte moeten worden gesteld. Direct betrokken zijn bijvoorbeeld ouders/opvoeders; indirect betrokken is bijvoorbeeld een leerkracht of een arts.

Let wel: de diagnosticus mag geen informatie (mondeling noch schriftelijk) verstrekken aan derden zonder de (schriftelijke) toestemming van de cliëntopvoeder, meestal de ouders.

### ✔ *Hoe worden diagnose en advies geëvalueerd?*

De diagnosticus maakt – ter afronding van de adviesfase – een afspraak over de evaluatie: wat is het onderwerp van evaluatie, welke voorspelling wordt getoetst, wat is het tijdstip van evaluatie en op welke wijze geschiedt deze? In het verslag van de adviesfase zal de diagnosticus dus aangeven wanneer, hoe en door wie geëvalueerd zal worden of de gewenste interventiedoelstellingen zijn bereikt. Het gaat hierbij om evaluatieve diagnostiek. De vraag die de diagnosticus hierbij stelt, luidt als volgt: is de verwachte/voorspelde vermindering in het probleemgedrag opgetreden? Oftewel: is het interventiedoel bereikt?

Het zal in de praktijk regelmatig voorkomen dat een interventie niet het beoogde effect oplevert. Er is dan geen of onvoldoende vooruitgang in de richting van het doel opgetreden. Er zijn hierbij meerdere mogelijkheden (zie ook hoofdstuk 3). Zo kan het diagnostisch proces niet correct uitgevoerd zijn, waardoor er een verkeerde interventie is gekozen en een onjuist advies is gegeven. Het is ook mogelijk dat de diagnostiek wel tot een juist advies heeft geleid, maar dat de interventie niet correct is uitgevoerd. Verder is het denkbaar dat zowel de diagnose als het advies correct is, maar het beoogde effect door onvoorziene belemmerende factoren niet bereikt is.

In alle gevallen is het noodzakelijk dat er terugkoppeling naar de diagnosticus plaatsvindt. Systematische feedback op de juistheid van diagnose en advies is immers essentieel vanuit een wetenschappelijk en ethisch standpunt. Bovendien kan hij deze informatie – mits systematisch verzameld en verwerkt – weer benutten bij de indicatieanalyse voor een andere casus.

## 10.5 Aandachtspunten

*Ga constructief om met weerstand.* Weerstand betreft gevoelens (zoals onzekerheid, boosheid en angst) met een zodanige negatieve lading dat de voortgang van het gesprek belemmerd wordt. Weerstand is een normale reactie van mensen op de confrontatie met het disfunctioneren van zichzelf of – voor ouders – van hun kind. Het is te herkennen aan vluchtsignalen (zoals ontkennen) of vechtsignalen (zoals boos worden). In een confronterend adviesgesprek is de kans groot dat er weerstand zal optreden. Het is meestal van tevoren te voorspellen, dus wees erop voorbereid. Met weerstand is immers goed om te gaan, mits de diagnosticus het als een uitdaging ziet en niet zelf met weerstand op de weerstand van een cliënt reageert. Wat kun je doen als er weerstand is?

1. Accepteer dit en bied geen weerstand tegen weerstand.
2. Signaleer en benoem het, toon er begrip voor.
3. Zwijg bewust en met een geïnteresseerde en uitnodigende houding, zodat de ander de gelegenheid krijgt zijn emoties te uiten.
4. Luister en vraag door, probeer de oorzaken van de weerstand te achterhalen (waarom reageert deze leerkracht/ouder met weerstand op deze informatie?).
5. Vraag om suggesties en oplossingen, richt je op de toekomst, zoek perspectief.

Met name bij een slecht-nieuws-gesprek is de kans op confrontatie en weerstand groot, zeker als de uitkomsten van het onderzoek en de adviezen die daaruit volgen, sterk afwijken van de verwachtingen en voorkeuren van de cliënt. In dit geval is het verstandig het gesprek daarop goed voor te bereiden en eventueel over meerdere bijeenkomsten te verdelen. Ter ondersteuning bij de voorbereiding en uitvoering kan de diagnosticus zich laten leiden door een leidraad voor het voeren van een slecht-nieuws-gesprek (zie box 10.3).

**Box 10.3** **Het voeren van een slecht-nieuws-gesprek (volgens Hoorens, 1998).**

1. Voorbereiding: alle benodigde informatie moet er zijn, zodat men goed kan uitleggen en adequaat kan reageren op vragen of tegenwerpingen. Wie is erbij? Wil de cliënt iemand meenemen? Laat hen zelf beslissen of ze er anderen bij willen hebben. Zo heeft de cliënt daar grip op.

2. Het meedelen van het slechte nieuws: vermeld aan het begin – na een korte inleiding – het slechte nieuws; vermijd eufemismen. Hanteer indien nodig vaktermen, maar leg die goed uit (maak de informatie toegankelijk). Hiermee toon je openheid en geef je de cliënt de gelegenheid zelf informatie op te zoeken. Dat kan angst doen afnemen. Straal respect en medeleven uit. Deel de informatie dus direct spontaan en helder mee. Ontken het slechte nieuws niet. Deel de informatie stap voor stap mee, zodat de cliënt per stap vragen kan stellen. Valkuilen in deze fase zijn:
   - Het slechte nieuws wordt verpakt of verhuld door allerlei irrelevante gegevens te melden, of door het maar vooruit te schuiven.
   - Alleen suggereren dat er iets aan de hand is en de cliënt moet via allerlei vragen uitvinden wat dat is.

3. Ruimte voor emoties: stoom afblazen. Geef de cliënt de ruimte om de eerste schok te verwerken. Neem hiervoor de tijd en neem een actieve luisterhouding aan. Geef aan dat het toegestaan is emoties te uiten. Laat ook eigen emoties zien, dat je ook aangedaan bent. Dit is ondersteunend voor de cliënt. Na het uiten van de emoties kan men pas de informatie die daarna komt goed opnemen en adequaat verwerken. Men kan de kans op adequate informatieverwerking verhogen door een bandopname van het adviesgesprek te maken. Valkuilen in deze fase zijn:
   - Proberen deze fase over te slaan en direct over te gaan naar fase 4.
   - Bij agressie met contra-agressie reageren.

4. Uitwerking van de boodschap: toelichting en argumentatie. Geef aan wat er aan de hand is, wat de ontstaansgeschiedenis is en – indien mogelijk – wat de prognose is. De implicaties van de diagnose zijn voor de cliënt vaak belangrijker dan de diagnose zelf. Doorgaans heeft men liever een ongunstige prognose dan onzekerheid, uiteraard mits die prognose verantwoord gegeven kan worden. Als men geen prognose kan geven, leg dit uit, en geef aan dat je er begrip voor hebt dat dit moeilijk is. Geef aan waar de cliënt desgewenst meer informatie kan krijgen. Valkuilen in deze fase zijn:
   - Te weinig vertellen, alleen het noodzakelijke.
   - Te snel gaan, te weinig afgestemd op het tempo van de cliënt.

5. Uitzicht op de toekomst: zoeken naar oplossingen. Gezamenlijk zoeken naar oplossingen of suggesties hoe om te gaan met de informatie. De houding moet zijn: raadgevend, stimulerend en uitnodigend. De cliënt kan beter zelf met oplossingen komen. Gebeurt dit niet, dan moet de diagnosticus wel mogelijke oplossingen suggereren. Hiermee geef je aan dat er ondersteunings- en begeleidingsmogelijkheden zijn. Valkuilen in deze fase zijn:
   - De brenger van het nieuws gaat te snel zelf oplossingen bedenken.
   - De brenger geeft helemaal geen oplossingen, waardoor de cliënt denkt dat 'er toch niets aan te doen is' en er ook geen vragen meer over stelt.

*Controleer of de cliënt het integratief beeld (verklarende diagnose) goed begrepen heeft.* Om te bepalen of de cliënt het integratief beeld goed begrepen heeft en wat zijn mening hierover is, helpen vragen als:

- Welke emoties roept de informatie op? Laat eerst emoties uiten ('stoom afblazen').
- Geeft het beeld een duidelijk antwoord op hun hulpvragen? Herhaal de hulpvragen en vraagstellingen voor onderzoek en ga per vraag na of die goed beantwoord is.
- Is het beeld begrijpelijk? Geef uitleg bij het jargon, vraag naar voorbeelden van een begrip dat net uitgelegd is.
- Is het beeld herkenbaar? Welke eigen observaties passen er wel bij en welke niet?
- Waarmee is de cliënt het wel en niet eens? Benadruk de aspecten van consensus en zoek een compromis voor de punten waarover een meningsverschil is.
- Hoe verhoudt het beeld zich tot de verwachtingen die bij de aanmelding door de cliënt zijn verwoord?
- Hoe verhoudt het beeld zich tot de eigen opvattingen van de cliënt over de problemen?

*Controleer of de cliënt de indicatieanalyse (indicerende diagnose) goed begrepen heeft.* Om na te gaan of de cliënt de argumenten voor en tegen de verschillende adviezen goed begrepen heeft en wat zijn mening hierover is, helpen vragen als:

- Is de relatie tussen het integratief beeld en de aanbeveling consistent en duidelijk? Volgt een aanbeveling bijvoorbeeld logisch voort uit een risicofactor?
- Is het duidelijk welke mogelijke adviezen de diagnosticus heeft overwogen en waarom hij dat heeft gedaan?
- Zijn visies, verwachtingen en wensen van de cliënt op de juiste wijze verwerkt in de argumenten voor en tegen (als praktische indicaties en contra-indicaties)? Bijvoorbeeld: 'We hebben inderdaad, zoals verwacht, vastgesteld dat Jesse ADHD heeft. Eerder, in het aanmeldingsgesprek, zei u absoluut niet akkoord te zullen gaan met medicatie wanneer we ADHD zouden diagnosticeren. Mijn reactie was dat we dat standpunt natuurlijk respecteren, maar dat we graag willen dat u goed geïnformeerd bent over de voors en tegens, zodat u straks (nu dus) – als dat nodig was – goed geïnformeerd een keuze voor of tegen medicatie kunt maken. Daarom heb ik u toen een boekje van de oudervereniging Balans over medicatie meegegeven. Hoe staat u nu tegenover medicatie? Dit is belangrijk voor mij om te weten, want ik heb het, ondanks uw bezwaar, toch als een mogelijk advies in mijn aanbevelingen opgenomen. Als u nu nog absoluut tegen bent, dan is dat een doorslaggevend argument tegen dat advies. Voor alle duidelijkheid: u kiest straks zelf of u dit advies wel of niet opvolgt.'

- Begrijpt de cliënt waarom de diagnosticus tot deze aanbeveling is gekomen en niet tot een andere? Wordt ook de ordening naar voorkeur begrepen?
- Zijn de concrete implicaties van de aanbeveling duidelijk?
- Hebben de ouders al ervaringen met bijvoorbeeld hulpverlening door een instelling voor jeugdzorg of onderwijsbegeleiding? Vraag naar hun waardering daarvan. Negatieve ervaringen kunnen immers de motivatie voor een vergelijkbaar advies verlagen, terwijl positieve ervaringen die kunnen verhogen. Als zij die al eerder in het gesprek voor de indicatieanalyse hebben weergegeven, bevestig dan of deze nog kloppen en ga na of negatieve aspecten (contra-indicaties) veranderbaar zijn. Bijvoorbeeld door – na negatieve ervaringen bij instelling X – te vragen: 'Wanneer, onder welke voorwaarden, zou u wel nog een keer naar instelling X gaan?'.

# 11.

# Het diagnostisch verslag

” Het doorlopen van het diagnostisch proces vraagt van de diagnosticus voortdurend om het expliciet nemen van beslissingen. In alle voorgaande hoofdstukken zijn daarvoor richtlijnen geformuleerd, die vooral tot doel hebben om fouten zoveel mogelijk tegen te gaan. We hebben meermaals benadrukt dat de diagnosticus in het contact met de cliënt zijn handelen toelicht, uitlegt en verantwoordt, maar ook aanpast aan de wensen van de cliënt. De verantwoording die de diagnosticus in de verschillende stappen aflegt, krijgt uiteindelijk zijn beslag in de schriftelijke rapportage over het gehele diagnostisch proces, van aanmelding tot en met advisering. Op deze wijze wordt de uitgevoerde diagnostiek geobjectiveerd en overdraagbaar gemaakt. Met het verslag krijgt de cliënt als het ware een verantwoord antwoord op de gestelde vragen. In dit hoofdstuk komen puntsgewijs de verschillende stappen uit de diagnostische cyclus nogmaals aan bod, zij het nu als rubrieken die in de rapportage aandacht behoeven. We gaan daarbij om didactische redenen uit van een zo volledig mogelijke rapportage die kan dienen als uitgangspunt voor nadere aanpassing in de klinische praktijk.

## 11.1 Verantwoording

De beste controle (achteraf) van de kwaliteit van het gehele diagnostisch proces is het verslag waarin de diagnosticus zijn gedachtegang van de besluitvorming in termen van de diagnostische cyclus presenteert. Het verslag is het middel bij uitstek om het diagnostisch proces inzichtelijk te maken en om verantwoording af te leggen. De verantwoording heeft zowel betrekking op het procedurele aspect van het diagnostisch denkproces als op de inhoudelijke invulling ervan. Het moet de lezer duidelijk zijn welke beslissingen zijn genomen, waarom en op grond waarvan.

De cliënt moet inzicht hebben in het diagnostisch denkproces: het verslag is hiertoe een goed middel. De cliënt heeft naar onze mening in principe recht op inzage in *alle* diagnostische gegevens en overwegingen van de diagnosticus. We veronderstellen dat cliënten die begrijpen hoe de diagnostische besluitvorming tot stand is gekomen en hoe het tot de advisering heeft geleid, gemotiveerder zullen zijn het advies op te volgen dan cliënten die hiervan niet op de hoogte zijn.

De plicht tot verantwoording reikt evenwel verder dan de hulpverlener-cliëntrelatie. Een zorgvuldige verslaglegging is ook het middel bij uitstek om in geval van externe consultatie of doorverwijzing een collega over de gang van zaken te informeren. Bovendien vereist bewaking van de kwaliteit van de diagnostische professie sowieso dat de diagnosticus middels het rapport verantwoording aflegt aan andere vakgenoten (zoals een supervisor, collega's in een team of in een intervisiegroep).

Ten slotte is de verslaglegging het document bij uitstek dat door het College van Toezicht van de beroepsverenigingen geëvalueerd zal worden ingeval de klacht betrekking heeft op vermeende onzorgvuldigheid dan wel onjuistheid van de gevolgde procedure en de daarbij gebruikte instrumenten (zie ook beroepsethische regels in paragraaf 11.5).

Alvorens we de werkwijze en aandachtspunten bespreken, gaan we in op de centrale begrippen en voorwaarden aan het opstellen van het diagnostisch verslag.

## 11.2 Begrippen

technisch-professioneel verslag • cliëntverslag

We maken onderscheid tussen het technisch-professionele verslag en het cliëntverslag (zie ook Van Strien, 1978, 1986).

### 11.2.1 Het technisch-professionele verslag

Het technisch-professionele verslag is bedoeld voor collega's en andere vakgenoten. In het technisch-professionele verslag worden alle stappen van de diagnostische cyclus helder en beknopt gepresenteerd, met de juiste en volledige vermelding van naspeurbare bronnen, instrumenten, uitslagen en psychometrische gegevens. Overigens heeft ook de cliënt recht op inzage in dit verslag.

### 11.2.2 Het cliëntverslag

Het cliëntverslag is een vertaling – of bewerking – van het technisch-professionele verslag. Het is bestemd voor de cliënt zelf (de opvoeder-cliënt of de cliënt-jeugdige). In de regel zijn dit niet-vakgenoten, zoals ouders, leerkrachten en jeugdigen. Het volgt in grote lijnen de opzet van het technisch-professionele verslag. Het verschil tussen een technisch-professioneel verslag en een cliëntverslag schuilt niet zozeer in de inhoud van de verslaggeving ('wat') dan wel in de wijze waarop ('hoe') deze wordt gepresenteerd. De taal in het cliëntverslag is afgestemd op het begripsniveau, de beleving en het taalgebruik van de cliënt (Hellendoorn, 1990). Het gebruik van op de cliënt gericht taalgebruik zal er in het algemeeen toe leiden dat specifiek methodologische termen (bijvoorbeeld: 'onderzoekshypothese') en technisch-psychometrische termen (bijvoorbeeld: 'standaardmeetfout') worden vermeden (zie verder paragraaf 11.4).

## 11.3 Professionele voorwaarden

De voorwaarden waaraan de diagnosticus moet voldoen, liggen in deze laatste fase van het diagnostisch proces uitsluitend op het professionele vlak: kunnen rapporteren. Voor meer algemene zaken betreffende de rapportage verwijzen we naar De Zeeuw (1984, 1998), Kooreman (1997), Tallent (1993) en Timmers-Huigens (1999). Om de doelstellingen van de rapportage (zie paragraaf 11.1) te realiseren, dient de diagnosticus te beschikken over de volgende vaardigheden:

- Een verslag moet voldoen aan de wettelijke voorschriften en de beroepscodes van NIP en NVO.
- De diagnosticus moet in staat zijn in beide typen verslagen de gedachtegang van de diagnostische besluitvorming intern consistent, helder en beknopt weer te geven. Bovendien moet de cliënt zichzelf, het kind en hun persoonlijke situatie in het cliëntverslag herkennen.

## 11.4 Werkwijze

### 11.4.1 Het technisch-professionele verslag

In de hoofdstukken 4 tot en met 10 (Aanmelding, Klachtanalyse, Diagnostisch scenario, Probleemanalyse, Verklaringsanalyse, Indicatieanalyse en Advisering) is besproken welke beslissingen de diagnosticus neemt en wat daarvan de opbrengst is. Alle informatie die nodig is voor het technisch-professionele verslag, is dus al verzameld en in principe vastgelegd. De diagnosticus moet deze informatie nu aan elkaar relateren en overlap verwijderen. Het technisch-professionele verslag bevat de volgende acht rubrieken:

1. Identificatiegegevens en relevante achtergrondgegevens van de cliënt (naam, leeftijd, geslacht, huidige gezinssamenstelling, schoolverloop) en diagnosticus (titel, discipline en relevante diagnostische registraties of kwalificaties), aard en datum van het onderzoek, type instelling waar het onderzoek is verricht, verwijzer en aanmelder
2. Aanmelding
3. Klachtanalyse
4. Diagnostisch scenario
5. Probleemanalyse
6. Verklaringsanalyse
7. Indicatieanalyse
8. Advies

In het navolgende sommen we per rubriek de belangrijkste aandachtspunten op die in dit verslag aan bod (kunnen) komen.

*Aanmelding*

- De betrokkenen en hun wettelijke positionering.
- Informatie uit het aanmeldingstraject (wie, wat, wanneer).
- De reden van aanmelding.
- De klachten (ervaren problemen) en wie van de betrokkenen ze ervaart.
- De verwachtingen van de cliënt(en) en van de diagnosticus.
- De bereidheid van de ouders/opvoeders om de rol van cliënt te accepteren (hun mogelijke rol als opvoeder kan zowel in het onderzoek als bij de advisering aan bod komen).
- De afspraken over het vervolg van het diagnostisch traject (klachtanalyse, probleemanalyse, verklaringsanalyse, indicatieanalyse en advisering).
- De termijn waarbinnen dit traject zal plaatsvinden.
- Wie er wordt geïnformeerd door de diagnosticus en hoe dit gebeurt.
- Wie bij het overleg met de diagnosticus wordt betrokken en wat hun positie is.
- Bij wie zo nodig – met toestemming van cliënt/ouders – externe informatie kan worden opgevraagd.

- De wijze waarop de diagnostische gegevens worden overgedragen aan de betrokkenen (schriftelijke en mondelinge rapportage).
- Eventuele financiële aspecten betreffende de vergoeding (verzekering en/of eigen bijdrage).



*Klachtanalyse (met de verhelderende diagnose als antwoord op een verhelderende vraagstelling)*
- De klachten in de bewoordingen van de cliënt: wat ervaart de cliënt als problematisch en hoe ervaart hij dit?
- De inhoudelijke en de emotionele betekenis van de klachten.
- De positieve belevingen van de cliënt.
- De bij de klachten behorende hulpvragen (in de bewoordingen van de cliënt) en een ordening van klachten en hulpvragen naar belangrijkheid.

*Diagnostisch scenario*
- De diagnostische hulpvragen en deelhulpvragen van de cliënt.
- De geïdentificeerde typen vraagstelling en typen onderzoek (onderkenning, verklaring en/of indicatie).
- Het diagnostisch scenario: de ordening van onderzoekstypen.
- De voorlopige doelen en middelen van het onderzoek.

*Probleemanalyse (met de onderkennende diagnose als antwoord op een onderkennende vraagstelling)*
- De specifieke casusinventarisatie (het probleemgedrag van déze casus, dít individu), met een concrete beschrijving van:
  - de probleemgedragingen (gevoelens, gedachten, handelingen),
  - de situaties waarin die zich voordoen,
  - de intensiteit en frequentie van het probleemgedrag en
  - de ontstaansgeschiedenis van de probleemgedragingen.
- De probleeminventarisatie binnen het algemene en brede kader van mogelijke problemen: een lijst van probleemgedragingen die op déze cliënt van toepassing zijn en die binnen (één van) de gehanteerde classificatiesystemen geordend worden. Het gaat hierbij ook om de gegevens die nog nodig zijn om een stoornis toe te kunnen wijzen, alsook om uitspraken over de instrumenten waarmee deze informatie verzameld kan worden (gestructureerd interview, directe gedragsobservatie, gestandaardiseerde gedrags- of belevingsschaal en/of niveaubepalende prestatietests).
- De classificatie: de uiteindelijke toekenning van de stoornis (op basis van disfunctionele gedragsclusters uit wetenschappelijk onderzoek). De uitslagen op de instrumenten zijn hierin verwerkt.
- De taxatie van de ernst van de problemen of de stoornis(sen) (op basis van bijvoorbeeld de CBCL, DSM-IV, GAF-schaal, de criteria van Rutter of de Landelijke Heerlense Ernst Taxatieschaal L-Hets; zie Pelzer, Steerneman & De Bruyn, 1995).

- De weging van negatieve en positieve gedragingen van kind, gezinsklimaat en/of sociaal netwerk.

*Verklaringsanalyse: formuleren en toetsen van diagnostische verklaringen (met de verklarende diagnose als antwoord op een verklarende vraagstelling)*
- Een voorlopig diagnostisch denkschema: de relaties tussen de onderkende problemen en verklarende condities.
- De deelbeweringen uit het denkschema.
- De onderzoekshypothesen, met telkens een beknopte theoretische verantwoording.
- Per onderzoekshypothese:
  - wat precies wordt geoperationaliseerd (een heldere omschrijving van de te toetsen conditie),
  - een inventarisatie van de onderzoeksmiddelen (een lijstje van onderzoeksmiddelen die voor het vaststellen van de conditie in principe in aanmerking komen),
  - de keuze van de meest geschikte onderzoeksmiddelen.
- Per onderzoeksmiddel: de gekozen toetsingscriteria.
- Een korte beschrijving van de omstandigheden tijdens het daadwerkelijke onderzoek (bijvoorbeeld: waren er storende factoren bij afname van de middelen?).
- De evaluatie van de uitkomsten van het onderzoek tegen de toetsingscriteria, resulterend in aanname, aanhouding of verwerping van de onderzoekshypothesen.
- Een integratief beeld waarin de aangenomen diagnostische hypothesen verwerkt zijn. Dit beeld (de verklarende diagnose) bevat:
  - de klachten en hulpvragen (uitkomst van de klachtanalyse),
  - de onderkende problemen (uitkomst van de probleemanalyse),
  - een overzicht van de aangenomen diagnostische hypothesen (met vermelding van de kennisbron), waarbij de aard van de verklarende relaties is verwoord en de mate van zekerheid is geëxpliciteerd,
  - de relaties die men tussen de condities uit de aangenomen diagnostische hypothesen onderling vermoedt,
  - de diagnostische hypothesen die zijn aangehouden voor verder onderzoek, hun belang en (zo mogelijk) suggesties voor de uitvoering van dat onderzoek,
  - de diagnostische hypothesen die verworpen zijn (met een beknopte samenvatting van de toetsgegevens),
  - een relatie tussen het integratief beeld en de hulpvraag en klachten van de cliënt,
  - de positieve ontwikkelingscondities (oftewel: protectieve factoren).

*Indicatieanalyse (met de indicerende diagnose als antwoord op een indicerende vraagstelling)*
- De argumenten waarom een interventie wel/niet ingezet kan worden:

- Interventie is wel/niet nodig, omdat ...
- Interventie is wel/niet mogelijk, omdat ...
- Interventie is wel/niet wenselijk, omdat ...
- De interventiedoelen:
  - de geprioriteerde globale interventiedoelen (gebaseerd op klacht, probleem of verklaring),
  - eventueel de specifieke (tussen)doelen: concrete gedragingen (gevoelens, gedachten of handelingen) in welomschreven situaties.
- De in aanmerking komende typen interventies, met telkens:
  - het gekozen theoretisch referentiekader,
  - het type setting (bijvoorbeeld: ambulant of residentieel),
  - of het gaat om directe (bijvoorbeeld: kindgerichte) of indirecte (bijvoorbeeld: opvoedergerichte) interventie,
  - de interventieduur.
- Per geselecteerde interventie:
  - het positieve en negatieve nut (kosten-batenanalyse),
  - de kans van slagen en falen (indicaties en contra-indicaties),
  - het verwachte nut (de weging van nut met de kans van slagen).
- Een lijst met één of meer aanbevelingen, die gerangschikt zijn van het type interventie met het hoogste verwachte nut tot en met die met het laagste verwachte nut.

*Advies*

- Wie bij het adviesgesprek aanwezig was en wat hun rol is.
- Wat is besproken: de gegevens uit het integratief beeld en/of indicatieanalyse.
- De reacties van de cliënt op de gegevens uit het integratief beeld.
- De controle van deze gegevens.
- De reactie van de cliënt op de gegevens uit de indicatieanalyse.
- De controle van deze gegevens.
- De uitvoerbaarheid van de aanbevelingen.
- De gekozen aanbeveling: het advies.
- De concretisering van het advies.
- De afspraken die gemaakt zijn over het informeren van betrokkenen.
- De afspraken die gemaakt zijn over de evaluatie van diagnose en advies.

### 11.4.2 **Het cliëntverslag**

Net als voor vakgenoten dient het voor de cliënt inzichtelijk te zijn op welke wijze de diagnosticus tot zijn conclusies is gekomen. De vorm van een bewering – bijvoorbeeld in het geval van een verklarende hypothese – kan voor een cliënt verwarrend zijn. Zo kan deze zich afvragen hoe de diagnosticus reeds vóór het onderzoek zulke beweringen kan doen. Om verwarring te voorkomen en om aan te geven dat hypothesen vermoedens zijn, formuleren we de hypothesen als vragen voor onderzoek. Ter illustratie: in een cliëntverslag zal in plaats van de hypothese 'Een inconsistente opvoedingsstijl van de ouders leidt tot verbale agressie bij het kind' als onderzoeksvraag vermeld staan: 'Zijn de agressieve uitspraken van het kind het gevolg van een niet-consequente manier van opvoeden?' In het voorgaande is dit dan uiteraard in deze bewoordingen ook al met de ouders besproken. Op deze manier maken we duidelijk in welke richting we de verklaring van het probleem zoeken en hoe dit ons onderzoek stuurt. Technische informatie, zoals toetsingscriteria en kwantitatieve testgegevens, vermelden we niet in een cliëntverslag, omdat deze voor leken moeilijk interpreteerbaar zijn. Scores op toetsen, tests en vragenlijsten kunnen eventueel wel in een bijlage worden opgenomen. In principe streven we naar een zo groot mogelijke openheid en naar een diagnostisch proces dat voor de betrokkenen inzichtelijk is. Enkele kanttekeningen zijn hierbij echter op hun plaats.

Ten eerste is het de taak van de diagnosticus om vast te stellen aan welk soort informatie de cliënt behoefte heeft en om de hoeveelheid en aard van de informatie af te stemmen op deze individuele behoefte. Als ouders bijvoorbeeld aan een bepaalde vraag veel belang hechten, dan kan de diagnosticus in het verslag ook uitgebreider op die vraag ingaan.

Ten tweede is het denkbaar dat bepaalde informatie te confronterend is en daarmee een negatief effect heeft op de hulpverlening. Door het emotionele karakter van deze informatie kan het agogisch proces blokkeren (Hellendoorn, 1990). Een (wellicht verworpen) hypothese over een beladen onderwerp (zoals incest) zal dan ook met voorzichtigheid moeten worden gepresenteerd, op een moment dat het professioneel verantwoord is.

Voorts is het mogelijk dat een persoon uit het cliëntsysteem informatie verschaft die niet bestemd is voor andere personen uit het cliëntsysteem. Deels is dit te vermijden door van tevoren de condities van de samenwerkingsrelatie tussen diagnosticus en cliënt vast te stellen (zie ook hoofdstuk 4). Maar ouders kunnen dan toch nog informatie verschaffen die zo persoonlijk van aard blijkt te zijn, dat het niet voor het (oudere) kind (dat het verslag ook zal lezen) bestemd is. Een andere mogelijkheid is dat een kind informatie geeft die niet bestemd is voor de ouder. Het recht van het kind op privacy prevaleert dan boven het recht van de ouder op inzage in alle informatie. In dergelijke gevallen kan de diagnosticus besluiten om bepaalde informatie niet in het verslag op te nemen of om het zodanig te herformuleren dat het zijns inziens verantwoord is het mee te delen. Daarom breiden we het standpunt uit het begin van deze paragraaf uit tot: rapporteer in het verslag die gegevens die een rol hebben gespeeld in de diagnostische oordeelsvorming én die vanuit agogisch-ethisch oogpunt verantwoord aan het cliëntsysteem meegedeeld kunnen worden. In box 11.1 geven we enkele aanbevelingen voor een bruikbaar rapport.

**Box 11.1** **Enkele aanbevelingen voor een bruikbaar rapport.**

Hellendoorn (1990, schema 4, p. 173) geeft de volgende aanbevelingen. Een bruikbaar rapport:

- is afgestemd op de lezer,
- is doelgericht, geeft antwoord op de vraag van de lezer,
- spitst zich toe op het individuele cliëntsysteem en de situatie daarvan,
- is praktijkgericht, niet te theoretisch of te abstract,
- vermijdt het wekken van onnodige weerstand door zorgvuldige afweging van de informatie en door voorzichtig formuleren,
- leidt tot een duidelijke conclusie en concrete aanbevelingen,
- laat de lezer meedenken in de besluitvorming.

We verwijzen tevens naar schema 5 (p. 176) van Hellendoorn, waarin zij tips voor het ouderrapport geeft.

Analoog aan het technisch-professionele verslag geven wij de volgende aandachtspunten voor het cliëntverslag (met tussen haakjes eventueel aangepaste 'kopjes'):

1. Identificatiegegevens/personalia/achtergrondgegevens
2. Aanmelding (of: Aanmeldingscontract)
3. Klachtanalyse (of: Klachten en hulpvragen)
4. Diagnostisch scenario (of: Onderzoeksplan, stappenplan)
5. Probleemanalyse (of: De problemen)
6. Verklaringsanalyse (of: Verklaringen voor de problemen)
7. Indicatieanalyse (of: Mogelijkheden voor aanpak)
8. Advies

In het navolgende geven we wederom per rubriek de belangrijkste aandachtspunten die in dit verslag aan bod (kunnen) komen.

*Identificatiegegevens/personalia/achtergrondgegevens*

- Identificatiegegevens cliënt (naam, leeftijd, geslacht, huidige gezinssamenstelling, schoolverloop) en diagnosticus (titel, discipline en relevante diagnostische registraties of kwalificaties), aard en datum van het onderzoek, type instelling waar het onderzoek is verricht, verwijzer en aanmelder.

*Aanmelding (of: Aanmeldingscontract)*

- De betrokkenen en hun wettelijke positionering.
- Informatie uit het aanmeldingstraject (wie, wat, wanneer).
- De reden van aanmelding.
- De klachten (ervaren problemen) en wie van de betrokkenen ze ervaart.
- De verwachtingen van de cliënt(en) en de diagnosticus.
- De bereidheid van de ouders/opvoeders de rol van cliënt te accepteren (hun mogelijke rol als opvoeder kan zowel in het onderzoek als bij de advisering aan bod komen).

- De afspraken over het vervolg van het diagnostisch traject (klachtanalyse, probleemanalyse, verklaringsanalyse, indicatieanalyse en advisering).
- De termijn waarbinnen dit traject zal plaatsvinden.
- Wie er wordt geïnformeerd door de diagnosticus en hoe dit gebeurt.
- Wie bij het overleg met de diagnosticus wordt betrokken en wat hun positie is.
- Bij wie zo nodig – met toestemming van ouders – externe informatie kan worden opgevraagd.
- De wijze waarop de diagnostische gegevens worden overgedragen aan de betrokkenen (schriftelijke en mondelinge rapportage).
- De eventuele financiële aspecten van de vergoeding (verzekering en/of eigen bijdrage).

*Klachtanalyse (of: Klachten en hulpvragen)*

- De klachten in de bewoordingen van de cliënt.
- De positieve belevingen van de cliënt.
- De bij de klachten horende hulpvragen (in de bewoordingen van de cliënt).

*Diagnostisch scenario (of: Onderzoeksplan, stappenplan)*

- De diagnostische hulpvragen van de cliënt.
- De typen vraagstellingen (van cliënt en diagnosticus).
- Het diagnostisch scenario: de ordening van onderzoekstypen.

*De probleemanalyse (of: De problemen)*

- Een concrete beschrijving van:
  - de specifieke probleemgedragingen,
  - de situaties waarin die zich voordoen,
  - de intensiteit en frequentie van het probleemgedrag,
  - de ontstaansgeschiedenis van de probleemgedragingen.
- Een meer algemene probleeminventarisatie (bijvoorbeeld aan de hand van de scores op de CBCL-lijsten) en/of een beschrijving van de classificatie (bijvoorbeeld aan de hand van het DSM-systeem) in termen die voor de cliënt te begrijpen zijn.
- De ernsttaxatie.
- De negatieve en positieve gedragingen.

*Verklaringsanalyse (of: Verklaringen voor de problemen)*

- De onderzoeksvragen (als vertaling van de onderzoekshypothesen).
- Een korte uitleg van de achtergrond van de onderzoeksvragen.
- Per onderzoeksvraag de gekozen onderzoeksmiddelen.
- Een korte beschrijving van de omstandigheden tijdens afname van de middelen.
- Per onderzoeksvraag een onderbouwd antwoord.
- In een bijlage de scores op de diagnostische instrumenten.

- Een integratief beeld, met informatie over:
  - de klachten en hulpvragen,
  - de onderkende problemen,
  - een overzicht van positief beantwoorde onderzoeksvragen, waarbij de aard van de verklarende relaties is verwoord en de mate van zekerheid wordt toegelicht,
  - de onderzoeksvragen die negatief zijn beantwoord en die zijn aangehouden voor verder onderzoek,
  - de protectieve factoren.

*Indicatieanalyse (of: Mogelijkheden voor aanpak)*

- De argumenten waarom een interventie wel/niet ingezet kan worden.
- De interventiedoelen.
- De in aanmerking komende interventies, met per interventie:
  - het type setting,
  - de keuze voor een directe of indirecte interventie,
  - de interventieduur.
- Per geselecteerde interventie:
  - het positieve en negatieve nut (kosten-batenanalyse),
  - de kans van slagen en falen (indicaties en contra-indicaties),
  - het verwachte nut (de weging van nut met de kans van slagen).
- Een lijst met één of meer aanbevelingen.

*Advies*

- Wie bij het adviesgesprek aanwezig was.
- Wat is besproken: de gegevens uit het integratief beeld en/of uit de indicatieanalyse.
- De reacties van de cliënt op deze gegevens (bijvoorbeeld: instemming).
- Eventueel de naar aanleiding van deze reacties bijgestelde gegevens.
- De keuze van een aanbeveling en de concretisering van dit advies.
- De afspraken die gemaakt zijn over het informeren van de betrokkenen.
- De afspraken die gemaakt zijn over de evaluatie.

## 11.5 Aandachtspunten

De beroepscodes van het NIP en NVO en de Algemene Standaard Testgebruik (AST) van het NIP geven duidelijke beroepsethische richtlijnen voor de verslaggeving. Houdt een diagnosticus zich niet aan deze richtlijnen, dan kan een klacht van een cliënt hieromtrent door de beroepsvereniging gegrond worden verklaard. We gaan beknopt in op de belangrijkste beroepsethische richtlijnen voor verslaggeving.

*Gelegenheid tot inzage voorafgaand aan de rapportage.* De diagnosticus biedt de cliënt de gelegenheid tot inzage in de rapportage, voorzover die op hemzelf betrekking heeft, voorafgaand aan het uitbrengen van de rapportage aan derden, zoals een opdrachtgever of school (NIP, 1997, artikel III. 2.7.2). Op het moment dat de rapportage feitelijk wordt uitgebracht, verschaft de diagnosticus de cliënt een afschrift. Het gelijktijdig toezenden van een rapport aan de school en de ouders (wat in de praktijk van de onderwijsbegeleiding regelmatig gebeurt) is dus *niet* in overeenstemming met de beroepscode (NIP/NVO, 2002). De school is te beschouwen als de opdrachtgever en heeft in die functie geen recht op inzage en correctie vooraf. De ouders moeten het verslag eerst kunnen lezen en op de hoogte zijn van de inhoud ervan, alvorens zij toestemming kunnen geven voor doorzending aan derden. Een klacht van ouders dat de psycholoog hun het recht van inzage vooraf heeft onthouden, zal in principe gegrond worden verklaard. Wanneer de vraagstelling van het onderzoek (mede) betrekking heeft op de school of onderwijsleersituatie, dan heeft de school recht op inzage vooraf in het 'schooldeel van het rapport'.

*Blokkeren van rapportage aan een externe opdrachtgever.* De cliënt heeft in principe het recht de rapportage aan de externe opdrachtgever te blokkeren (NIP, 1997, artikel III. 2.7.5). De diagnosticus dient de cliënt hierop te wijzen. Als de cliënt niet het recht heeft de rapportage te blokkeren (omdat er bij wettelijke maatregel geen vrijwillig onderzoek is), dan stelt de diagnosticus de cliënt in de gelegenheid eventuele bezwaren op schrift te stellen en gelijktijdig met de rapportage naar de externe opdrachtgever te sturen.

*Beperking tot relevante gegevens in rapportages en verklaringen.* De diagnosticus beperkt zich in zijn verslag tot gegevens die voor de beantwoording van de vraagstelling en het doel van de opdracht van belang zijn (NIP, 1997, artikel III. 2.7.7), in begrijpelijke en ondubbelzinnige termen. Uit de rapportage moet duidelijk blijken wat de beperkingen zijn van de uitspraken en de gronden waarop de uitspraken berusten (NVO, 1995, artikel 36).

*Correctie, aanvulling of verwijdering van gegevens in de rapportage.* Op verzoek van de cliënt verbetert, corrigeert, vult aan of verwijdert de diagnosticus die gegevens in de rapportage waarvan deze aannemelijk maakt dat ze onjuist, onvolledig of niet terzake zijn, gezien de doelstellingen van de rapportage (NIP, 1997, artikel III. 2.7.4). De cliënt heeft recht op verbetering, aanvulling of verwijdering van gegevens die zijn opgenomen in het rapport, indien deze kan aantonen dat de gegevens onjuist of onvolledig zijn, of gezien de doelstelling van de rapportage niet terzake zijn. Het verzoek tot correctie, aanvulling en verwijdering van gegevens moet schriftelijk worden ingediend (NVO, 1995, artikel 35).

*Voorkomen van onbedoeld gebruik en misbruik van rapportages.* De diagnosticus treft maatregelen om te voorkomen dat zijn rapportage wordt gebruikt voor een ander doel dan waarvoor het is opgesteld (NIP, 1997, artikel III. 2.7.8). Hij vermeldt dat de rapportage vertrouwelijk is en dat de conclusies alleen betrekking hebben op de vraagstelling en niet kunnen dienen voor de beantwoording van andere vragen. Voorts wordt vermeld na verloop van welke termijn de conclusies hun geldigheid verloren hebben. We dienen er immers altijd rekening mee te houden dat de geldigheidsduur van de verslaggeving beperkt is. In de praktijk wordt meestal een geldigheidsduur van één jaar als richtlijn gehanteerd. Men dient dit expliciet in de verslaggeving te vermelden (bijvoorbeeld bovenaan iedere pagina). Uitzonderingen op een beperkte geldigheidsduur zijn bijvoorbeeld een aantal classificaties zoals omschreven in de DSM-IV en de onderkenning van problemen waarvan bekend is dat ze niet van voorbijgaande aard zijn (zoals zwakzinnigheid, pervasieve ontwikkelingsstoornissen, dyslexie en dyscalculie).

*Rechten van de cliënt.* De cliënt wordt voor de aanvang van het onderzoek duidelijk gewezen op zijn rechten (AST, artikel III.3.b), zoals bijvoorbeeld het recht op:

- nabespreking van het onderzoek;
- inzage van het (concept)rapport voorafgaande aan het uitbrengen ervan;
- blokkering van het rapport (indien het onderzoek niet op een wettelijke basis of rechterlijke uitspraak is uitgevoerd) en informatie over de mogelijkheid daartoe vóórdat de diagnosticus de opdracht aanvaardt;
- aanvulling, correctie en eventuele verwijdering *van door de cliënt verstrekte* gegevens;
- een afschrift van het rapport na het uitbrengen ervan;
- het recht op inzage in het onderzoeksdossier.

Verder benadrukken de beroepscodes van het NIP en NVO en de AST de vertrouwelijkheid en de geheimhoudingsplicht jegens derden van de verkregen gegevens. Externe opdrachtgevers en andere betrokkenen hebben pas recht op informatie uit het onderzoek na afronding van dit onderzoek en na toestemming van de cliënt (NIP, 1997, artikel III.3.c).

# 12. Epiloog

”In de epiloog van *Diagnostische besluitvorming. Handleiding bij het doorlopen van de diagnostische cyclus* (1995) hebben we een aantal punten voor uitwerking van de cyclus aan de orde gesteld waarvan met het voorliggende boek een deel wordt gerealiseerd. In de laatste paragraaf van de inleiding wezen we daar al op. We beperken ons in deze epiloog tot drie kwesties die nog steeds aandacht vragen: de empirische fundering van de diagnostische cyclus als praktijkleer, de uitwerking van casuïstiek en de didactische pretentie van de handleiding. In de volgende paragrafen komen deze drie thema's aan bod.

## 12.1 De empirische fundering van de diagnostische cyclus als praktijkleer

In *Diagnostische besluitvorming. Handleiding bij het doorlopen van de diagnostische cyclus* spraken we in 1995 de overtuiging uit dat de voorschriften binnen de diagnostische cyclus ertoe bijdragen dat de kans op een juiste diagnostiek geoptimaliseerd wordt. Deze overtuiging geldt evenzeer voor de uitwerkingen die de diagnostische cyclus in dit boek heeft gekregen. Ook het ontwerpen van een praktijkleer schept de verplichting de opbrengst ervan empirisch te toetsen.

De mogelijkheid van een dergelijk empirisch onderzoeksprogramma werd reeds door De Bruyn (1992) beargumenteerd. Hij stelde in dat verband drie mogelijke onderzoeksstrategieën voor:

- het beoordelen van (onderdelen van) de cyclus op betrouwbaarheid en nut voor de praktijk,
- het toetsen van voorspellingen gebaseerd op de uitkomst van (onderdelen van) de cyclus,
- het evalueren van de bijdrage van (onderdelen van) de cyclus aan het effect van de daarop gebaseerde interventie.

De toepassing van dergelijke strategieën is evenwel niet eenvoudig. Het vereist goed gecontroleerd praktijkonderzoek, consensus over de criteria die onafhankelijk van de principes van de diagnostische cyclus bij de beoordeling van de opbrengst worden gehanteerd, alsook de nodige ondersteunende technieken die toestaan de principes van de diagnostische cyclus ook daadwerkelijk in de praktijk toe te passen. Stappen in deze laatste richting werden voor het domein van leesproblemen ondernomen door Van Aarle en Van den Bercken (1992) en voor dat van de gedragsproblemen door Krol, De Bruyn, Van Aarle en Van den Bercken (2001). Kenmerkend voor hun aanpak is de ontwikkeling van computerprogramma's die de diagnosticus toelaten het betreffende kennisdomein op een wijze te consulteren die past bij een werkwijze die gebaseerd is op de principes van de diagnostische cyclus.

Een van de uitwerkingen in dit boek betreft de beschrijving van vertekeningen: oordeelsfouten die blijkens onderzoek het ongewapend diagnostisch oordeel bedreigen. In aanvulling op De Bruyn (1992) wijzen we hier op de mogelijkheid en noodzaak de opbrengst van de diagnostische praktijkleer af te meten aan de mate waarin het toepassen van de leer de diagnosticus in staat stelt dergelijke vertekeningen en fouten te vermijden. Bij de bespreking van deze vertekeningen en fouten kwam aan bod dat de cognitieve processen die hieraan ten grondslag liggen, in principe in alle fasen van de diagnostische besluitvorming kunnen worden aangesproken (zie box 3.1). Weinig tot niets is bekend over de invloed die deze processen op elkaar binnen elke fase van de besluitvorming uitoefenen. Inzicht hierin is van belang om vast te kunnen stellen of en hoe de toepassing van de praktijkleer het nodige beschermende effect oplevert. Van Aarle, Hoenkamp en De Bruyn (in voorbereiding) hebben met dit onderzoek een aanvang gemaakt voor wat het verklaren van beginnende lees- en spellingfouten betreft.

## 12.2 De uitwerking van casuïstiek

In de voorgaande hoofdstukken hebben we de werkwijze waar mogelijk en waar nodig met concrete voorbeelden toegelicht. Voor elke stap in de cyclus zijn ook aandachtspunten toegevoegd. De diagnosticus kan deze gebruiken bij het evalueren van de kwaliteit van de diagnostische besluitvorming zoals die zich in een bepaalde fase heeft afgespeeld. De huidige aanbevelingen hebben niet de pretentie volledig te zijn. In de toekomst is een uitwerking mogelijk die kan leiden tot een checklist voor de diagnosticus. De implementatie van de praktijkleer kan nog verder geoptimaliseerd worden als de diagnosticus zou beschikken over voorbeelden van goede en minder goede besluitvorming die niet alleen op onderdelen daarvan, maar op het hele proces betrekking hebben. De behoefte aan casuïstiek wordt verder versterkt nu ook aan de rapportage meer aandacht is besteed. Rapportage is het sluitstuk van de besluitvorming, maar zowel voor de cliënt als de collega is de kwaliteit ervan een graadmeter voor de kwaliteit van de besluitvorming. Met casuïstiek kan gedemonstreerd worden hoe de gevolgde werkwijze in en resultaten uit iedere fase, volgens de gegeven richtlijnen, ook in de feitelijke verslaglegging eruit zullen zien.

Aanvankelijk stond ons voor ogen dit boek af te sluiten met een casus die als voorbeeld van goede besluitvorming kon dienen. Omwille van drie redenen hebben we hiervan afgezien. De eerste reden is dat het uitwerken van nieuwe onderdelen de eerste prioriteit had. Het schrijven van een casus waarin ook deze nieuwe onderdelen zouden worden gedemonstreerd, was gewoonweg nog niet aan de orde. De tweede reden is dat wij ons realiseerden dat bij invoering van slechts één casus de toepasselijkheid van de praktijkleer ook slechts aan één bepaald werkveld zou worden gedemonstreerd. In plaats daarvan opteerden wij voor een demonstratie van de praktijkleer in meerdere werkvelden. De derde reden is didactisch van aard. Het schrijven van een casus die geheel aan de principes van de praktijkleer voldoet, demonstreert wel de praktijkleer, maar laat niet zien hoe bestaande casuïstiek vanuit dezelfde praktijkleer geëvalueerd kan worden. Deze drie redenen tezamen hebben geleid tot de beslissing om inmiddels te starten met de voorbereiding van een casuïstiekboek.

## 12.3 Tot slot: nogmaals de didactische pretentie van de handleiding

We hebben met dit boek – ondanks wat we in de vorige paragraaf opmerkten over het belang van casuïstiek – dezelfde didactische pretentie als met *Diagnostische besluitvorming. Handleiding bij het doorlopen van de diagnostische cyclus*. Wat we daarin over deze pretentie opmerkten, geldt ook nu. Vandaar dat we ook nu hiermee afsluiten.

De diagnostische cyclus beoogt als onderwijsmiddel de opleiding van en supervisie aan psychodiagnostici te ondersteunen. De studenten, stagiairs en supervisanten zullen in de praktijk gaan werken of zijn er al werkzaam. Gezien de didactische doelstelling gaat het bij de beoordeling van de bruikbaarheid van het model niet zozeer om hoe de praktijk feitelijk functioneert, dan wel om de waarde van het model bij de opleiding en supervisie. Wanneer we model en praktijk in dit licht aan elkaar relateren, dan vallen enkele verschillen op.

Diagnostici gaan bijvoorbeeld doorgaans niet hypothesetoetsend te werk (De Bruyn, Pijnenburg & Van Kessel, 1986) en ze redeneren veelal impliciet (Kruizinga & Bus, 1988). In de praktijk bestaat het psychodiagnostisch onderzoek bovendien vaak uit een zogenaamd 'standaardonderzoek'. Bij ieder kind wordt (in grote lijnen) dezelfde 'batterij' van diagnostische onderzoeksmiddelen afgenomen. Dergelijke onderzoeken leveren ongetwijfeld veel gegevens op. Enerzijds zitten hier gegevens bij die we waarschijnlijk toch zouden moeten verzamelen met het oog op bepaalde hypothesen. Anderzijds worden met een standaardonderzoek veel irrelevante gegevens verzameld, waardoor het de diagnosticus ontbreekt aan specifieke gegevens om bepaalde hypothesen te toetsen. Veel van de gegevens uit standaardonderzoek spelen zo uiteindelijk geen rol in de verdere besluitvorming. Daarnaast zijn in de praktijk de opeenvolgende fasen van het model dikwijls niet duidelijk te onderscheiden, omdat ze elkaar niet chronologisch in de tijd opvolgen. Vaak vinden ze min of meer tegelijkertijd plaats of lopen stappen door elkaar heen. Vanuit didactisch oogpunt is dat echter niet bezwaarlijk. De informatie die eigenlijk in een volgende fase hoort, kan worden opgeslagen tot we bij die stap aanbeland zijn. Zo is het goed mogelijk dat tijdens de klachtanalyse, bij het geven van een voorbeeld door de cliënt, informatie naar voren komt die in de probleemanalyse thuishoort. De diagnosticus noteert deze gegevens dan wel, maar gebruikt ze pas in de volgende fase bij de inventarisatie van het probleemgedrag. Het is ook mogelijk dat in een bepaalde fase informatie naar voren komt die eigenlijk in een voorafgaande fase thuishoort. Het cyclische karakter van het model houdt in dat de diagnosticus dan, gesteld dat hij de nieuwe informatie relevant acht, naar de betreffende fase zal moeten terugkeren.

Zoals we eerder hebben benadrukt (zie paragraaf 3.4) – en we herhalen dat hier expliciet – vereist niet iedere casus dat de gehele diagnostische cyclus altijd wordt doorlopen. Dat is immers pas zo als blijkt dat het diagnostisch scenario de volledige cyclus noodzakelijk maakt. In hoofdstuk 6 zijn we daar uitgebreid op ingegaan. Daarnaast zijn er in de praktijk soms andere redenen om niet de gehele cyclus te doorlopen. Zo kan er gebrek aan tijd en middelen zijn, of kan men na een paar stappen genoeg informatie hebben om een verantwoord antwoord op de hulpvraag te geven, of mogelijk is de vakkennis op een specifiek terrein onvoldoende om een bepaalde stap inhoudelijk in te vullen.

Al lijkt het soms dat model en praktijk aanzienlijk van elkaar verschillen, een nadere analyse van de praktijksituatie leert dat dit vaak meevalt. Het is meestal goed mogelijk om een in de praktijk haalbare werkwijze te volgen zonder fundamenteel afbreuk te doen aan de regels van het model. Wij zijn van mening dat diagnostische besluitvorming in de praktijk op een wetenschappelijk-professioneel verantwoorde wijze kan en dient te geschieden. Van belang is dan vooral dat de besluitvorming gebeurt aan de hand van expliciete regels, waardoor het proces transparant is en het door anderen, vakgenoten en niet-vakgenoten, kan worden begrepen en gecontroleerd. De diagnostische cyclus kan voor de diagnosticus als hulpmiddel fungeren bij het vormgeven van zijn diagnostische werkwijze en bij het beoordelen van de kwaliteit van zijn diagnostische besluitvorming. Elders is een aantal redenen genoemd om de diagnostische werkwijze in de praktijk te systematiseren met behulp van het model (Pameijer, 1992). Niet alleen de wetenschappelijke kwaliteit van het diagnostisch proces zou toenemen, maar ook de behandelingsgerichtheid. Bovendien zou de invloed van bekende foutenbronnen, die tijdens het diagnostisch proces kunnen optreden, verminderen. Een voorbeeld van de wijze waarop het model in de praktijk handelingsgericht toegepast kan worden, is te vinden in Pameijer en Van Beukering (1997, in voorbereiding).

Ook al kan de psychodiagnosticus (in opleiding) nog niet altijd voldoen aan alle eisen die aan het wetenschappelijk handelen worden gesteld, de regel van transparantie (van procedure en argumentatie) is ons inziens echter wel altijd toepasbaar. In deze eis ligt dan ook vooral de didactische waarde van het model, omdat het per stap aangeeft welke redeneringen door de diagnosticus geëxpliciteerd dienen te worden.

# Literatuur




Achenbach, T.M., & Edelbrock, C.S. (1983). *Manual for the Child Behavior Checklist and Revised Child Behavior Profile.* Burlington Vt: Department of Psychiatry, University of Vermont.

Achenbach, T.M., McConaughy, S.H., & Howell, C.T. (1987). Child/Adolescent behavioral and emotional problems: Implications of cross-informant correlations for situational specificity. *Psychological Bulletin, 101,* 213-232.

Adema, J., Edens, M., Hommes, M., & Kuntze, J. (2001). GEVAT, selectie en diagnose: multimediale programma's voor diagnostische en gespreksvaardigheden. *Psycholoog, 36,* 514-519.

Akkerman, A.E. (1982). Het theorema van Bayes. In D.B. Baarda, & E.J. Zwaan (Red.), *Alternatieven in de psychodiagnostiek* (pp. 15-34). Nijmegen: Dekker & van de Vegt.

Albrecht, G., Veerman, J.W., Damen, H., & Kroes, G. (2001). The Child Behavior Check List for group care workers: A study regarding the factor structure. *Journal of Abnormal Psychology, 29*(1), 83-89.

Algemene Standaard Testgebruik (2000). Amsterdam: Nederlands Instituut van Psychologen (NIP).

Allen, M.J., & Yen, W. (1979). *Introduction to measurement theory.* Monterey, CA: Brooks/Cole.

American Psychiatric Association (1994). *Quick reference to the diagnostic criteria from DSM-IV.* Washington DC: American Psychiatric Association.

American Psychiatric Association (1995). *Beknopte handleiding bij de diagnostische criteria van de DSM-IV.* Lisse: Swets & Zeitlinger.

American Psychiatric Association (2000). *DSM-IV-TR: Diagnostic and Statistical Manual of Mental Disorders* (4th ed., rev.). Washington DC: American Psychiatric Association.

Baartman, H. (1986). Hulpvraagformulering als een dialogisch en hermeneutisch proces; dialoog en persoon als beginsel. In R. van der Kooij, & H.K. Knijff (Red.), *Tussen klacht en handeling.* Nijmegen: Dekker & van de Vegt.

Baron, J. (1988). *Thinking and deciding* (2nd ed.). Cambridge: Cambridge University Press.

Bell, D.E., Raiffa, H., & Tversky, A. (1988). Descriptive, normative, and prescriptive interactions in decision making. In D.E. Bell, H. Raiffa, & A. Tversky (Eds.), *Decision making: Descriptive, normative, and prescriptive interactions* (pp. 9-30). Cambridge: Cambridge University Press.

Blashfield, R.K. (1984). *The classification of psychopathology: Neo-Kraepelinian and quantitative approaches.* New York: Plenum Press.

Bleichrodt, N., Zaal, J.N., & Resing, W.C.M. (1993). *Beoordeling van schoolgedrag: SCHOBL-R.* Lisse: Swets Test Services.

Blonk, A. (1997). *Dyslexpert. The development and evaluation of an expert system for the diagnosis of reading and spelling problems.* Nijmegen: Nijmegen Institute for Cognition and Information (NICI).

Bowlby, J. (1973). *Attachment and loss: Vol. 3. Loss, sadness and depression.* Harmondsworth: Penguin.

Bryant P.E., & Goswami, U. (1987). Beyond grapheme-phoneme correspondence. *Cahiers de Psychologie Cognitive. European Bulletin of Cognitive Psychology, 7,* 439-443.

Bunge, M. (1985). Types of psychological explanation. In J.L. MacGaugh (Ed.), *Contemporary psychology: Biological processes and theoretical issues* (pp. 489-501). Amsterdam: Elsevier Science.

Bus, A.G. (1990). Early reading acquisition. In P. Reitsma, & L. Verhoeven (Red.), *Acquisition of reading in Dutch* (pp. 15-28). Dordrecht: Foris.

Carr, A. (1999). *The handbook of child and adolescent clinical psychology: A contextual approach.* London: Routledge.

Cramer, Ph. (1991). *The development of defense mechanisms: Theory, research and assessment.* New York: Springer.

De Baar, I., Blonk, A., & Verhoeven, L. (1999). *Haalbaarheidsstudie: ontwikkeling van een expertsysteem voor hulpverlening binnen het primair onderwijs aan kinderen met lees- en spellingproblemen.* Nijmegen: Katholieke Universiteit Nijmegen (Orthopedagogiek).

De Bruyn, E.E.J. (1984). *Psychodiagnostiek in ontwikkeling* (inaugurale rede). Nijmegen: Katholieke Universiteit Nijmegen.

De Bruyn, E.E.J. (1985). *Psychodiagnostiek: een systematische inleiding vanuit het klinische gezichtspunt.* Rotterdam: Lemniscaat.

De Bruyn, E.E.J. (1992a). A normative-prescriptive view on clinical psychodiagnostic decision making. *Eurpean Journal of Psychological Assessment, 8,* 163-171.

De Bruyn, E.E.J. (1992b). Van aanmelding naar advies: de diagnostische cyclus. In R. de Groot, & J. van Weelden (Red.), *Orthopedagogiek: inzicht, uitzicht, overzicht.* Groningen: Wolters-Noordhoff.

De Bruyn, E.E.J., Pameijer, N.K., Ruijssenaars, A.J.J.M., & Van Aarle, E.J.M. (1995). *Diagnostische besluitvorming. Handleiding bij het doorlopen van de diagnostische cyclus.* Leuven/Amersfoort: Acco.

De Bruyn, E.E.J., Pijnenburg, H.M., & van Kessel, P. (1986). Diagnostische besluitvorming in een multidisciplinair team. *Tijdschrift voor Orthopedagogiek, 25,* 574-587.

De Bruyn, E.E.J., & Van den Akker, M.C.J. (1992). Indicatiecriteria voor individuele speltherapie en gezinstherapie. *Tijdschrift voor Orthopedagogiek, 32,* 82-91.

De Groot, A.D. (1950). *Het object der psychodiagnostiek* (inaugurale rede). Amsterdam: Universiteit van Amsterdam.

De Groot, A.D. (1952). Een wetenschappelijke opvatting van de psychodiagnostiek. *Nederlands Tijdschrift voor de Psychologie, 7,* 115-139.

De Groot, A.D. (1961). *Methodologie: grondslagen van onderzoek en denken in de gedragswetenschappen.* 's-Gravenhage: Mouton.

De Groot, R.I., & Snel, G. (Red.) (1992). *Diagnose- en indicatiestelling in de jeugdhulpverlening: eindrapport van een Delphi-onderzoek naar de voorwaarden voor de realisatie van een optimale diagnostiek in de jeugdhulpverlening.* Amsterdam: Universiteit van Amsterdam, Vakgroep Pedagogische Wetenschappen.

De Kleer, F. (2000). Ouderlijk gezag en informatie. *NVO Bulletin,* 4-7.

De Wit, J. (1994). Honderd jaar paedologie: overwegingen bij een eeuwwisseling. *De Psycholoog, 29,* 8-12.

De Zeeuw, J. (1981). *Algemene psychodiagnostiek: Deel 1. Testmethoden.* Lisse: Swets & Zeitlinger.

De Zeeuw, J. (1983). *Algemene psychodiagnostiek: Deel 3. Testpraxis.* Lisse: Swets & Zeitlinger.

De Zeeuw, J. (1984). *Inleiding in de psychodiagnostiek: het psychologisch testonderzoek.* Lisse: Swets & Zeitlinger.

De Zeeuw, J. (1998). *Inleiding in de psychodiagnostiek: het psychologisch testonderzoek.* Lisse: Zwets & Zeitlinger.

Dijkhuis, J.J. (1964). *De procestheorie van C.R. Rogers: een kritische en methodologische analyse van zijn opvattingen over het proces van de psychotherapie en de interventies van de therapeut.* Hilversum: Brand.

Drenth, P.J.D., & Sijtsma, K. (1990). *Testtheorie: inleiding in de theorie van de psychologische test en zijn toepassingen.* Houten: Van Loghum Slaterus.

Dumont, J.J. (1990). *Dyslexie: theorie, diagnostiek, behandeling.* Rotterdam: Lemniscaat.

Eells, T.D. (Ed.) (1997). *Handbook of psychotherapy case formulation.* New York: Guilford Press.

Emery, R.E. (1982). Interparental conflict and the children of discord and divorce. *Psychological Bulletin, 92,* 310-330.

Esmeijer, F.J., Veerman, J.W., Ten Brink, L.T., & van Leeuwen, H.M.P. (1998). Gestructureerde interviews bij DSM-classificatie van probleemgedrag bij kinderen en jeugdigen. *Kind en Adolescent, 19,* 263-274.

Evers, A., Van Vliet-Mulder, J.C., & Groot, C.J. (2000). *Documentatie van tests en testresearch in Nederland.* Assen: Van Gorcum/Amsterdam: NIP Dienstencentrum.

Exner, J.E., & Weiner, I.B. (1995). The Rorschach: A comprehensive system: Vol. 3. Assessment of children and adolescents. New York: Wiley.

Ferdinand, R.F., & van der Ende, J. (1998). *Diagnostic Interview Schedule for Children (DISC-IV).* Rotterdam: Sophia Kinderziekenhuis, afdeling Kinder- en Jeugdpsychiatrie.

Fischoff, B., Slovic, P., & Lichtenstein, S. (1978). Fault trees: Sensitivity of estimated failure probabilities to problem representation. *Journal of Experimental Psychology: Human Perception and Performance, 4,* 330-344.

Fogelin, R.J., & Sinnott-Armstrong, W. (1991). *Understanding arguments: An introduction to informal logic.* San Diego, California: Harcourt Brace Jovanovich.

Garb, H.D. (1989). Clinical judgment, clinical training and professional experience. *Psychological Bulletin, 105,* 387-396.

Garb, H.D. (1998). *Studying the clinicians: Judgment research and psychological assessment.* Washington DC: American Psychological Association.

Garfield, S.L., & Bergin, A.E. (Eds.) (1986). *Handbook of psychotherapy and behavior change* (3rd ed.). New York: Wiley.

Gettys, C.F., Mehle, T., & Fisher, S. (1986). Plausibility assessments in hypothesis generation. *Organisational Behavior and Human Decision Process, 37,* 14-33.

Gezondheidsraad, Commissie Dyslexie (1995). *Dyslexie. Afbakening en behandeling.* Den Haag: Gezondheidsraad.

Greenspan, S.I., Nover, R.A., & Scheuer, A.Q. (1984). A developmental diagnostic approach for infants, young children and their families. *Early Child Development and Care, 16*(1-2), 85-148.

Groenendaal, H.J., Meyer, R., Veerman, J.W., & De Wit, J. (1987). *Protectieve factoren in de ontwikkeling van kinderen en adolescenten.* Lisse: Swets & Zeitlinger.

Haags Centrum voor Onderwijsbegeleiding, HCO (1999). *Hadion. Computerondersteuning bij handelingsgerichte diagnostiek.* Houten: Bohn Stafleu Van Loghum.

Harinck, F.J.H. (1997). Bouwstenen voor een orthopedagogisch behandelingsmodel. *Pedagogisch Tijdschrift, 22*(4/5), 181-197.

Harinck, F., & Van der Ploeg, D. (1995). Ouders en orthopedagogisch onderzoek: een wisselend perspectief. In D.A. van der Ploeg, P.M. Schoorl, & W. Ruijssenaars (Red.), *Orthopedagogiek en ouders* (pp. 191-209). Leuven/Apeldoorn: Garant.

Harkness, S., & Super, C.M. (1992). Parental ethnotheories in action. In I.S. Sigel, A.V. McGillicuddy-DeLisi et al. (Eds.), *Parental belief systems: The psychological consequences for children* (pp. 373-391). Hillsdale, NJ, England: Lawrence Erlbaum Associates.

Hart de Ruyter, Th. (1975). Het onderzoek naar de hulpvraag. *Maandblad Geestelijke Volksgezondheid, 30*, 403-418.

Hellendoorn, J. (1990). Communicatie en zelfreflectie: gesprek, dossier en rapportage. In J. Rispens, E. Carlier, & P.M. Schoorl (Red.), *Diagnostiek in de hulpverlening: methodische aspecten* (pp. 159-185). Amsterdam: Swets & Zeitlinger.

Hellinckx, W., Grietens, H., & Geeraert, L. (2002). *Hulp bij opvoedingsvragen. Opvoedingsondersteuning tussen 0 en 3 jaar.* Leuven/Leusden: Acco.

Hermans, H.J.M. (1975). *Gaat de unieke persoon in de psychologie onder? De relatie tussen psycholoog en persoon vanuit het perspectief van een tweerichtingstheorie.* Lisse: Swets & Zeitlinger.

Hermans, H.J.M. (1981). *Persoonlijkheid en waardering. Deel 1: Organisatie en ontwikkeling der waardegebieden. Deel 2: Verdere uitbouw van zelfconfrontatie en de plaats in de sociale wetenschappen.* Lisse: Swets & Zeitlinger.

Hofstee, W.K.B. (1980). *De empirische discussie.* Meppel: Boom.

Hofstee, W.K.B. (1981). Revival van de diagnostiek? *De Psycholoog, 16*, 381-387.

Hofstee, W.K.B. (1990). Het diagnostisch proces. In E. Luteijn, B.G. Deelman, & P.M.G. Emmelkamp (Red.), *Diagnostiek in de klinische psychologie* (pp. 43-59). Houten: Bohn Stafleu Van Loghum.

Hoorens, V.M. (1998). Het spijt me, maar...: een kritische kijk op adviezen voor 'goede' slecht-nieuwsgesprekken. *De Psycholoog, 33*, 3-10.

Jäger, R.S. (1986). *Der diagnostische Prozeß: eine Diskussion psychologischer und methodischer Randbedingungen* (2te, verb. Auflage). Göttingen: Hogrefe.

Jäger, R.S. (1988). *Psychologische Diagnostik: ein Lehrbuch.* München: Psychologie Verlags Union.

Keeney, R.L. (1992). *Value focused thinking: A path to creative decision making.* Cambridge: Harvard University Press.

Kline, P. (1993). *The handbook of psychological testing.* London. Routledge.

Kooreman, A. (1997). *Het psychologisch rapport: van sluitpost tot visitekaartje.* Lisse: Swets & Zeitlinger.

Kroes, G., Veerman, J.W., & De Bruyn, E.E.J. (2000). In J.D. Bosch, H.A. Bosma, R.J. van der Gaag, A.J.J.M. Ruijssenaars, & A. Vyt (Red.), *Jaarboek ontwikkelingspsychologie, orthopedagogiek en kinderpsychiatrie 4* (pp. 87-119). Houten: Bohn Stafleu Van Loghum.

Krol, N.P.C.M., De Bruyn, E.E.J., Jansen, M., van Baal, C.P.P., & De Château, P. (1998). Van CBCL naar DSM. Een exploratief onderzoek. *Kind en Adolescent, 19*(3), 329-342.

Krol, N.P.C.M., De Bruyn, E.E.J., van Aarle, E.J.M., & van den Bercken, J.H.L. (2001). Computerized screening for DSM classifications using CBCL/YSR extended checklists: A clinical try-out. *Computers in Human Behavior, 17*, 315-337.

Krol, N.P.C.M., De Bruyn, E.E.J., & Wouters, G.P.J.G. (1995). De ontwikkeling van een geautomatiseerd diagnostisch consultatiesysteem MAD (Machine Aided Diagnosis). *Psychologie en Computers, 12*, 12-21.

Krol, N.P.C.M., Wouters, G.P.J.G., & De Bruyn, E.E.J. (1998a). *Machine Aided Diagnosis. Handleiding bij het computerprogramma.* K.U. Nijmegen: Auteurs.

Krol, N.P.C.M., Wouters, G.P.J.G., & De Bruyn, E.E.J. (1998b). *Evaluatiestudie van MAD, een computerprogramma ter ondersteuning van de classificatie van gedragsproblemen bij kinderen van 4-18 jaar* (intern report). Nijmegen: Katholieke Universiteit.

Kruizinga, T.H., & Bus, A.G. (1988). Het redeneren van leerlingbegeleiders over lees- en spellingsproblemen. In A.G. Bus, & S.J. Pijl (Red.), *Diagnostiek en leerlingbegeleiding.* Lisse: Swets & Zeitlinger.

Kwakkel-Scheffer, N., & Van Berckelaer-Onnes, I. (1995). Ouders en hulpverleners: partners of partijen? In D. van der Ploeg, P. Schoorl, & W. Ruijssenaars (Red.), *Orthopedagogiek en ouders* (pp. 23-36). Leuven/Apeldoorn: Garant.

Landsheer, J.A., Prins, P.J.M., & Nijhoff-Huysse, M.D.W. (1993). Het gedragstherapeutisch proces bij de behandeling van kinderen en jeugdigen. In P.J.M. Prins (Red.), *Gedragstherapie bij kinderen en jeugdigen* (pp. 51-157). Houten: Bohn Stafleu Van Loghum.

Lang, G., & Van der Molen, H.T. (1998). *Psychologische gespreksvoering: een basis voor hulpverlening* (9de herz. druk). Baarn: Nelissen.

Lange, A. (1994). *Gedragsverandering in gezinnen.* Groningen: Wolters-Noordhoff.

Lipsey, M.W., & Wilson, D.B. (1993). The efficacy of psychological, educational, and behavioral treatment: Confirmation from meta-analysis. *The American Psychologist, 48,* 1181-1209.

Lubbers, R. (1982). Hermeneutische psychodiagnostiek. In D.B. Baarda, & E.J. Zwaan (Red.), *Alternatieven in de psychodiagostiek* (pp. 153-173). Nijmegen: Dekker & van de Vegt.

Lubbers, R., & De Vries, A.K. (1987). Handelingsdiagnostiek middels hermeneutiek. In R. de Groot, H. Menkveld, J.D. van der Ploeg, & P.A. de Ruyter (Red.), *Handboek orthopedagogiek* (Deel 3, 3101, pp. 1-18). Groningen: Wolters-Noordhoff.

Lynch, M. (2000). The role of the body as the medium in child psychotherapy: Snapshots of therapy with an 11-year-old, severely abused, multiply placed girl. *Journal of Child Psychotherapy, 26*(2), 159-181.

Maas, J.J. (1992). Het adviesgesprek met de ouders. In Th. Kievit, J. de Wit, J.H.A. Groenendaal, & J.A. Tak (Red.), *Handboek psychodiagnostiek voor de hulpverlening aan kinderen* (pp. 515-524). Amersfoort: College Uitgevers.

Matson, J.L. (Ed.) (1988). *Handbook of treatment approaches in childhood psychopathology.* New York: Plenum Press.

Meehl, P.E. (1954). *Clinical versus statistical prediction.* Minneapolis: University of Minnesota Press.

Millon, T. (1987). On the nature of taxonomy in psychopathology. In C.G. Last, & M. Hersen (Eds.), *Issues in diagnostic research* (pp. 3-85). New York: Plenum Press.

Minuchin, S., & Fishman, H.C. (1983). *Gezinsstructuur en therapeutische technieken.* Deventer: Van Loghum Slaterus.

Mostert, P.G., Schoorl, P.M., & Sigmond-de Bruin, E.M. (1984). Toepassing van het dialoogmodel binnen de ambulante hulpverlening. In J. Rispens, E. Carlier, & P.M. Schoorl (Red.), *Diagnostiek in de hulpverlening: methodische aspecten van de diagnostiek van opvoedings- en leerproblemen* (pp. 155-184). Lisse: Swets & Zeitlinger.

Mussen, P.H. (1983). *Handbook of child psychology: Vol. IV. Socialization, personality, and social development* (p. 63). New York: Wiley.

Nederlands Instituut van Psychologen (1998). *Toelichting bij de Nieuwe beroepscode voor psychologen 1998.* Amsterdam: Nederlands Instituut van Psychologen (NIP).

NIP (Bravenboer, J., Red.) (1997). *De Nieuwe beroepscode voor psychologen 1998.* Amsterdam: Nederlands Instituut van Psychologen (NIP).

NIP/NVO (2002). *Praktijkrichtlijnen voor orthopedagogen en psychologen werkzaam in het onderwijs.* Amsterdam/Utrecht: NIP/NVO, Werkgroep Braspenning, Erades, Kanen, Schölvinck & Snaterse.

NVO (1991). *Diagnostiek in de pedagogische hulpverlening: beroepsprofiel diagnosticus* (2de druk). Utrecht: NVO.

NVO informatiebrochure (1995). Utrecht: NVO.

NVO-Bulletin (2000). Bezwaren tegen behandeling. *NVO-Bulletin*, pp. 6-7.

Oudshoorn, D.N. (1985). *Kinder- en adolescentenpsychiatrie: een pragmatisch leerboek.* Deventer: Van Loghum Slaterus.

Palmer, J.O. (1983). *The psychological assessment of children* (2nd ed.). New York: Wiley.

Pameijer, N.K. (1992). *Het hypothesetoetsende model en de diagnostiek van leer- en opvoedingsproblemen in de praktijk.* Amsterdam: Gemeentelijk Pedologisch Instituut.

Pameijer, N.K., & Van Beukering, J.T.E. (1997). *Handelingsgerichte diagnostiek: een praktijkmodel voor diagnostiek en advisering bij onderwijsleer- en opvoedingsproblemen.* Leuven/Leusden: Acco.

Pameijer, N.K., & Van Beukering, J.T.E. (in voorbereiding). *Handelingsgerichte diagnostiek: een diagnostisch besluitvormingsmodel bij onderwijsleer- en opvoedingsproblemen.* Leuven/Leusden: Acco.

Pelzer, H.J., Steerneman, W.J.P.J.M., & De Bruyn, E.E.J. (1995). Beoordeling ernst problematiek bij kinderen en jeugdigen: een landelijke consensuslijst. *Tijdschrift voor Orthopedagogiek, 34,* 399-409.

Plous, S. (1993). *The psychology of judgment and decision making.* New York: McGraw-Hill.

Poulie, M.F. (1991). *Meer licht op faalangst.* Dissertatie Katholieke Universiteit Nijmegen, Nijmegen.

Prakke-Greebe, A. (2001). Een instrument voor het meten van ego-ontwikkeling: Zinnenaanvullijst Curium (ZALC). *Tijdschrift voor Orthopedagogiek, 40*(7-8), 381-383.

Retera, M. (1992). *Een computergestuurd didactisch programma voor Bayesiaanse hypothese-evaluatie: ontwikkeling en evaluatie.* Doctoraalscriptie Katholieke Universiteit Nijmegen, Nijmegen.

Reynolds, W.M. (Ed.) (1992). *Internalizing disorders in children and adolescents.* Oxford: John Wiley and Sons.

Riksen-Walraven, J.M.A. (1989). Meten in perspectief: een levensloopmodel als achtergrond bij het meten en beïnvloeden van gedrag en interacties. *Tijdschrift voor Orthopedagogiek, 28,* 16-32.

Rispens, J., Carlier, E., & Schoorl, P. (1990). *Diagnostiek in de hulpverlening: methodische aspecten.* Lisse: Swets & Zeitlinger.

Rocío-Ballesteros, F., De Bruyn, E.E.J., Godoy, A., Hornke, L.F., Ter Laak, J., Vizcarro, C., Westhoff, K., Westmeyer, H., & Zaganini, J.L. (2001). Guidelines for the Assessment Process (GAP): A proposal for discussion. *European Journal of Psychological Assessment, 17,* 187-200.

Rogers, C.R. (1961). *On becoming a person.* Boston: Hougton Mifflin Company.

Ruijssenaars, A.J.J.M. (1995a). Behandeling in de orthopedagogiek. Kiezen en delen. *Tijdschrift voor Orthopedagogiek, 34,* 163-178. (Ook als inaugurale rede, Leiden: Universiteit Leiden).

Ruijssenaars, A.J.J.M. (1995b). De rol van ouders in het proces van diagnostiek en interventie. In D.A van der Ploeg, P.M. Schoorl, & W. Ruijssenaars (Red.), *Orthopedagogiek en ouders* (pp. 109-120). Leuven/Apeldoorn: Garant.

Ruijssenaars, A.J.J.M. (1996). De diagnostiek van leerproblemen: we moeten wel beslissen. In P. van Geert, & S. Jackson (Red.), *Afspreken in de hulpverlening. Het contractmodel bij ontwikkelings-, leer- en opvoedingsproblemen* (pp. 137-151). Houten: Bohn Stafleu Van Loghum.

Ruijssenaars, A.J.J.M. (1997a). De behandeling van leerstoornissen. Een 'hardnekkige' aanpak van hardnekkige problemen. *Pedagogisch Tijdschrift, 22*(4/5), 257-269.

Ruijssenaars, A.J.J.M. (1997b). Het maken van keuzen bij de aanpak van hardnekkige problemen. In H.M. Pijnenburg, C.M. van Rijswijk, A.J.J.M. Ruijssenaars, & J.W. Veerman (Red.), *Pedologisch Jaarboek 1997* (pp. 67-80). Delft: Eburon.

Ruijssenaars, A.J.J.M. (1999). Het diagnostisch proces. In E.J. Knorth, & M. Smit (Red.), *Planmatig handelen in de jeugdhulpverlening* (pp. 97-113). Leuven/Apeldoorn: Garant.

Ruijssenaars, A.J.J.M. (2001). *Leerproblemen en leerstoornissen. Remedial Teaching en behandeling. Hulpschema's voor opleiding en praktijk.* Rotterdam: Lemniscaat.

Ruijssenaars, A.J.J.M., & De Bruyn, E.E.J. (1987). Expertsystemen in de klinische diagnostiek. *De Psycholoog, 22*, 6-9.

Ruijssenaars, W., Schoorl, P., & Van der Ploeg, D. (1995). Recht van handelen en recht van spreken. In D. van der Ploeg, P. Schoorl, & W. Ruijssenaars (Red.), *Orthopedagogiek en ouders* (pp. 209-222). Leuven/Apeldoorn: Garant.

Rutter, M. (1975). *Helping troubled children.* London: Plenum Press.

Rutter, M. (1979). Protective factors in children's responses to stress and disadvantage. In M. Kent, & J. Rolf (Eds.), *Social competence in children* (pp. 49-70). Hanover, PA: University Press of New England.

Sawyer, J. (1966). Measurement and prediction, clinical and statistical. *Psychological Bulletin, 66*, 178-200.

Schaffer, D., Gould, M., Brasis, J., Ambrosin, P., Fischer, P., Bird, H., & Aluwahlia, S. (1983). A children's global assessment scale (C-GAS). *Archives of General Psychiatry, 40*, 1228-1231.

Schagen, S. (1983). *Het effect van psychotherapie: meetbaarheid en resultaten.* Deventer: Van Loghum Slaterus.

Schagen, S. (1994). *Over de waarde van psychotherapie.* Dissertatie, Universiteit van Amsterdam.

Schellens, P.J.M.C., & Verhoeven, G.J.M. (1994). *Argument en tegenargument: een inleiding in de analyse en beoordeling van betogende teksten.* Groningen: Nijhoff.

Scholte, E.M. (1993). Basisdiagnostiek in de psychosociale jeugdhulpverlening: de vragenlijst sociale en pedagogische situatie. *Tijdschift voor Orthopedagogiek, 32*, 251-270.

Scholte, E.M. (1997). Diagnostiek door de Raad voor de Kinderbescherming en de Gezinsvoogdij. In J.D. van der Ploeg, J.M.A.M. Janssens, & E.E.J. De Bruyn (Red.), *Diagnostiek in de Jeugdzorg* (pp. 11-32). Groningen: Wolters Noordhoff.

Scholte, R.H.J., Vermulst, A.A., & De Bruyn, E.E.J. *The Nijmegen Problem Behavior List (NPBL): Construction and psychometric characteristics.* Manuscript in voorbereiding.

Schoorl, P.M., & Kousemaker, N.P.J. (1984). Wetenschappelijk verantwoorde diagnostiek in een spanningsveld tussen theorie en praktijk. In J. Rispens, E. Carlier, & P.M. Schoorl (Red.), *Diagnostiek in de hulpverlening: methodische aspecten van de diagnostiek van opvoedings- en leerproblemen* (pp. 41-69). Lisse: Swets & Zeitlinger.

Schoorl, P.M., Van den Bergh, P.M., & Ruijssenaars, A.J.J.M. (2000). *Inleiding in de theoretische orthopedagogiek: hulpverlenen bij opvoeden.* Leuven: Garant.

Schroots, J.J.E., Akkerman, A.E., & De Groot, A. (1978). *Leidse Diagnostische Test: Deel 2. Handleiding bij het stroomdiagram.* Lisse: Swets & Zeitlinger.

Seidenstücker, G. (1988). Indication und Entscheidung. In R.S. Jäger (Hg.), *Psychologische Diagnostik: ein Lehrbuch* (pp. 407-419). München: Psychologie Verlags Union.

Siebelink, B.M., & Treffers, Ph.D.A. (2000). *Anxiety Disorder Interview Schedule for Children (ADIS-C)*. Lisse: Swets & Zeitlinger.

Skov, R.B., & Sherman, S.J. (1986). Information gathering processes: Diagnosticity, hypothesis-confirmatory strategies, and perceived hypothesis confirmation. *Journal of Experimental Social Psychology, 22,* 93-121.

Snijders, J.T. (1951a). Het wetenschappelijke karakter van de psychodiagnostiek I. *Nederlands Tijdschrift voor de Psychologie, 6,* 269-284.

Snijders, J.T. (1951b). Het wetenschappelijke karakter van de psychodiagnostiek II. *Nederlands Tijdschrift voor de Psychologie, 6,* 411-438.

Stanovich, K.E. (1986). Matthew effects in reading: Some consequences of individual differences in the acquisition of literacy. *Reading Research Quarterly, 21,* 360-406.

Steerneman, W.J.P.J.M., Pelzer, H.J., & De Bruyn, E.E.J. (1993). Van impliciete kennis naar expliciete criteria: de Heerlense Ernst Taxatie Schaal (HETS). *Tijdschrift voor Orthopedagogiek, 10,* 444-454.

Tallent, N. (1993). *Psychological report writing.* Englewood Cliffs: Prentice Hall.

Ten Brink, L.T., & Veerman, J.W. (1998). Risicofactoren en protectieve factoren in de ontwikkeling van kinderen en adolescenten. In J.D. Bosch, H.A. Bosma, R.J. van der Gaag, A.J.J.M. Ruijssenaars, & A. Vyt (Red.), *Jaarboek ontwikkelingspsychologie, orthopedagogiek en kinderpsychiatrie 3* (pp. 13-46). Houten: Bohn Stafleu Van Loghum.

Timmers-Huigens, D. (1999). *Observeren en rapporteren in de zorg en hulpverlening.* Twello: Van Tricht.

Truax, C.B., & Carkhuff, R.R. (1967). *Toward effective counseling and psychotherapy: Training and practice.* Chicago: Aldine Publishers Company.

Turk, D.C., & Salovey, P. (Eds.) (1988). *Reasoning, inference & judgment in clinical psychology.* New York: Free Press.

Tversky, A., & Kahneman, D. (1974). Judgment under uncertainty: Heuristics and biases. *Science, 185,* 1124-1131.

Van Aarle, E.J.M., & van den Bercken, J.H.L. (1992). The development of a knowledge-based system supporting the diagnosis of reading and spelling problems. *Computers in Human Behavior, 8,* 183-201.

Van Audenhoven, Ch., & Vertommen, H. (1984). Indicatiestelling voor psychotherapie door overleg. *Tijdschrift voor Psychotherapie, 9,* 116-129.

Van Bon, W.H.J. (1982). *Handleiding taaltests voor kinderen, TvK.* Lisse: Swets & Zeitlinger.

Van der Kooij, R., Been, P., Noordman, A., & van der Sluis, J. (1990). *Diagnostische expertmodellen. Richtlijnen voor de praktijk van de orthopedagogische diagnostiek.* Assen: Dekker & van de Vegt.

Van der Leij, A., Struiksma, A.J.C., & Ruijssenaars, A.J.J.M. (2002). *Dyslexie. Classificatie, diagnose en dyslexieverklaring. Brochure Stichting Dyslexie Nederland.* Bilthoven: Stichting Dyslexie Nederland.

Van der Molen, H.T., Kluytmans, F., & Kramer, K. (1995). *Gespreksvoering. Vaardigheden en modellen.* Heerlen: Open Universiteit/Groningen: Wolters-Noordhoff.

Van der Pas, A. (1993). *Handboek methodische ouderbegeleiding: Deel 5. De adviesfase.* Rotterdam: Donker.

Van der Ploeg, J.D. (1990). *Gedragsproblemen: ontwikkelingen en risico's.* Rotterdam: Lemniscaat.

Van der Ploeg, J.D. (1998). *Had me dat eerder verteld.* Utrecht: SWP.

Van Lieshout, T. (2002). *Pedagogische adviezen voor speciale kinderen. Een praktisch handboek voor professionele opvoeders, begeleiders en leerkrachten*. Houten: Bohn Stafleu Van Loghum.

Van Rijswijk, C.M. (1999). Leerlinggebonden financiering en regionale expertisecentra. In R. de Groot, & C.M. van Rijswijk (Red.), *Kleine atlas van het speciaal onderwijs. Beleidsontwikkelingen en praktijkvoorbeelden* (pp. 75-91). Houten/Diegem: Bohn Stafleu Van Loghum.

Van Rijswijk, C.M. (2002). *De toekenning van extra onderwijszorg aan gehandicapte leerlingen*. Zoetermeer: Tijdelijke Commissie Advisering Indicatiestelling.

Van Strien, P.J. (1975). Naar een methodologie van het praktijkdenken in de sociale wetenschappen. *Nederlands Tijdschrift voor de Psychologie, 30*, 601-619.

Van Strien, P.J. (1978). De 'trias practica' in de menswetenschappen. *Kennis en Methode, 2*, 4-17.

Van Strien, P.J. (1984). Naar verwetenschappelijking van de praktijk. *Tijdschrift voor Orthopedagogiek, 23*, 162-180.

Van Strien, P.J. (1986). *Praktijk als wetenschap*. Assen: Van Gorcum.

Van Weelden, J. (1988). *Moeilijk lerende kinderen: vraagstelling en hulpverlening*. Rotterdam: Lemniscaat.

Van Yperen, T., & Pameijer, N.K. (2000). Protocol Indicatiestelling in de toegang tot de jeugdzorg. In P.J.M. Prins, & N.K. Pameijer (Red.), *Protocollen in de jeugdzorg* (pp. 39-59). Lisse: Zwets & Zeitlinger.

Veerman, J.W. (1997). *Meten en weten in de jeugdzorg* (inaugurale rede). Nijmegen: Katholieke Universiteit Nijmegen.

Verhulst, F.C., Koot, H.M., Akkerhuis, G.W., & Veerman, J.W. (1990). *Praktische handleiding voor de CBCL*. Assen: Van Gorcum.

Verhulst, F.C., Van der Ende, J., & Koot, H.M. (1996). Handleiding voor de CBCL/4-18. Rotterdam: Sophia Kinderziekenhuis/AZ Rotterdam/Erasmus Universiteit.

Vermande, M.M. (1995). *Psychodiagnostics: Classification and hypothesis-generation*. Nijmegen: Nijmegen Institute for Cognition and Information (NICI).

Vertommen, H. (1985). Beslissingselementen bij indicatiestelling voor psychotherapie. In I. Ponjaert, & H. Vertommen (Eds.), *Therapiegerichte diagnostiek*. Leuven: Acco.

Vervaeke, A.C., & Emmelkamp, P.M.G. (1998). Treatment selection: What do we know? *European Journal of Psychological Assessment, 14*, 50-59.

Vlek, C.A.J. (1981). Beslissingstheorie. In H.C.J. Duijker, & P.A. Vroon (Red.), *Codex Psychologicus* (pp. 81-87). Amsterdam: Elsevier.

Von Wintersfeldt, D., & Edwards, E. (1986). *Decision analysis and behavioral research*. Cambridge: Cambridge University Press.

Vrolijk, A., Dijkema, M.F., & Timmerman, G. (1972). *Gespreksmodellen: een geprogrammeerde instructie*. Alphen aan de Rijn: Samsom.

Wagner, R.K., & Torgesen, J.K. (1987). The nature of phonological processing and its causal role in the acquisition of reading skills. *Psychological Bulletin, 101*, 192-212.

Weiner, I.B. (1996). Some observations on the validity of the Rorschach Inkblot Method. *Psychological Assessment, 8*, 206-213.

Wels, P.M.A., & Robbroeckx, L.M.H. (1991). Gezinsbelasting en hulpverlening aan gezinnen I: een model voor gezinsbelasting ten gevolge van een problematische opvoedingssituatie. *Tijdschrift voor Orthopedagogiek, 30*, 5-20.

Westenberg, M. (2002). Zinnenaanvullijst Curium (ZALC). *De Psycholoog, 37*(6), 316-323.

Westmeyer, H. (1972). *Logik der diagnostik: Grundlagen einer Normativen Diagnostik*. Stuttgart: Kohlhammer.

Westmeyer, H. (1975). The diagnostic process as a statistical-causal analysis. *Theory and Decision, 6*, 57-86.

Westmeyer, H., & Hageböck, J. (1992). Computer-assisted assessment: A normative perspective. *European Journal of Psychological Assessment, 8*, 1-16.

Wet Bescherming Persoonsgegevens. *Staatsblad van het Koninkrijk der Nederlanden* (6 juli 2000).

World Health Organization (1980; herziening in 1999). *International Classification of Impairments, Disabilities and Handicaps.* Genève: World Health Organization.

Wouters, E. (1989). *Van vazen naar verklaringen: een trainings- en ondersteuningssysteem voor Bayesiaanse hypothese-evaluatie in de psychodiagnostiek.* Doctoraalscriptie, Katholieke Universiteit, Nijmegen.

Zwaan, E.J. (1982). Observatie en functionele analyse. In D.B. Baarda, & E.J. Zwaan (Red.), *Alternatieven in de psychodiagnostiek* (pp. 55-85). Nijmegen: Dekker & van de Vegt.

# Zaakregister

**P**



**R**



**S**



**T**



**U**



**V**

**W**



**Y**



**Z**

# Naamregister

Gedrukt bij Acco, Leuven